中国人工智能优秀技术和应用案例丛书

人工智能浪潮

科技改变生活的100个前沿AI应用

THE WAVE OF ARTIFICIAL INTELLIGENCE

中国人工智能产业发展联盟 组编

人 民 邮 电 出 版 社
北 京

图书在版编目（CIP）数据

人工智能浪潮 : 科技改变生活的100个前沿AI应用 / 中国人工智能产业发展联盟组编. -- 北京 : 人民邮电出版社, 2018.8
（中国人工智能优秀技术和应用案例丛书）
ISBN 978-7-115-48799-5

Ⅰ. ①人… Ⅱ. ①中… Ⅲ. ①人工智能—案例 Ⅳ. ①TP18

中国版本图书馆CIP数据核字(2018)第142054号

内 容 提 要

本书集合了由中国人工智能产业发展联盟组织的“人工智能技术和应用案例评选”活动中名列前茅的 100 个优秀案例，涉及智能产品、核心基础、智能制造、支撑体系四大领域，展示了人工智能技术在医疗、交通、金融、通信、法务、教育、公共安全等各个领域的实际应用，展现中国科技公司引领技术创新完成行业融合的新浪潮。

◆ 组　　编　中国人工智能产业发展联盟
　责任编辑　魏勇俊　马　涵
　责任印制　彭志环

◆ 人民邮电出版社出版发行　　北京市丰台区成寿寺路 11 号
　邮编　100164　　电子邮件　315@ptpress.com.cn
　网址　http://www.ptpress.com.cn
　北京市雅迪彩色印刷有限公司印刷

◆ 开本：787×1092　1/16
　印张：16.25　　　　2018 年 8 月第 1 版
　字数：420 千字　　　2018 年 8 月北京第 1 次印刷

定价：99.00 元

读者服务热线：(010)81055339　印装质量热线：(010)81055316
反盗版热线：(010)81055315

编委会

序言

人工智能60年的发展之路并非一帆风顺，期间经历了两次高潮和低谷。剖析其原因，一方面是由于缺乏高质量的数据和计算机运算能力薄弱，另一方面是当时的研究者对人工智能研究的难度估计不足，提出了一些不切实际的预言，难以实现其承诺的“宏伟目标”。近年来，随着高质量的“大数据”的获取，计算能力的大幅提升、以深度学习为代表的算法模型不断丰富、人工智能研究再次进入了快速发展的时期，同时不断地影响、渗透、推进着相关众多产业、行业的快速发展。人工智能“精彩回归”，重新受到政府、学术界、产业界等社会各界的广泛关注。

60年来，科学家们一直在追逐着“人工智能梦”，探索着更广阔的科学世界。我们期望人工智能学科本身能够继续进步，并进一步与神经计算科学、生命科学等领域深度融合。催生颠覆性技术，未来其研究成果将在社会管理、生命健康、金融、能源、农业、工业等众多领域大放光彩，人工智能将渗透到人们生活中的各个角落，成为人们生活中不可或缺的组成部分，造福人类。

人工智能是一种引发诸多领域产生颠覆性变革的前沿技术，合理有效地利用人工智能，意味着能获得高水平价值创造和竞争优势。人工智能并不是一个独立、封闭和自我循环发展的智能科学体系，而是通过与其他科学领域的交叉结合融入人类社会发展的各个方面。云计算、大数据、可穿戴设备、智能机器人等领域的重大需求不断推动着人工智能理论与技术的发展。当前，人工智能的发展超乎想象，正在深刻改变着人们的生活，改变着整个世界。

目前，人工智能在发展中也面临三大挑战。第一大挑战是让机器在没有人类教师的帮助下学习。即机器无须在每次输入新数据或者测试算法时都从头开始学习。然而，目前的人工智能在这方面的能力还很薄弱。迄今为止，最成功的机器学习方式被称为“监督式学习”。与老师教幼儿园孩子识字一样，机器在每次学习一项新技能时，基本上都要从头开始，需要人类在很大程度上参与机器的学习过程。要达到人类水平的智能，机器需要具备在没有人类过多监督和指令的情况下进行学习的能力，或在少量样本的基础上完成学习。近期，我们欣喜地看到很多学者在迁移学习、元学习方面取得了各种进展。期待不久的将来，人工智能在这方面会有所突破。

第二大挑战是让机器像人类一样感知和理解世界。触觉、视觉和听觉是动物物种生存所必需的能力，感知能力是智能的重要组成部分。如果能让机器像人类一样感知和理解世界，就能解决人工智能研究长期面临的规划和推理方面的问题。虽然我们已经拥有非常出色的数据收集和算法研发能力，利用机器对收集的数据进行推理已不是开发先进人工智能的障碍，但这种推理能力建立在数据的基础上，也就是说机器与感知真实世界仍有相当大的差距。如果能让机器进一步感知真实世界，它们的表现也许会更出色。

第三大挑战是让机器具有自我意识、情感以及反思自身处境与行为的能力。这是实现类人智能最艰难的挑战。具有自我意识以及反思自身处境与行为的能力，是人类区别于其他生物最重要、最根本的一点。另外，人类的大脑皮层能力是有限的，如果将智能机器设备与人类大脑相连接，不仅会增强人类的能力，而且会使机器产生灵感。让机器具有自我意识、情感和反思能力，无论对科学和哲学来说，都是一个引人入胜的探索领域。

人工智能的发展能不断帮助人类，但它同时也是一把“双刃剑”。我们要警惕人工智能给人类带来的负面影响，关注人工智能的发展将带来的深刻伦理道德问题。我们需要的是帮助人类而不是代替人类的人工智能。发展人工智能的目的不是把机器变成人，也不是把人变成机器，而是要扩展人类的智能，解决人类社会发展面临的重大问题。这是科学界、各国政府和人类社会在人工智能发展上应认真对待的问题。需要确立伦理道德的约束监督机制，使人类免受人工智能不当发展带来的负面影响。

但我们也要深刻认识到，人工智能会使人类社会发展面临许多不确定性，不可避免地带来相应的社会问题。解决人工智能发展带来的问题，一个重要趋向是发展“混合增强智能”。“混合增强智能”是指将人的作用或人的认知模型引入人工智能系统，形成“混合增强智能”的形态。这种形态是人工智能可行的、重要的成长模式。我们应深刻认识到，人是智能机器的服务对象，是“价值判断”的仲裁者，人类对机器的干预应该贯穿于人工智能发展始终。即使我们为人工智能系统提供充足的甚至无限的数据资源，也必须由人类对智能系统进行干预。

发展人工智能要做到“顶天立地”，一方面要敢于“异想天开”，催生浪漫想象和大胆探索；另一方面要“脚踏实地”，扎实推进相关基础理论研究，重视人工智能在重大学科领域和重大工程中的实践应用。青山遮不住,毕竟东流去。在科学家、产业界人士、政府决策者的共同努力下，人工智能的研究成果必将为人类文明进步和美好生活贡献新的力量。

郑南宁

中国工程院院士　中国自动化学会理事长

中国人工智能产业发展联盟常务副理事长

回顾过去60多年人工智能技术的演进及发展，在经历了概念萌芽、术语成型、蓬勃发展、研究停滞、再次复兴等多次技术生命周期之后，伴随着深度学习理论和工程技术体系的成熟，GPU、人工智能专用计算架构及运算硬件研发的新突破，以及通过互联网、移动互联网及物联网搜集的数据的大规模积累，人工智能技术已逐步从学术界走入产业界，通过各类产品及解决方案渗透到各行各业，潜移默化地推动未来数字世界的变革。而这也成为此次人工智能突破与历史上的最大不同。

近年来，党中央、国务院将人工智能视为新一轮产业变革的新引擎，并高度重视人工智能技术的研发和落地应用。2016年5月，发改委、科技部、工信部和网信办联合印发《“互联网+”人工智能三年行动实施方案》，提出到2018年我国将“形成千亿级的人工智能市场应用规模”。2017年7月，国务院印发《新一代人工智能发展规划》，强调在重点行业领域全面推动人工智能与各行业融合创新，在制造、农业、物流、金融、商务、家居等重点行业和领域开展人工智能创新应用试点示范，推动人工智能规模化应用；力争在2030年能实现人工智能在生产生活、社会治理、国防建设各方面应用的广度深度极大拓展，形成涵盖核心技术、关键系统、支撑平台和智能应用的完备产业链和高端产业群。

基于多年加速发展的技术能力、快速积累的海量数据、巨大的市场应用需求、积极开放的市场环境等条件，我国人工智能技术产业化落地的进程已进入加速期：人工智能软硬件自主研发实力获得迅猛提升，人工智能产品创新取得大规模进展，人工智能专利数量呈明显上升，大量行业应用层及应用技术层人工智能创业公司涌现并获得巨额融资，区域性人工智能产业园区及配套产业投资基金帮助企业对接地方资源并提供多角度技术落地支持，计算机视觉、语音识别、自然语言处理等热门人工智能技术的科研项目伴随工业界应用研究的反哺在技术边界上不断获得新突破……

为了更好地分析我国人工智能技术商业化及产业化现状，更深入地了解人工智能产业发展状况、趋势以及其对社会发展的影响，中国人工智能产业发展联盟在全国范围内征集评选了100个人工智能技术应用案例，并汇编成册。

旨在以案例的形式，系统性地展示国内人工智能企业在人工智能产品及解决方案上的技术突破、产品架构和应用成效，为关注人工智能技术落地的相关政府部门、行业企业、科研机构以及从事人工智能政策制定、决策管理和咨询研究的人员提供借鉴和参考，帮助其能更全面地了解人工智能技术如何解决各个领域具体细分应用场景存在的问题、如何赋能及升级传统行业；帮助人工智能行业从业者更好地探索人工智能技术的应用潜力及边界，获得技术创新应用及研发的启示性思考；也供广大对人工智能行业感兴趣的读者学习、研究。希望以此为我国人工智能产业创新发展发挥积极作用。

孙明俊

中国人工智能产业发展联盟总体组组长

目录

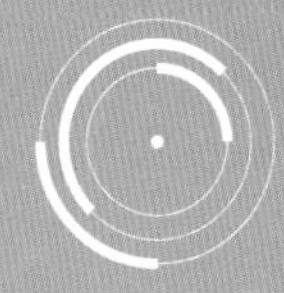

CHAPTER 1

第1章　智能产品领域

面向未来的汽车智能交互系统

颜、听、看、连、懂人、懂车、懂行

飞鱼2.0

编者注：本书案例按照项目所属领域进行排序，非征集活动排名。

飞鱼 2.0 汽车智能交互系统

科大讯飞

智能产品领域 > 智能网联汽车

什么是飞鱼 2.0 汽车智能交互系统

飞鱼 2.0 系统是科大讯飞公司推出的汽车智能交互系统，包括飞鱼对话引擎、飞鱼 AIUI、飞鱼智盒、飞鱼数据工场四大模块，将上下文理解、多轮对话、主动交互、声纹识别、声源定位、窄波束等核心技术集成，从听觉到视觉，为汽车装上能听会说，能理解会思考的‘汽车大脑’。

以多样化的产品，配合不同客户的需求

AIUI

飞鱼对话引擎　飞鱼AIUI　飞鱼智盒　飞鱼数据工场

技术突破

飞鱼对话引擎是面向车厂定制的跨平台的软件产品，以全闭环的语音核心能力，为汽车配备聪慧的耳朵和口齿伶俐的嘴巴。应用话筒阵列降噪技术，有效过滤汽车行驶时的胎噪、风噪、空调噪声等，应用窄波束技术避免多人对话中误操作的问题。

免唤醒和长时交互技术准确过滤掉无关内容，准确响应，同时提供基于长时记忆的上下文语音交互，可以让语音交互更准确。

声纹认证技术让汽车准确识别车主声音，并主动转换至“我的电台”“我的收藏”“我的公司”等定制化服务，让驾驶更有乐趣。

系统支持中英文语音识别功能，以及涵盖中文20余种方言的识别功能，合成音频的自然度和清晰度已经超过了普通人的朗读水平，音量、语速、音高等参数也支持动态调整，是定制专属的语音合成。

智能化设计程度

随着汽车智能化的发展，人们对汽车智能化水平的期待越来越高。为了让车更懂人、更好地服务于人类，除了语音识别与语义理解技术应用以外，更需要机器视觉技术，以更好地理解环境、理解人的情绪。

倒车是行车人的痛点，也是目前市场上的产品缺乏人性化解决方案的一个环节。由于目前的辅助线、顶视图都仍需要行车人再次匹配计算，没有将机器服务人类进行到底，因此倒车还存在“最后一公里”的差距。人的大脑每天处理的信息中，视觉占比为83%，听觉占比为11%。所以经过漫长的进化，人类社会的构建是围绕视觉这个中心展开的。

从飞鱼2.0开始，飞鱼智盒从360° 环视入手，接入了机器视觉的能力。车机与环视系统相融合，通过语音、触屏等方式让倒车过程更安全，还解决了目前如何让车更好地寻找车位这个问题。

声纹、人脸识别等技术，使得汽车能认识人，通过账户同步了解行车人的习惯，主动为行车人推荐他感兴趣的产品。

智能说明书、汽车智能问答功能，整合了全面的汽车手册、保养知识、交通规则等内容，基于阅读理解技术构建说明书和汽车知识库，让行车人可以快速了解车的各个功能。

在懂人、懂车这些个性化服务的背后，离不开强大的数据支撑。随着车内以及车外各类数据采集的手段以及汽车网联化的发展，汽车正在产生越来越多的数据，同时这些数据也在更加实时地进行传输。飞鱼数据工场，能让企业通过数据和行车人建立直接的服务渠道和反馈渠道，让汽车企业和行车人产生直接交互，工作更高效，反馈更及时。

飞鱼数据工场上层是基于汽车数据的各类应用，例如关键数据的Dashboard、基于汽车数据的保养方案等。而飞鱼数据工场最终要给行业提供的是汽车数据的分析能力。

市场应用情况

飞鱼2.0系统是飞鱼1.0系统的全面升级，飞鱼1.0已为累计超过1000万部车辆提供了语音交互解决方案，越来越多的人开始夸赞语音系统的便利性和安全性。它利用语音智能和人工智能技术，连接汽车与科技，引领智能出行全新方式。

目前，科大讯飞已与大众、日产、丰田、马自达、雷克萨斯、长安、上汽、一汽、北汽、长城、吉利、奇瑞、江淮、广汽、海马、东南等国内外汽车厂商开展广泛合作，2016年推出的飞鱼1.0系统，现在已经为超过200款车型、累计超过1000万部车辆输出了语音交互产品，目前活跃行车人超过400万，月活跃率达到90%以上。

如今，行车人对汽车属性的定义发生了变化，汽车正在从一个交通工具转变成为移动的多功能的空间。智能语音作为重要入口，在智能化的道路上起着关键作用。

飞鱼2.0的推出不仅解决了车身声控、声源定位、精准语音识别等痛点，更加入了机器视觉技术，通过融合环视系统让倒车、找车位、周边探查等棘手问题不再是难题。更重要的是，该系统通过深度打通车厂和互联网，在大数据技术的支持下，让爱车在接收学习车主的命令后更懂主人的喜好，为车主提供个性化的服务，成为车主贴心的管家。

专家点评

基于科大讯飞大数据分析及深度学习技术，飞鱼2.0让系统通过分析用户的喜好、习惯等，主动征询，双向交互，从而更好地满足用户需求，让车更懂你。通过在SQuAD国际机器阅读理解权威评测中用到的技术，信息系统自己去读说明书，然后自动形成自己的知识体系。当用户询问时，它就能用最快的速度反馈。飞鱼系统和车的总线系统连接以后，用户可以用声音控制车窗、空调、氛围灯、后视镜、座椅前后的调整等。未来在生活当中，我们还可以将手机、车载、家庭无缝连接在一起。科大讯飞将来给用户带来的车联网，不仅可以更懂你、更懂车，而且可以进行深度连接。

——胡郁　科大讯飞执行总裁

抄表机器人

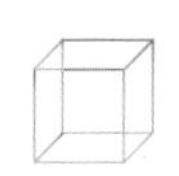

物道水务

智能产品领域 > 智能服务机器人

什么是抄表机器人

抄表机器人是广州物道水务科技有限公司推出的面向水务抄表服务的全新机器人产品。抄表机器人的原理是在水表上加装机器人智能硬件，将水表的表盘进行摄像并识别，将识别出的信息提供给客户进行数字信息处理或大数据分析。抄表机器人重新定义了智能抄表服务，使得行业内可以告别人工抄表的历史，开启了水务人工智能新时代。

技术突破

抄表机器人是人工智能技术在水务抄表领域里的全新应用，作为专业服务机器人，分别在智能图像识别、通信连接方式、硬件结构化设计和产品性价比等方面实现了该领域前所未有的技术突破。

智能图像识别技术综合运用拍照图片效果预处理、表盘数字识别与机器学习、识别结果智能纠错和识别特征学习等算法，并能有效处理水表表盘出现的水雾、灰尘、水珠遮挡、面板玻璃磨损等复杂场景，实现了对水表表盘数字的准确识别。

通信连接技术首次采用移动通信物联网多模连接，灵活采用2G、NB-IoT和LoRa技术，从而实现了设备在地下、郊外、运营商网络信号盲区等场景下的通信有效连接，保证抄表信息的可靠处理。

在硬件设计方面，抄表机器人以模块化的方式做到了各类水表的广泛适用性，以工业化的设计实现了耐用性，以电子元器件的最优选型方案实现了成本适应性，从而做到了智能化与经济性的完美结合，给大规模广泛应用打下了坚实的基础。

智能化设计程度

抄表机器人的智能化设计在充分运用最新科技的基础上，结合行业特征及场景化要求，体现了图像智能识别、结果智能纠错、通信智能连接和硬件智能运行。

水表数字看似一个简单的显示，但在特殊场景下，水表类型多种多样、表盘字体形形色色、水表使用年限参差不齐、字轮转动经常不均、干扰因素复杂众多，实际操作起来有很大难度。只有综合运用图像预处理、识别机器学习、识别特征适配等算法，才能让识别结果准确率达到较高的实用要求。

智能识别准确率达到了一个有效的高度，为了数据可用性更强，抄表机器人继续通过大数据分析对识别结果进行纠错，让最终抄表结果更完美。

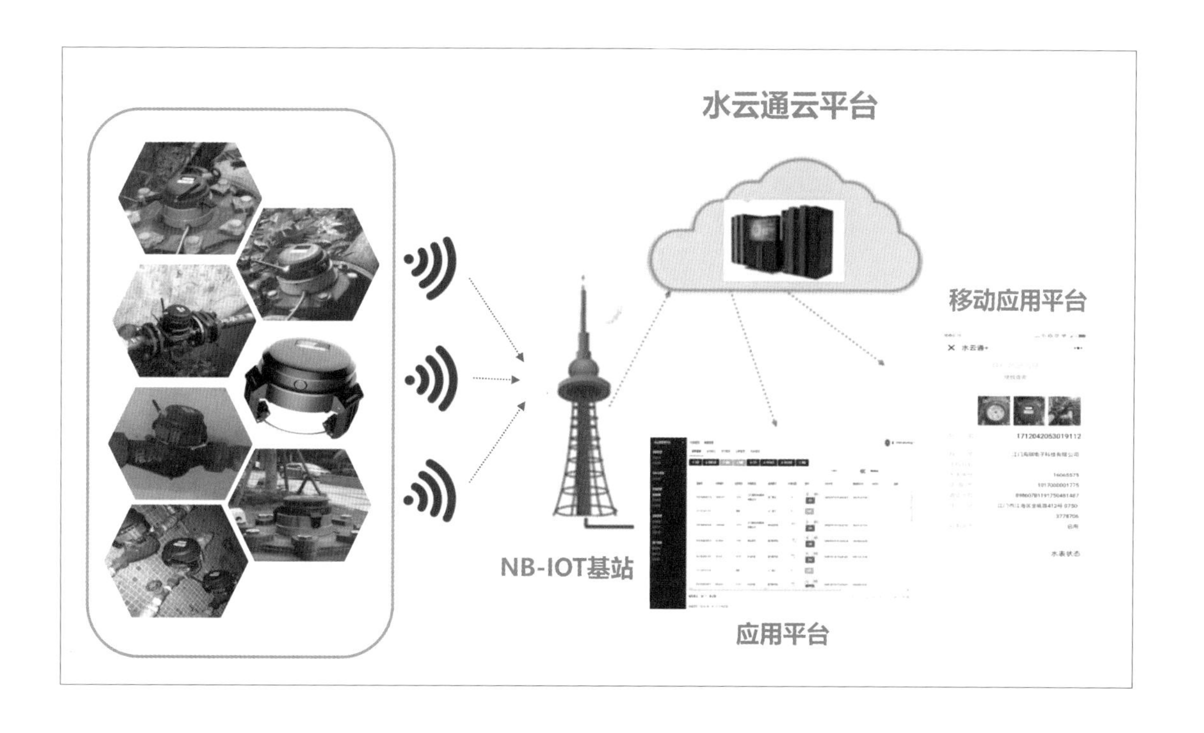

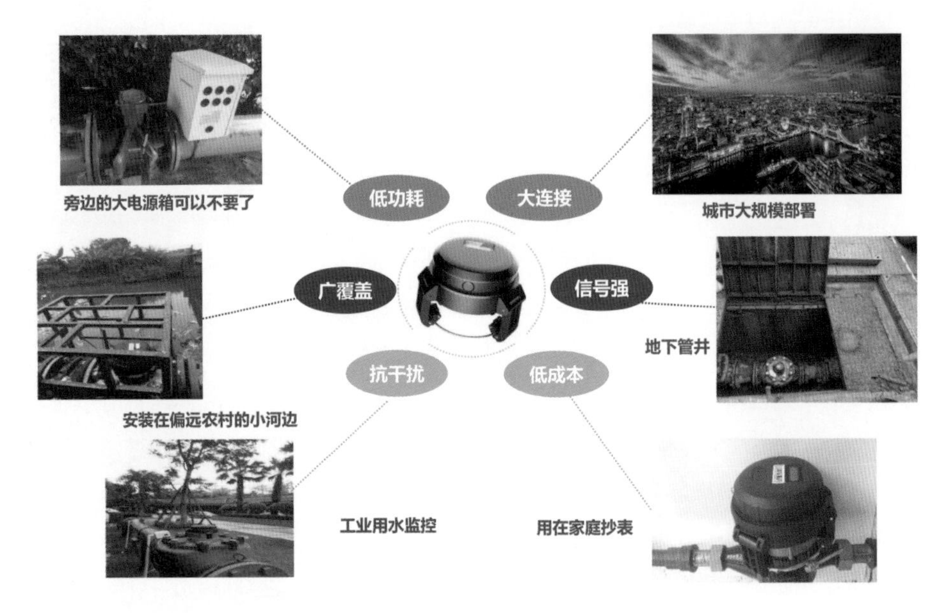

通信连接方式，基于多种通信方式的选择和使用场景的具体化，也体现了智能化的主动选择，确保了最优的首选通信方式和连接效果。

硬件智能运行主要体现在两个方面，一个是根据抄表机器人的不同抄表要求，采用不同的运行方式，以最大程度节省电量；另一个就是硬件能自动记录运营状态并与云端智能化交互，确保设备始终处于良好状态或主动进行异常处理。

抄表机器人实现了较好的智能化设计。用户可以从云端对抄表机器人做到集中监控、远程维护。基于这些抄表结果数字背后所代表的客户用水信息，水司还可以为客户做到进一步的智能服务，如用水数据共享、用水异常告警、用水特征分析等，从而做到客户用水信息的数字化、准实时化和网络化。

市场应用情况

作为一个新型智能应用产品，抄表机器人开始在水务行业得到越来越多的应用，无论是应用场景还是应用地域，产品都得到很好的市场认可。

从应用场景来看，该产品不仅可以应用在各种类型的家用水表上，面向工业水表也有相当多的应用，除了在液晶显示屏保流量计领域不能使用外，目前已经匹配了国内外数百种工业大表。

从应用地域来看，产品已经在广东、上海、湖北、陕西、黑龙江、吉林等多个省份广泛使用，不仅适应南方高温多雨、湿热天气，也适应东北高寒气候。

随着产品的升级换代和持续市场推广，抄表机器人将会得到更广泛的应用。

专家点评

抄表机器人是人工智能在图像识别领域的新行业应用。在水务行业，抄表机器人打造了一个新品类，为解决人类抄表难题创造了一种新方式。与此同时，抄表机器人完美的工业设计与智能硬件解决方案还实现了安装简单和性价比高的特点，这将大大推动智慧水务跨入人工智能时代的历史进程。

——余鸿忠　物道水务创始人

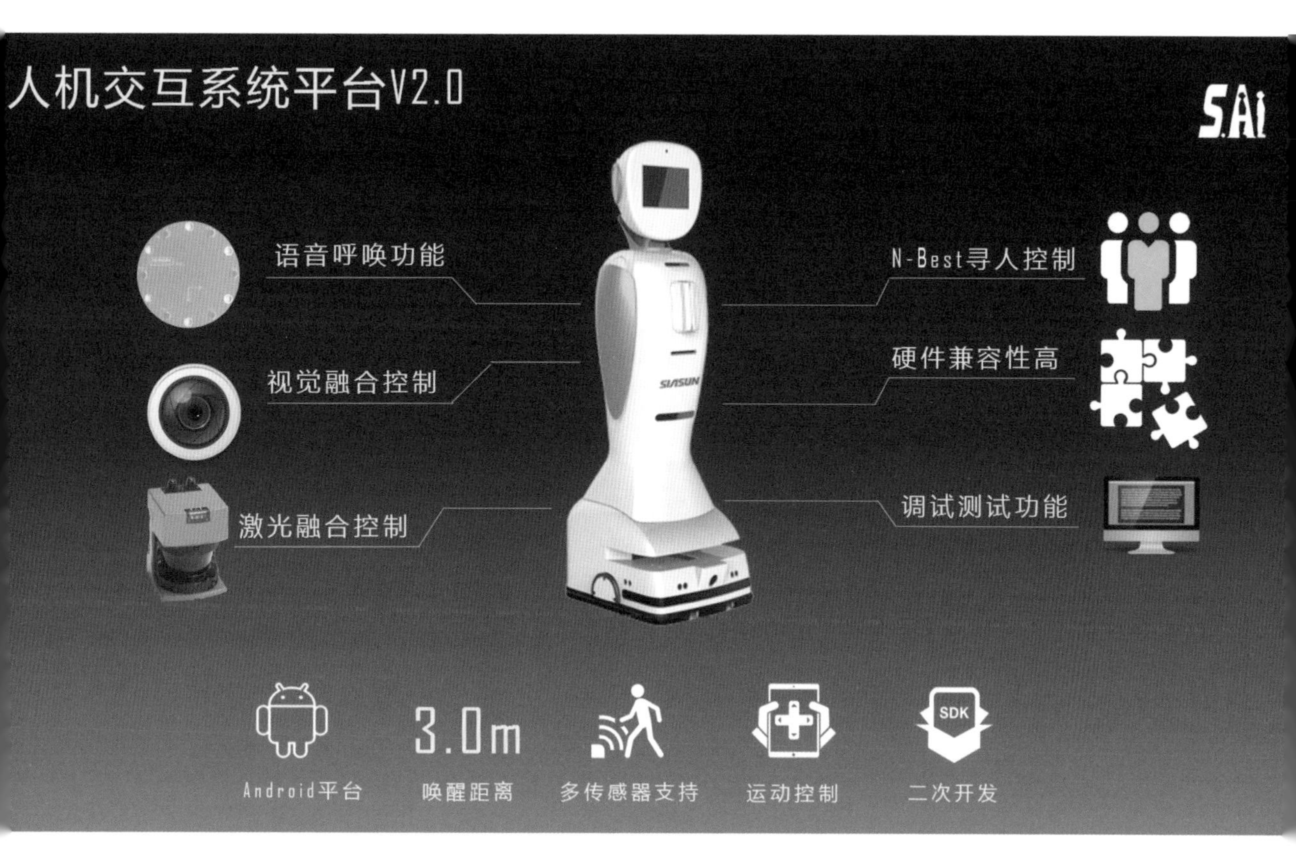

智能服务机器人人机交互平台

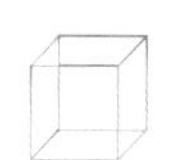

新松机器人

智能产品领域>智能服务机器人

什么是智能服务机器人人机交互平台

智能服务机器人人机交互平台是一套基于服务机器人产品的后台服务软件。该平台能够提供让机器人与人类进行运动、语言交互的一体化软件模块，使用多种传感器融合技术，实现多模态的信息输出和动作响应，使机器人的人机交互功能的开发简单易用。

技术突破

该平台的硬件兼容性高，提供对多种阵列的兼容控制，对硬件的类型、安装方式有较高的适应性，方便在不同类型服务机器人上进行部署。

■ 语音呼唤功能：可以做到360° 全向声源定位，达到3m的语音呼唤响应功能。

■ 视觉融合控制：结合人脸识别状态信息，提供控制语音或动作交互的功能。

■ 激光融合控制：拥有激光测距及人体检测交互运动控制功能。

■ 灵活随动控制：提供底盘、头部运动跟随模式，使机器人交互更具灵活性。

■ N-Best寻人控制：融合多传感器信息，筛选备选数据，提高应用场景下的适应性。

■ 调试测试功能：提供多个传感器的数据显示、上传和回放，为系统调优提供数据参考。

智能化设计程度

通过简单的操作，用户就能完成该平台人机交互中功能参数的设置，基于招手或呼唤形式，触发机器人寻找用户，完成机器人头部、底盘运动随动等功能。机器人还能提供传感器数据监测、机器人状态调试等辅助开发功能，并提供二次开发接口，具备较高的兼容性和可扩展性，为人机交互功能开发提供基础服务，可缩短新产品的上市周期。

市场应用情况

智能服务机器人人机交互系统软件在新松银行助理机器人、餐厅服务机器人、政务机器人等多个服务机器人上部署应用，并可广泛应用于各类服务机器人上，提供多模态的人机交互方式。

专家点评

新松智能服务机器人人机交互系统，在机器人载体上融合了语音和视觉等多种人机交互和环境感知的传感器信息，为目标用户群体提供更加贴合自然的多种人机交互方式和运动执行功能，提高了用户体验的同时也提升了服务机器人的附加价值。

——邹风山　新松机器人自动化股份有限公司中央研究院院长

智能引导机器人

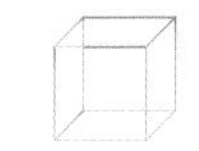

中电普华

智能产品领域>智能服务机器人

什么是智能引导机器人

中电普华智能引导机器人，用于电网公司电力营业厅，通过智能语音、智能语言交互和客户进行交流，为电力客户在营业厅办理业务的过程进行引导，提供答疑和咨询、查询服务，减轻营业厅柜台的工作压力，大幅度增强电力客户的体验。

技术突破

智能引导机器人系统采用统一的服务器部署架构，技术高度融合，内部模块采用松耦合设计，便于增删、扩容。此外，该系统能够将语音识别、语音合成等相关技术服务有机整合，支撑服务可随需扩展。使用者可以在这些引擎的基础上，方便地根据业务需求进行其他技术引擎的挂接。

以多能力交互技术为基础，在将ASR技术扩容或其他多项技术应用进行集成时，开发者可以在不改变原有产品架构的情况下对系统进行技术能力的扩展。

■ 精密的识别系统

用户进行登录或业务查询办理时，系统通过人脸识别、声纹识别、指纹识别对用户进行多层次的身份验证。在传统密码保护的基础上，系统构建了更加全面的安保体系。

■ 自然语言交互

系统不仅支持用户以文本输入的方式与机器人“交流”，还能够以自然语言交互的方式与机器人“对话”，充分理解用户的意图，通过数据库调用及TTS语音合成技术，以自然语言方式回答用户的问题，使对话变得更加灵活。另外，系统还可以通过手写识别等功能进行内容输入、编辑和校正，极大提升用户体验感。

■ 领域知识库定制

系统可提供业界独一无二的领域模型和知识库定制体系。根据国家电网的标准电力信息和业务流程，系统提供具有针对性的客服知识库。用户以自然语言或文本等人机交互方式，与智能引导机器人交互时，可以获得准确、快速的答复。同时，系统为客户提供专用模型，使机器人的答复语音自然、语义专业、答案精准，避免了答非所问的尴尬。

■ 强大的自学习能力

智能引导机器人交互系统具有完善的自学习能力，通过累积服务数据，对TTS语音合成、ASR语音识别等服务引擎进行优化，使对话准确度进一步提高。

智能化设计程度

智能引导机器人可以增强营业厅的用户交互体验。基于智能人脸识别技术，系统对营业厅的进出人员进行识别。在识别到人员到厅后，机器人自动播报欢迎语，进行业务引导。系统用语音交互的方式和用户进行交流，为用户在营业厅提供电费查询、停电公告查询和电力政策查询。

中电普华智能引导机器人的功能有：

■ 人脸识别：通过摄像头自动捕捉、定位人脸图像，并能自动进行识别。

■ 语音识别：在内网私有化部署，不需要依赖互联网即可在本地实现语音的识别，在保证了系统响应时效的同时，有效地保护了用户的隐私。系统支持定制化模型库的训练，通过采集实际的录音记性模型的定制化训练，持续提升语音识别效果。拥有本地和公有云端两种形态的智能语音调用方式。

■ 语音播放：可将任意文本实时转换为语音数据并进行播报，支持中文、英文和中英文混合的播报方式。用户可选择成人男声、成人女声和童声等不同音色。

■ 语义理解：系统对用户请求进行自然语言理解，提取用户真实意图，并将之转换为相应的操作指令，发送给设备执行。

■ 知识库管理：系统具有电力行业知识库，可对电力领域内的知识进行准确应答。系统自动保留用户交互记录，后期可针对交互记录进行机器学习，对知识条目进行调整。

■ 拍照识别：系统对用户和各类资料进行影像采集，并自动从影像数据中提取文本信息。

■ 智能码应用：系统将业务信息和用户数据进行合并后可以生成智能码。利用微信等扫码工具，用户可实现识读功能。

■ 智能聊天：智能客服系统能预置庞大的聊天库，支持全语音本地、网络交互的方式根据用户提问进行聊天问答。

■ 娱乐：预置歌曲和舞蹈剧本，根据用户的指令和选择的曲目、舞蹈名称进行唱歌和跳舞表演。

■ 二次开发：系统具有标准Python接口，可供集成接入，同时具备二次开发功能，可以实现与业务系统应用场景的开发对接。

市场应用情况

机器人设备作为一种智能化的类人交互设备，目前越来越多地在银行、酒店、政务办公、电力等大厅场合得到了广泛使用。

目前，智能引导机器人已在国家电网山西省电力公司、陕西省电力公司和湖南省电力公司的多个供电服务营业厅成功应用，并获得用户的广泛好评。

专家点评

智能引导机器人在伺服系统、控制器、核心算法、精密减速器以及应用和集成技术这五大领域都尽可能做到至善至美，为用电客户提供最好的营业厅体验，帮助客户快速办理用电业务，能协助用电营业厅提高客户服务效率。智能引导机器人将为千家万户提供用电帮助，同时让营业厅服务人员从事更有价值的服务工作。

——袁葆　北京中电普华信息技术有限公司客户服务及量测事业部总经理

智能联网无人机低空通信系统

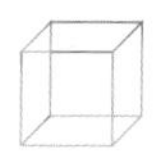

中国联通

智能产品领域>智能无人机

什么是智能联网无人机低空通信系统

智能联网无人机低空通信系统，为无人机提供智能化通信服务，解决目前存在的无人机监管难、通信方式受限的问题，为无人机应用的普及打下基础，拓展其应用领域。

技术突破

近年来，民用无人机的产业规模不断扩大，应用领域逐渐增多。现有无人机普遍采用的点对点通信方式存在着通信距离有限、通信质量不稳定等问题。同时，目前无人机“黑飞”缺乏有效监管方式的问题，也限制了无人机应用范围的进一步拓展。

智能联网无人机低空通信系统，可以为无人机提供智能化通信服务，解决上述问题。系统利用智能化、全覆盖的低空通信网络，对无人机的飞行位置进行实时监控，并对接政府监管平台，实现管理者对无人机的实时监管，为无人机提供基础通信服务和增值通信服务。

其中，基础通信服务包括音频、图像、视频等数据的传输。增值通信服务为用户提供定制化的网络服务能力，结合边缘计算、5G移动通信网络演进技术、大数据等技术手段，打造一体化、智能化的空地通信网络。

无人机与通信有机结合，形成创新应用系列产品，包括基于无人机的应急通信方案，制定行业内首个系统化的无人机应急通信企业技术要求，用于解决自然灾害发生导致的通信中断，或热点区域的临时通信保障。产品创新性地展现出了具有自主知识产权的基于无人机的智能搜救系统方案，通过无人机与人工智能技术的创新结合，实现搜救工作的智能化，大幅提高搜救的准确性和效率。

智能化设计程度

■ 按需制定场景化的空地网络解决方案

根据无人机相关业务的特点，产品对网络进行有针对性的调整，形成空地一体化的网络解决方案，解决目前无人机缺乏有效通信方式的问题，为无人机与地面控制台之间、无人机与无人机之间、无人机与监管平台之间的通信提供保障。

■ 多手段结合的无人机监管方案

移动网络将无人机的位置信息和身份认证信息实时上报到监管平台，结合电子围栏技术，产品可以判断无人机所处位置的合法性，实现无人机飞行路线的可管可控，减小由于无人机闯入禁飞区带来的安全隐患。

■ 多种手段结合分析网络性能

一方面，产品利用仿真分析的方式，选择符合低空通信信道特点的传播模型，对比不同基站间距、天线倾角等组网参数下的性能差异；另一方面，采用实际测试的方式，分析密集城区、郊区等

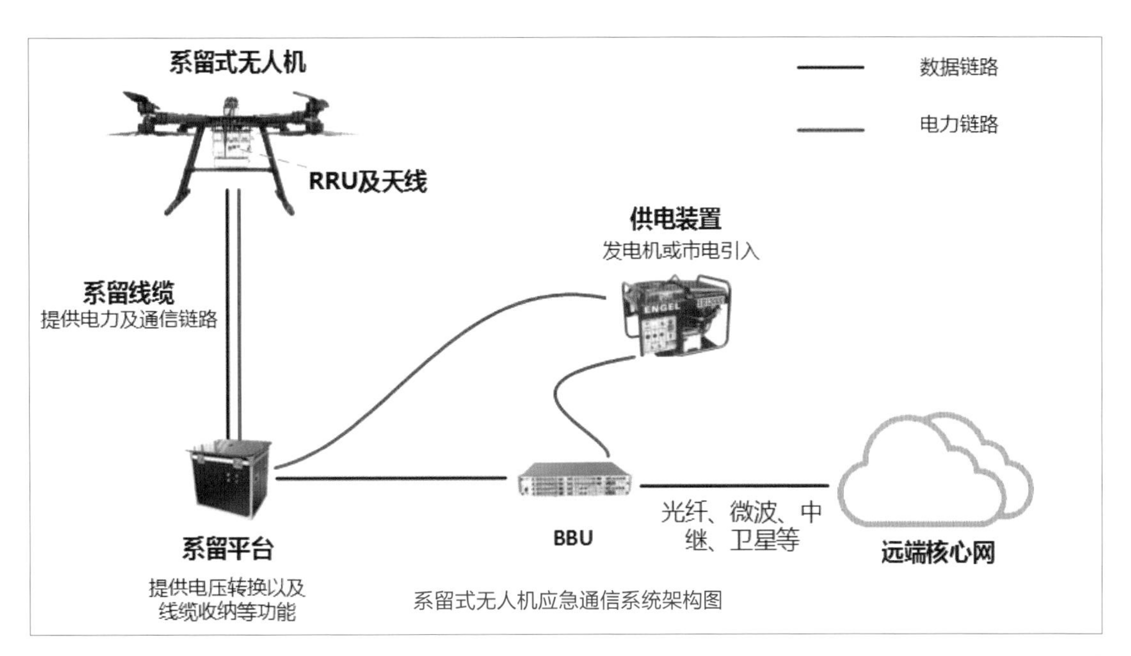

系留式无人机应急通信系统架构图

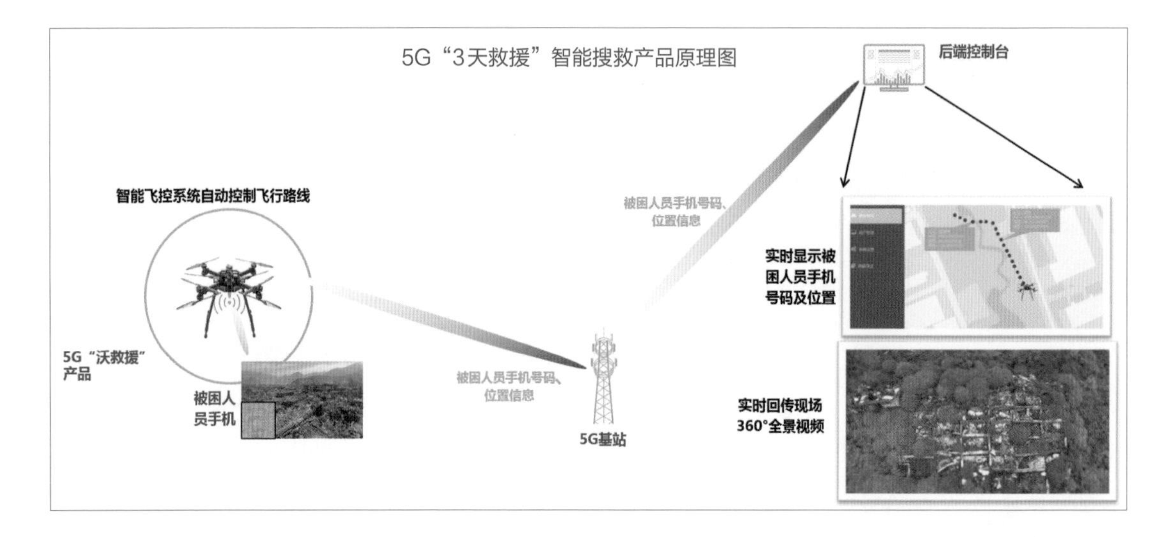

典型场景下的网络质量情况。

■ 网络辅助的精准定位技术

随着无人机业务发展的多样化，人们对定位的需求也不断提升。通过移动网络定位与机载GPS定位相结合的方式，产品提供更加精准、可信的位置信息，满足监管及业务需求。

■ 多领域技术手段满足网络能力需求

该产品利用边缘计算技术、5G网络技术等手段，打造低延时、大带宽、高可靠的移动通信网络，满足无人机多样化新型业务的需求。

■ 智能化的大数据分析及预测技术

根据后台采集到的网络数据，该系统可实时分析低空范围内的热点区域分布情况，并且实现自动化的网络能力调整，满足低空用户对移动网络的需求。此外，产品可基于平台采集到的大量历史数据，提供热点区域预测、舆情分析等服务。

■ 基于无人机的应急搜救方案

通过在无人机上搭载通信基站的方式，产品为受困人员提供临时的通信保障，一方面为受困人员提供与外界取得联系的机会，另一方面可以接入受困者手机信号，计算出其位置。结合通信基站反馈的受困人员信息，以及机载摄像头自动识别到的图像信息，搜救人员可以综合确定受灾区域内人员的数量和位置。

市场应用情况

智能联网无人机低空通信系统解决目前无人机缺乏有效管理手段的问题，其方案设计和可行性论证已获得相关监管机构的认可。

无人机应急通信方案可广泛运用在自然灾害场景应急通信保障、热点区域通信保障等场景，目前已经在多个城市进行了试运行，取得良好效果。

专家点评

我国“十三五”规划中将无人机产业提升到国家战略层面，明确将大力开发市场需求大的行业级无人机，同时完善产业配套体系建设。

智能联网无人机低空通信系统的提出，为无人机的监管提供了有效的解决方案，同时可以为无人机行业多样化的应用提供差异化通信服务，促进无人机的应用拓展。无人机的应急通信方案，以及智能搜救系统方案的提出，为特殊场景的通信保障及救援指挥提供了新的解决方式，具有显著的社会效益。

——唐雄燕

中国联通网络技术研究院首席专家

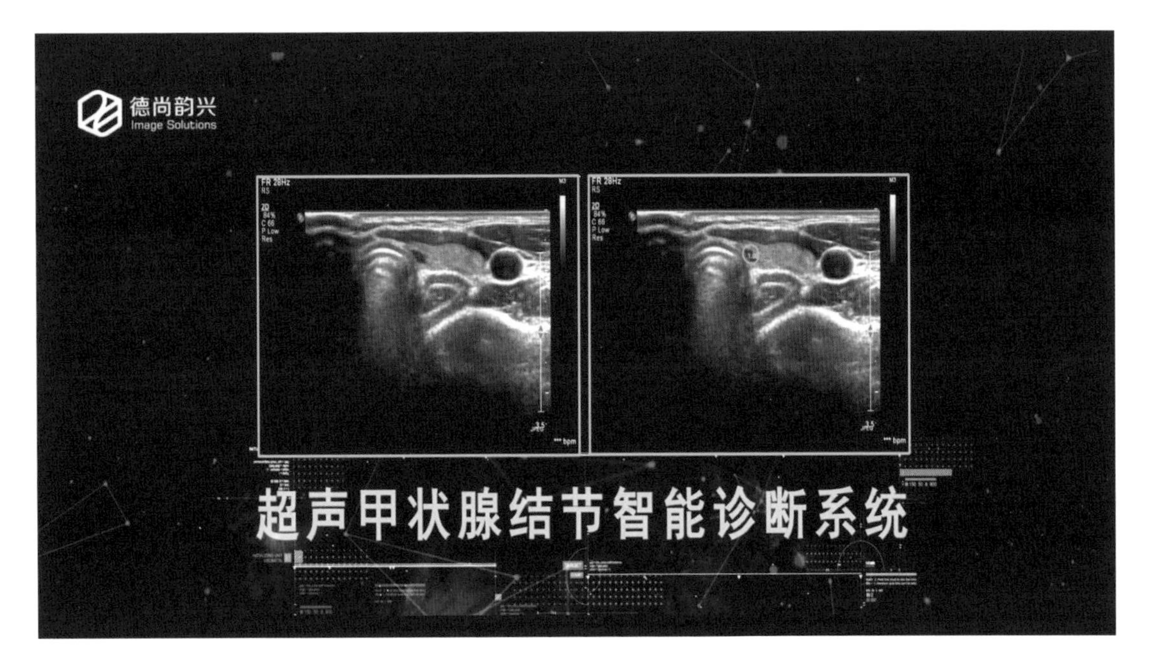

Demetics超声甲状腺结节智能辅助诊断系统

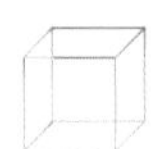

德尚韵兴

智能产品领域>医疗影像辅助诊断系统

什么是Demetics超声甲状腺结节智能辅助诊断系统

甲状腺结节是现在普遍存在的一种流行病，有调查指出，在人群中甲状腺结节的发生率将近50%，但仅有4%~8%的甲状腺结节在临床触诊中可被触及。甲状腺结节有良、恶性之分，其恶性发生率为 5%~10%。早期发现病灶对鉴别其良恶性、临床治疗和手术选择有重要意义。

甲状腺结节超声检查可实时成像、检查费用相对较低、对病患无创伤。而且甲状腺位于表层，适合超声图像诊断。但是超声诊断甲状腺结节的结果往往受到病人的个体化差异、医生的观察者差异等因素的影响，极易造成误诊或漏诊。

Demetics超声甲状腺结节智能辅助诊断系统，采用自主研发的CNN框架及数学模型，对专家标注过的超声甲状腺图像进行训练。系统可以自动探测甲状腺结节，并且自动给出结节良恶性的概率。该系统的甲状腺结节探测准确率>97%、良恶性诊断准确率>85%。超过了三甲医院的超声医生的平均水平。

技术突破

为了将深度学习更好地运用于超声影像，公司研发团队不仅将现代数学理论加入系统，而且自主研发了深度学习框架，成功开发了Demetics超声甲状腺结节智能辅助诊断系统。

传统的CAD技术，超声成像机制导致辅助诊断的准确性和自动化程度均受到影响，所以目前的分割甲状腺结节最多的是基于活动轮廓的半自动分割，主要是人工选取出特征，然后利用SVM、KNN、决策树等进行分类识别，这些分类器对小样本数据有较好的效果，但是医学数据是海量的，大样本的分类识别对医学诊断才能有更好的辅助作用。

自主研发的深度学习框架，大小只有主流开源框架的1/100左右，独立性高，仅依赖cudnn一个外部库，跨平台，可随意修改成适合特定任务的模块，并且方便加入最新的数学成果，易于嵌入大型工程项目中。本系统的探测准确率比开源的深度学习框架高30%~40%。

智能化设计程度

超声科的医生在全国目前缺口巨大。临床医学经验的不可复制，导致分享和传承都存在较大难度。成熟医生缺口量依照现在的医生成长的轨迹不能短期解决。

Demetics超声甲状腺结节智能辅助诊断系统，运用深度学习技术，可以完全自动地探测甲状腺结节，并自动给出结节良恶性的概率，辅助超声医生决定病人是否需要做进一步的穿刺等检查，降低漏诊率、误诊率。

在安全性方面，该系统拥有以下特点：

■ 数据安全：产品在医院临床应用时，传输和处理过程加密，确保数据可用性、完整性、保密性。

■ 系统安全：系统内嵌于微型计算机中。系统在软硬件设计过程中，充分考虑异常状况，持有容灾备份、断电保护、异常恢复、重要操作确认提示、登录限制、软硬件同时加密等功能模块。

■ 产品风险控制：产品用于自动探测甲状腺结节，并且自动给出结节良恶性的概率，为甲状腺结节早期筛查提供辅助支持。筛查的主要风险在于假阴性和假阳性。通过以下手段控制风险：

▶ 模棱两可的检验结果采用进一步的穿刺等医疗手段确认。

▶ 产品的最终用户是有临床经验的专业医生，产品的良恶性结节判断仅为医生提供参考，最终判断仍由医生做出。

▶ 产品满足风险管理的法规要求，严格执行风险控制措施，保证剩余风险在可接受范围。产品投入使用后，定期收集产品的信息，持续更新产品的风险信息。

市场应用情况

目前产品在多家三甲医院和基层医院进行试用，经过迈瑞超声研发部门的测试，达到商用程度，并签署了合作意向。

专家点评

甲状腺结节是当前社会中的常见病，甲状腺结节超声检查可以做到无创实时成像，其检查费用低，是目前常用的检查方式。然而，超声医生在诊断甲状腺结节时，可能会受到不同设备、病理特征判断的主观因素等影响，而极易造成误诊或漏诊。因此，利用计算机与人工智能技术实现对甲状腺结节的超声图像计算机辅助诊断十分必要。

浙江德尚韵兴图像科技有限公司利用数学前沿理论及独创的大数据分析技术，开发出了Demetics超声甲状腺结节智能辅助诊断系统，能够在超声图像中快速探测到甲状腺结节的位置，给出其超声特征，尤其可以甄别其良恶性质。该系统在浙江大学附属第一医院超声医学科做了大量临床应用，结果表明该系统具有重要的临床价值。

——蒋天安

浙江大学附属第一医院超声科主任

E-Health肝肿瘤智能辅助诊断系统

联想

智能产品领域>医疗影像辅助诊断系统

“

什么是E-Health肝肿瘤智能辅助诊断系统

E-Health肝肿瘤智能辅助诊断系统，集成前沿的深度学习算法，对肝脏CT图像进行智能分析，对肝脏肿瘤进行定位、定性分析，生成诊断报告。

”

技术突破

E-Health系统集成了前沿的深度学习算法，依托于拥有强大计算力的联想LiCO平台，凝聚了众多医学专家的全方位诊疗经验。通过与解放军总医院的深入合作，E-Health系统将前沿的深度学习算法和大量医学专家的诊疗经验融合在一起，在不间断积累数据的基础上不停对算法进行迭代，提升诊断准确率。

本系统有许多创新技术，包括：

■ 多元数据归一化

本系统训练数据集中的CT数据来源于国内外多家医疗机构，因此在采集设备、成像质量方面存在差异，数据中也包含多种肿瘤形态。本系统通过一套自创的数据预处理方法对多元训练数据进行归一化，降低数据复杂程度。

■ 标注数据处理及评价系统

由于标注过程烦琐且工作量大，在标注过程中可能引入部分数据标注噪声，影响最终的模型性能。本系统设计了一套用于噪声过滤与对标注结果进行评价的方法，有效对标注时引入的噪声进行过滤，并对过滤后的结果进行评价打分，自动判断标注的质量。

■ 基于多模型融合策略的肿瘤分割系统

算法的总体流程如下所示：

利用改进的UNet网络实现图像分割。网络输入包括单帧的CT图像和多帧的CT图像，通过多源的数据信息，融合多个异构网络提升小肿瘤的检测性能。

■ 利用数据后处理提升准确性

本系统通过基于规则的噪声移除和空洞填充和基于ResNet网络的肿瘤验证，降低了误分割等造成的影响，提升准确性。

■ 设计了一套端到端的诊断报告生成方案。

方案框图如下所示。

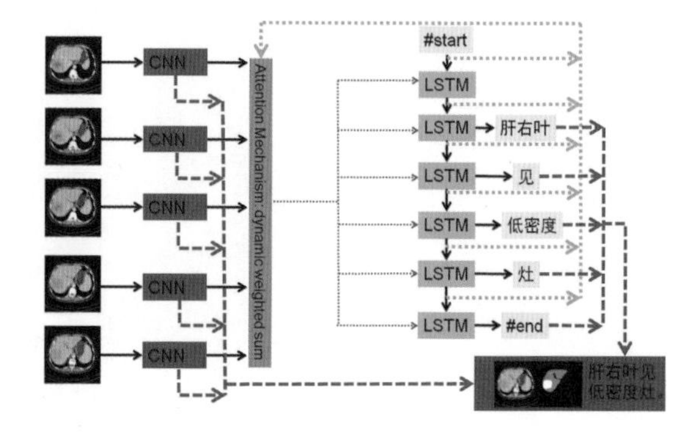

智能化设计程度

产品采用端到端的解决方案，医生只需要在系统中将增强CT数据上传至服务器，系统对增强CT图像进行分析，自动完成肝脏分割、肝脏肿瘤分割和肝脏肿瘤分类的工作，并且生成对应的诊断报告。

医生只需要对结果进行审核与修正，大幅度降低医生的工作量，避免因疲劳造成的漏诊与误诊现

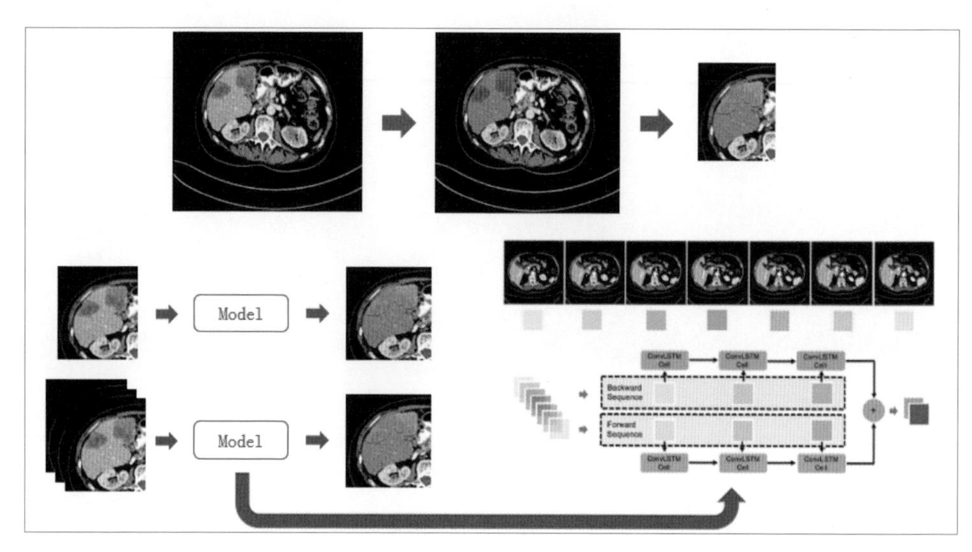

1st PLACE CHALLENGE AWARD

The GPU is awarded to

Liver Tumor Segmentation Challenge (LiTS) Winners

[illegible], Lenovo Research AI Lab, China
[illegible], Lenovo Research AI Lab, China
[illegible], Lenovo Research AI Lab, China
[illegible], Lenovo Research AI Lab, China
[illegible], Lenovo Research AI Lab, China
[illegible], Lenovo Research AI Lab, China
[illegible], Lenovo Research AI Lab, China

Abdul Al Halabi
Global Business Development Lead, Healthcare & Life Sciences

9/14/2017
Date Issued

象的发生。

系统的功能有：

■ 肝脏分割：通过业界领先的深度学习算法，综合患者的增强CT数据（动脉期、静脉期与延迟期），智能地对图像进行分析，以完成对肝脏的分割。

■ 肝脏肿瘤分割与分类：在肝脏分割的基础上，通过深度学习算法自动判断患者是否存在肿瘤。如果存在肿瘤，还能判断出该肿瘤的性质、大小、位置、类别等信息，辅助医生进行诊断。

■ CT图像中肿瘤数据的自动标注：在CT图像中加入比例尺及病人和CT图像的基本信息，并且可以在CT图像中智能标注肿瘤的位置和状态，方便医生读取图像信息。

■ 诊断报告自动生成：系统能够将肿瘤位置信息、类别信息以及具体形态等信息进行整合，自动生成诊断报告。同时，医生可以在自动生成的诊断报告基础上进行修改，提高工作效率。

市场应用情况

在中国，肝癌是第三大致命的癌症。对于60岁以下的男性而言，肝癌是所有癌症中最为致命的。并且，世界上50%以上的肝癌发生在中国。

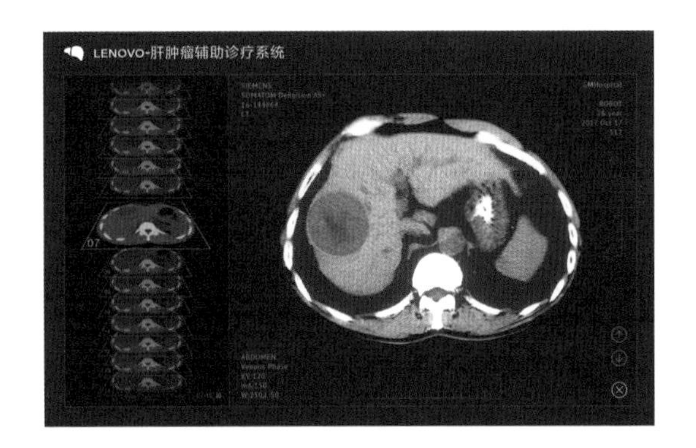

与肺癌、乳腺癌等癌症相比，肝癌的早诊更为困难。联想E-Health专注于肝脏领域，也是基于中国的特色国情设计而成。

通过与解放军总医院的深入合作，E-Health系统把前沿的深度学习算法和大量医学专家的诊疗经验融合在一起。希望通过联想E-Health解决方案，能够让中国的肝癌早期发现率和治愈率得到有效的提升，让更多家庭免除癌症带来的痛苦。

E-Health项目旨在作为分级诊疗系统的一种落地形式，通过部署在基层医院，在降低肿瘤误诊率的同时实现基层首诊，缓解大医院的就医压力。另外，为了响应国家卫计委对癌症防治的行动计划，E-Health项目也可以对区域内的海量肿瘤筛查数据进行有效的大数据分析，在降低肿瘤漏诊率的同时实现有效的肿瘤早诊早治。

专家点评

联想E-Health肝肿瘤智能诊断系统在图像智能理解层面，利用深度学习算法从CT图像中识别出肝脏肿瘤的位置、类别等信息，通过融合医学影像和文本，在多模态数据的基础上实现影像诊疗报告的自动生成，从而在多个层级上对医生进行辅助诊疗。该系统依托于拥有强大计算力的联想LiCO平台，通过与解放军总医院的深入合作，将人工智能技术和医学专家的诊疗经验进行有机融合，针对临床诊疗中的痛点需求，提出有效的人工智能解决方案。

——徐飞玉　联想集团副总裁、人工智能实验室负责人

2017年7月，国务院印发了新一代人工智能的发展规划，人工智能技术已经被提到了国家战略的高度。在这样的政策背景下，基于解放军总医院牵头成立的医疗大数据应用技术国家工程实验室平台，联想集团的人工智能专家与解放军总医院肝胆外科的医学专家合作开发了E-Health肝脏肿瘤智能诊断系统。该系统涵盖肝脏肿瘤的精准定位、肝脏肿瘤的诊断报告及手术方案的选择等多方面的信息，为肝脏肿瘤的临床诊疗提供了全方位的解决方案，对如何将人工智能技术应用到临床辅助诊疗领域提供了有益参考。

——陈永亮　解放军总医院肝胆外科主任医师

在肝脏肿瘤的临床诊疗过程中，各层级医疗单位对于肝肿瘤的定性诊断以及肿瘤的定位和肝内脉管关系、手术适应症判断及手术方案的选择等问题的理解和分析存在很大差异，常常给临床处理带来很大分歧甚至影响病人的诊疗效果。联想E-Health肝肿瘤智能诊断系统，利用前沿的人工智能技术，致力于解决肝脏肿瘤临床中的痛点问题，通过人工智能对肝脏肿瘤良恶性分析、肿瘤定位及与肝内脉管关系进行分析，从而进一步为临床提供手术建议，将大大提高临床对于肝脏肿瘤的影像学诊断水平和效率，并有利于规范临床诊疗方案的选择和应用，对于推动肝脏肿瘤的诊治具有重要的临床实践价值和社会效益。

——冷建军　北京大学首钢医院肝胆胰外科主任医师

Lenovo

E-Health

E-Health 是中国领先的智能医疗影像辅助诊断系统

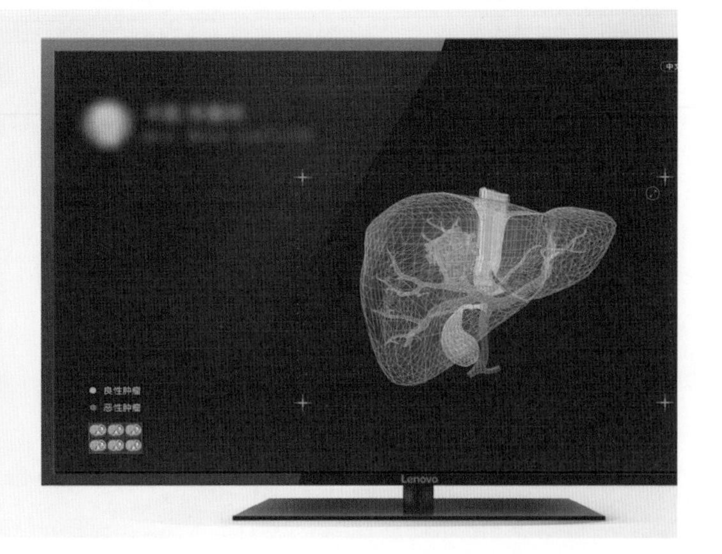

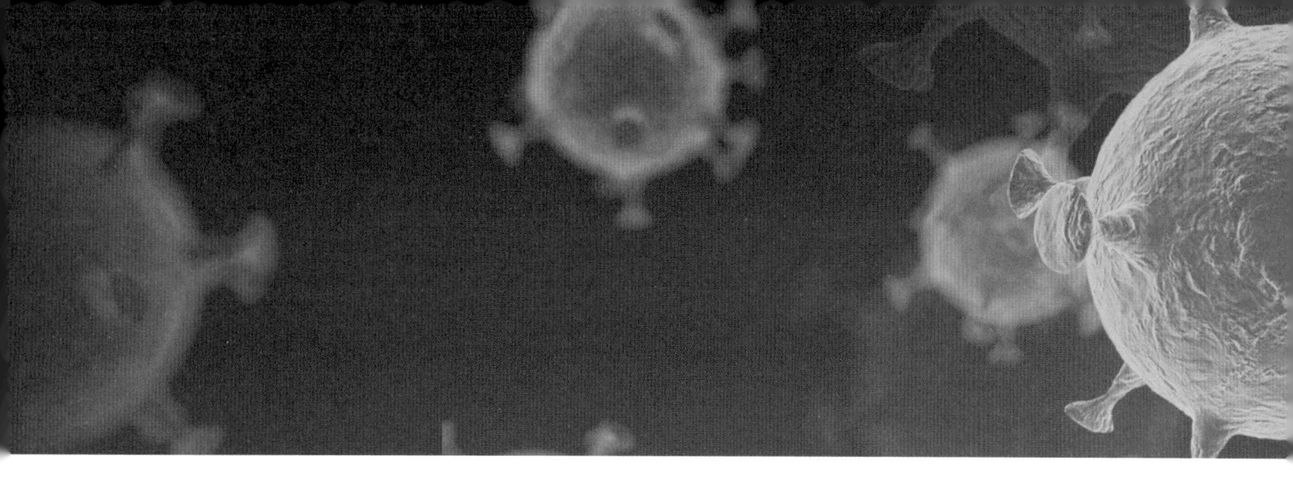

ET 医疗大脑

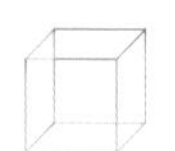

阿里巴巴

智能产品领域 > 智能疾病预警系统

什么是 ET 医疗大脑

ET 医疗大脑打通医疗信息孤岛，建立数据中台，为医疗卫生机构提供强大的云计算能力、人工智能技术和数据智能服务，盘活医疗数据价值，实现精准医疗、智能辅助诊断、资源调度优化、运营监控。

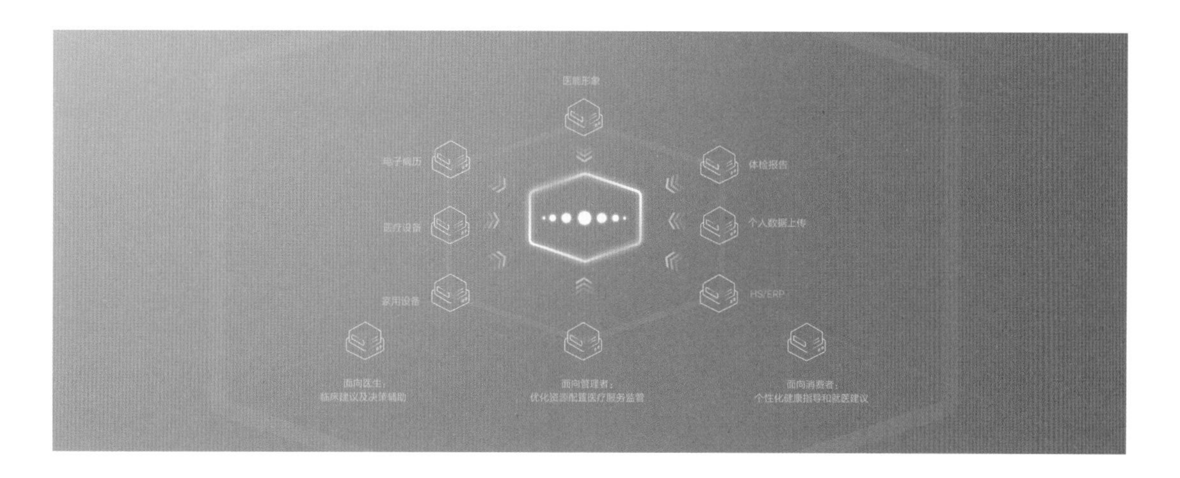

技术突破

ET 医疗大脑为医疗应用提供统一的医疗数据访问服务，从而消除医疗应用系统与医疗数据中心的直接耦合，同时通过 HL7 和 DICOM 等标准通信协议为临床信息系统提供系统集成通信服务，确保各个临床信息系统在工作流整合的基础上实现交互协作，从而以数字化的形式完成各项医疗业务。系统还可以进行院内数据采集、同步管理、数据转换。通过本工具上传数据可以保障数据传输的安全管理。

■ 医疗数据通信及集成平台：将金融级别的数据安全标准和电商级别的数据集成，将通信能力应用于医疗专业场景。该平台可以促进医院内部的数据互联互通，同时帮助各类数据智能应用（CDR、ODR、CDSS、各类医疗AI能力等）能快速、安全地集成到各类医疗业务场景中。

■ 医院智能运营管理：该平台借助“数字化”运营手段，内置行业BI分析模板，全面监控医院药品、床位等资源指标，为管理机构和医院提供智能决策支持。

■ 临床数据智能服务：系统整合电子病历，智能分析患者信息(病历、检验指标)，帮助医生缩小疑似疾病范围，提高医学质量，包括智能分诊、门诊急诊辅助诊疗系统、合理用药功能。

■ CT辅助标注肺部病变：ET医疗大脑通过算法学习胸部CT扫描的图像，检测肺部结节的区域和大小，能够有效协助医生提升早期肺癌检测的准确度，降低临床误诊率。应用于院内PACS系统、医生工作站、Dicom阅读器等，实时为医生诊断提供智能辅助服务。

■ 面部皮肤检测分析：基于3D成像和重构的医学级皮肤检测手段，产品能根据手机摄像头拍摄的图像做皮肤综合分析，包括面部分割和识别，毛孔、痤疮、黑头等皮肤健康评价，湿疹、银屑病等皮肤病识别和护理建议。

■ 智能语音服务：使用者可以通过说话的方式对计算机、iPad、移动查房设备进行录入。说话时，内容会被转录成文字，并显示在对应的HIS系统、PACS系统、EMR系统等希望输入文字的位置。

平台已对888份肺部CT样本进行分析，寻找其中的肺结节，样本共包含1186个肺结节，75%以上为小于10mm的小结节。在国际权威肺结节检测大赛LUNA16中，ET医疗大脑在7个不同误报率下发现的肺结节平均召回率达到89.7%，超出第二名0.2%，夺得世界冠军，打破世界纪录。

智能化设计程度

通过对临床数据和医院运营数据的分析，结合各级部门对医疗质量标准的管理，该产品综合运用阿里云自然语义分析、智能算法能力，对病历、病案质量、临床路径标准等进行自动监测和分析，大幅度降低因各类“错误书写”和“信息缺失”造成的医疗事故，提高医疗服务质量，对医疗机构的服务质量进行实时提示和统计管理。

利用阿里云智能分析算法，产品对医疗机构和区域医疗的运营核心指标（包括收入、利润、门急诊和住院、抗菌药管理等700余个重点关心的指标）进行跟踪分析，预测指标走势，第一时间发现异常情况，并对核心指标的影响因素进行分析，找到影响核心指标的关键因素和科室，为制定管理策略提供参考。

面对各类单点的人工智能能力（图像、语音、临床辅助决策等），阿里云自主研发的“统一人工智能和数据集成平台”，可以实现与医疗机构一站式智能应用对接，提供可视化应用管理、安全数据对接、统一数据脱敏和异构数据快速集成等能力。

床位不够用、CT排队时间长、儿科急诊排队长等问题每天在各医疗机构出现，ET医疗大脑利用历史数据和城市级别数据，可以智能分析和预测机构面临的医疗需求，有效优化资源的使用情况。

市场应用情况

ET医疗大脑在国内外实现广泛应用，包括建德市第一人民医院、杭州市儿童医院、青梧桐健康基因等，在医疗领域产生巨大的社会和经济效益。

建德市第一人民医院，院内医疗服务质检管理目前更多依赖于事后统计、病案抽查等手段，仅能解决一部分医疗服务质量管理的需求，存在大量管理盲区。ET医疗大脑根据医疗质量管理需求，综合分析院内各系统数据，如门急诊电子病历、HIS、手麻、PACS等，实时分析和预测，从患者的处方

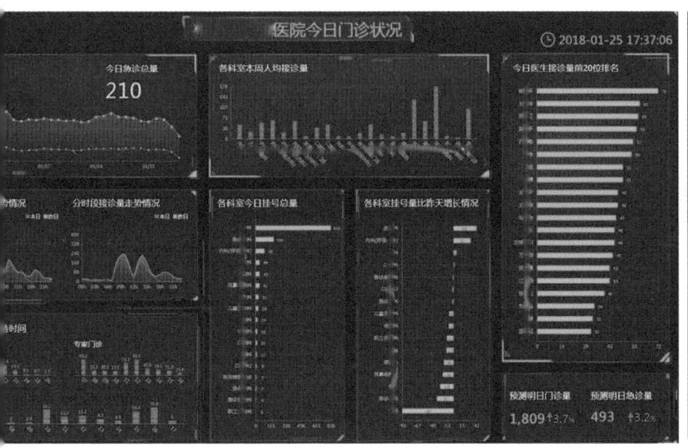

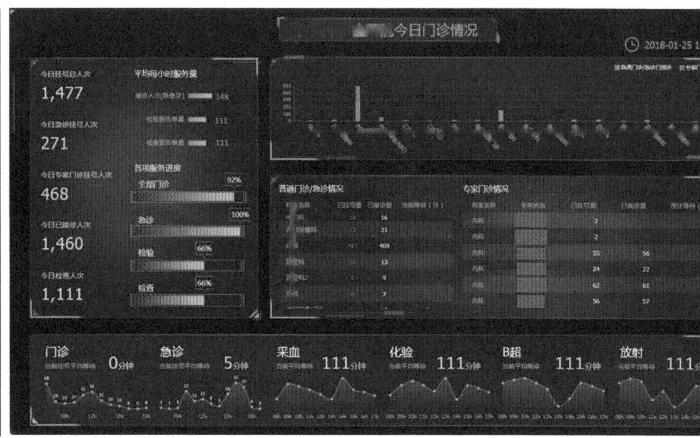

质量、关键信息提示、诊疗时间管理等方面做到风险提示、提前感知、关键问题识别等服务，提高医疗质量管理效率。

杭州市儿童医院门诊周期性波动明显，繁忙季节医护资源紧张。ET医疗大脑对门诊数据进行深度挖掘，从业务量、业务耗时、病患情况等多个角度出发，建立门诊繁忙度评价模型，并通过智能预测技术进行业务量预测，指导医护资源配置，最后通过可视化的交互手段，从管理者、医护、病人的不同视角进行展示和引导。系统可帮助医院管理者实时把握门诊业务状况与定位问题，提前做好医护资源规划；帮助医护人员及时发现服务提供过程中的异常状态，做好实时调度；帮助患者全面地了解医院各科室忙闲状态和趋势，选择更合理的就医时机，缓解医患矛盾。

专家点评

该系统既能检测病历完整性、一致性等常见问题，还运用了自然语义处理技术和大量的医学知识库，对于病历内容的内在逻辑、医学合理性等进行校验，这是在目前国内的病历质控中非常领先的技术和概念。

这款产品不仅能满足医院对于病历的高要求管理，还能解放医务科医生的生产力，节省他们的时间，让医生投入到诊断和科研当中去。

——李兆融　阿里云ET医疗大脑产品专家

杭州儿童医院运用了阿里云ET医疗大脑的门诊预测模型后，医院对于门诊情况的监控变得更及时。遇到门诊量波动后，医院有针对性的安排也让医疗进程变得更有条不紊。

而且当患者在手机上了解到医院整体门诊量的情况后，还能自行选择从家中出发的时间，错峰就医，节省时间。患者还能清楚知道医生的工作情况，对缓解医患关系也有积极作用。

——李楠　阿里云ET医疗大脑算法科学家

基于深度学习算法的在线智能稽核系统

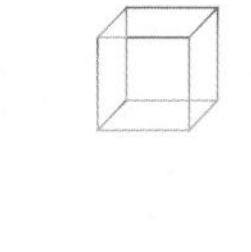

中国移动广东公司人工智能能力支撑中心

智能产品领域>智能身份识别系统

什么是基于深度学习算法的在线智能稽核系统

该系统是广东移动公司为高效落实电信业务实名认证管理要求，有效保障业务信息安全而开发的智能稽核工具。该系统综合应用深度机器学习、VGG16分类技术、Haar人脸特征算法，通过专家监督训练，开发了实名制业务稽核算法，有效识别实名认证采集的人像、证件图片的一致性、真实性和合规性，替代原有的人工后台稽核机制，极大提升了后台业务稽核效率。

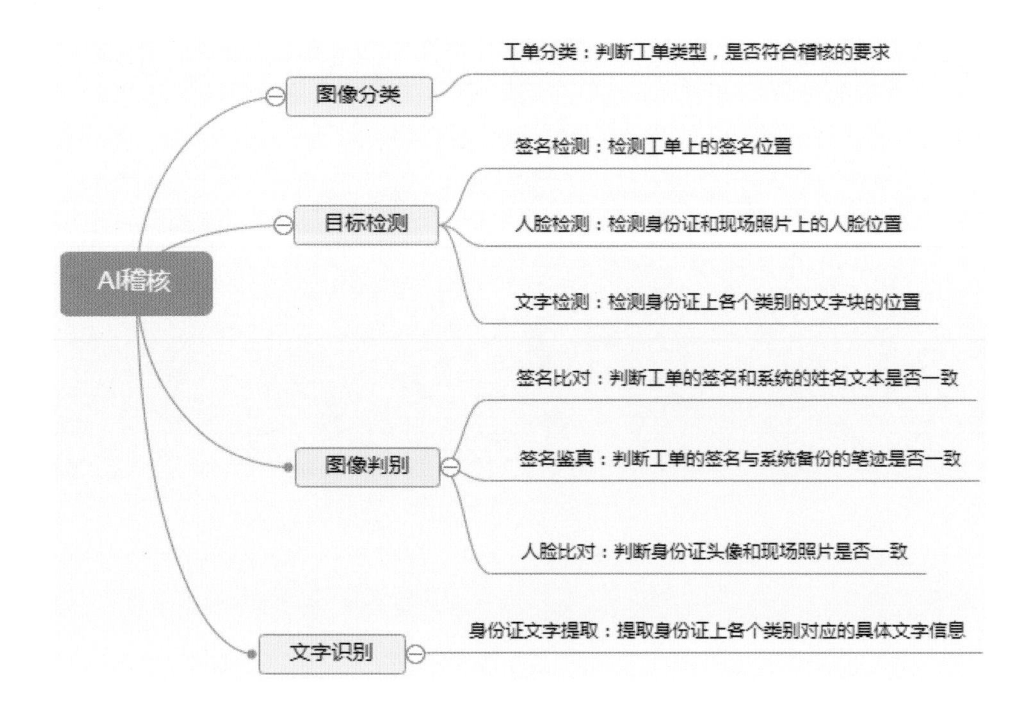

技术突破

该系统综合应用深度机器学习、VGG16分类技术、Haar人脸特征算法，进行实名认证业务自动稽核算法的开发，自动稽核准确率达91%。

该产品引用算法VGG16模型作为分类器判断实名制照片数据的真实度并进行活体检测，通过数据处理、翻拍真实数据、翻拍生成器等方式制作负样本，扩充模型训练样本。

该产品通过Haar算法识别出图片中的人脸特征区域，使用ERT级联回归算法训练提取人物头像特征点128个，最后利用特征点欧氏距离判断人物特征的相似程度来判别镜头前的人是否为持证者本人。

智能化设计程度

该系统通过页面爬虫解析的方式内嵌在稽核人员的操作界面中，产品自动对需要稽核的内容按规范要求进行自动稽核，将产品自动判断的结果分类后展示给稽核员，辅助稽核人员对实名制登记数据合规性进行稽核。

市场应用情况

该产品已在中国移动汕头分公司正式投入生产使用，汕头区域自动稽核业务60万笔，准确率达91.2%，原手工稽核人员数量从7个缩减为1个。后续产品全省推广后预计每天可以自动稽核业务50万笔以上，预计可以节省人力100个。

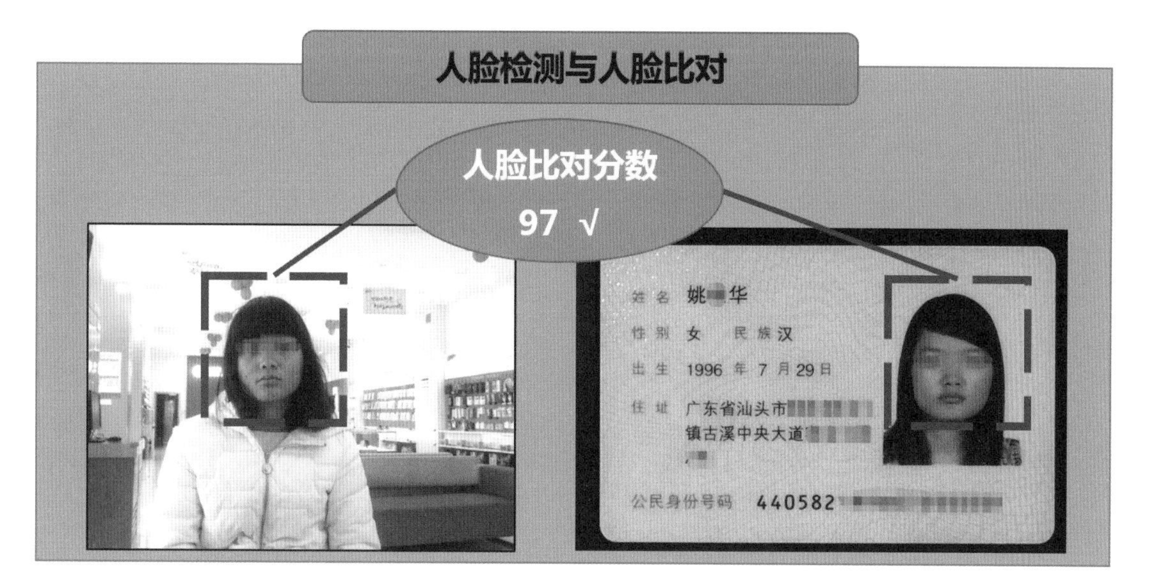

专家点评

"基于深度学习算法的在线智能稽核系统"通过专家监督训练人工智能模型，有效识别电信业务实名认证过程中采集的客户现场人像、证件图片、客户签名、业务单据手续的一致性、真实性和合规性，替代原有的后台事后人工稽核机制，提升业务稽核效率的同时也保证了信息安全。稽核流程无需人工干预，节省大量的人力。

该系统综合运用了多种深度学习的技术，包括图像分类、目标检测、图像比对等项目，在一些业内成熟应用的模型基础上实行了创新改造，使之符合稽核要求的高准确率的应用场景，具有较高的研究价值和经济价值。通过人工智能技术与稽核业务的紧密对接，对传统的业务稽核模式进行颠覆。目前该系统在全省范围内获得广泛认可。

——徐睿　中国移动广东公司人工智能能力支撑中心主任

京东智能身份识别系统

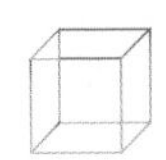

京东

智能产品领域>智能身份识别系统

什么是京东智能身份识别系统

本产品基于业界领先的深度学习技术，采用人脸识别的方式，在视频监控、闸机摄像、门禁安检等条件下实现高精度的实时身份识别。

技术突破

该智能身份识别系统实现的人脸识别主要包括人脸检测、关键点定位、人脸识别3个部分。每一部分均采用业界领先的深度学习技术，为整个系统提供高精度实时识别性能。

人脸检测采用最新国际顶级会议发表的S3FD和Faceboxes算法，在AFW、FDDB、WIDER FACE等公共数据集上均达到目前所有公开算法中的最高性能。关键点定位采用业界领先的深度学习算法，在相应的公开数据集上亦达到领先水平。

人脸识别采用超大卷积神经网络和私有的案例挖掘特征空间嵌套训练算法。该网络具有优秀的识别精度和泛化能力，在十万人量级的测试集上达到平均比对一亿次只识别错一次的高精度水准，密级相当于一个8位数密码。

本系统采用小网络拟合大网络技术，在几乎不丢失识别精度的前提下大大提升产品的速度，使得产品不仅可以部署在基于GPU的后端，而且可以部署在基于CPU的前端以及ARM端和安卓移动端等。

本系统采用业界领先的活体检测技术，在可见光和近红外等成像条件下能够提供高精度人脸防伪能力。

智能化设计程度

本产品具有优秀的智能化程度和较高的用户体验，全程静默实现识别与防伪，无需用户刻意配合。

在多个平台拥有实时的运行速度，用户无需等待识别结果。识别精度拥有和8位数密码等效的密级，并配合防伪功能，为系统提供优秀的安全系数。

系统根据注册用户的设定，为用户提供VIP迎宾服务、白名单、黑名单功能，以及其他用户定制功能等。

系统还可提供有效的附属功能，例如采用人脸属性识别技术为用户提供实时的年龄、性别等属性分析。

市场应用情况

该智能身份识别系统可以在视频监控、闸机摄像、门禁安检等情景下实现高精度实时的身份识别。目前已经可以应用于实际的生产、生活中，如一些无人线下店等。

专家点评

智能身份识别系统对身份进行便捷与安全的认证，对于社会和经济可产生巨大的效益，如机场、火车站等人脸自助安检，以及智能手机的人脸解锁等情景。

传统基于刷卡、二维码等身份验证的方式，存在用户体验较差的缺点。而基于人脸识别技术的智能身份识别系统，因其非接触、高效率、高安全的性质特点，具有显著的优势。

但在一些特殊场景，如零售行业的无人超市场景中，欲实现高效、精准的人脸身份认证，目前还存在较大的发展空间。其主要原因是人脸图像数据的异质性以及复杂场景的干扰。

京东AI平台与研究部研发基于高性能人脸识别技术的智能身份识别系统，将针对无人零售场景的特殊需求，给出有效的解决方案。

——梅涛博士

京东AI平台与研究部AI研究院副院长

计算机视觉与多媒体实验室主任

美国计算机协会杰出科学家

国际模式识别学会会士

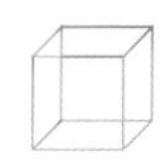

面向中国移动智慧营业厅的客户人脸识别系统

中国移动天津公司

智能产品领域 > 智能身份识别系统

什么是面向中国移动智慧营业厅的客户人脸识别系统

本系统是一款基于高清摄像头和人工智能视频处理程序打造的智能化营业厅平台。结合机器视觉视频处理框架，该系统实现了客户到厅的身份自动识别功能。利用RNN深度神经网络不断优化识别模型，通过比对进厅客户的图像与当日基站客户的人脸特征向量集合，系统可以识别出客户身份，并对客户提出具有针对性的画像、标签，为营业厅提供轻渠道精准营销推荐功能，可以挖掘潜在服务意图，提升客户到厅办理业务的体验。

技术突破

用户进入营业厅的人脸识别属于1：N的识别技术应用场景。该系统通过FEMETO（点基站）和MAC地址嗅探用户信息，圈定进厅用户范围，减小需要比对的用户数量。通过比对进厅用户的图像与当日基站用户的人脸特征向量，系统可以显著提升比对效率和处理速度。

人证比对的核心是人脸模型。考虑到商用模型与开源模型都存在实用方面问题，天津移动自主研发了训练人脸模型，完全用自主服务器部署，并进行模型优化。为了达到针对亚洲人脸的准确模型，系统使用了10万用户人脸图片和身份证图片进行深度学习模型训练。经过测算，模型正样本准确率为93.30%，负样本准确率为94.83%，完全适用于实际营业厅客户身份识别业务场景。

人脸识别系统对高清人脸图像做特征向量提取。当摄像头放置在广角位置时，由于客户一般处于运动当中，采集信息会出现图片中人脸虚化、模糊抖动等问题。这时，系统可以自行进行图片预处理、去噪、补齐像素，确保特征提取准确。本系统应用DeblurGAN方法对广角图像进行预处理，将图像还原为高清完整图像再提取特征值，提升识别准确率。

本系统获得天津移动2017年技术创新一等奖，并且是中国移动集团公司人工智能试点结题项目。

智能化设计程度

人脸识别系统实现了客户到厅后的一站式智能体验，用户无需刻意刷脸。整个过程只需进厅摄像头广角采集全景图像，就可以实现人脸抓取、人脸对齐、特征向量转换和人脸识别。系统迅速查询移动人脸库及大数据、CRM数据库，将客户身份、资料、画像、营销活动调取出来。无需客户口述号码，营业人员即可通过轻渠道主动进行精准营销，并在CRM（业务支撑系统）内主动基于客户身份进行业务预先准备。

系统识别准确率达93%左右，到厅客户人脸信息只要在库中存在，均可以被快速识别，免除客户收到输入、口述等流程。系统智能程度高，完全

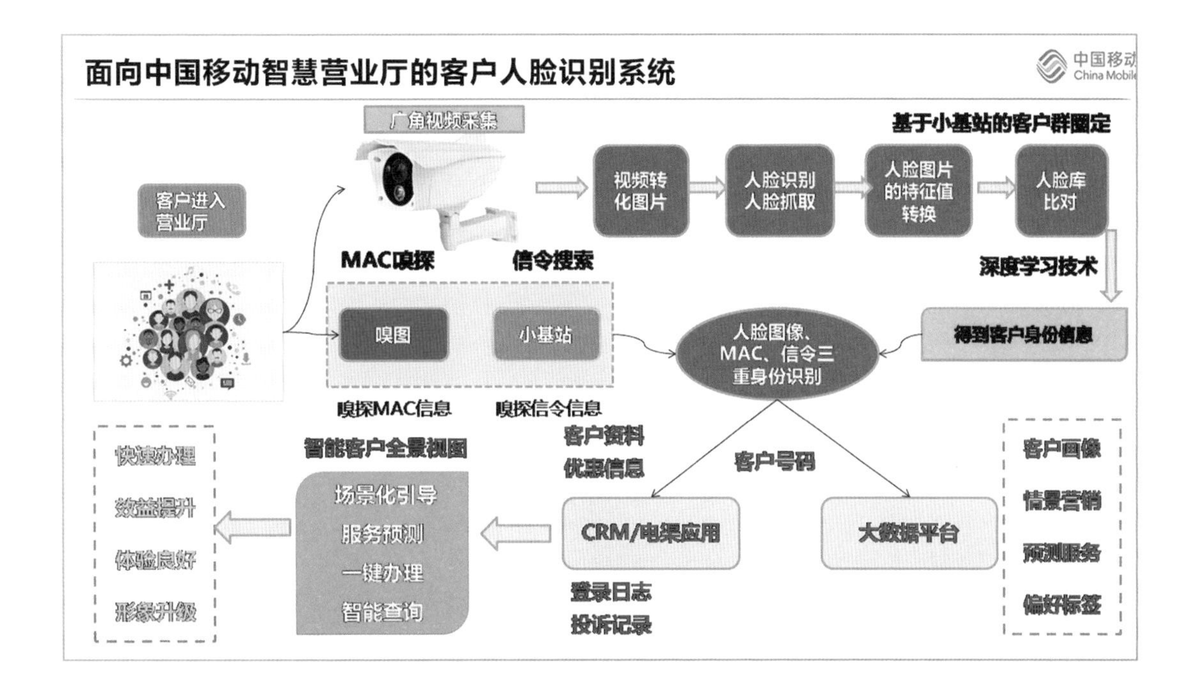

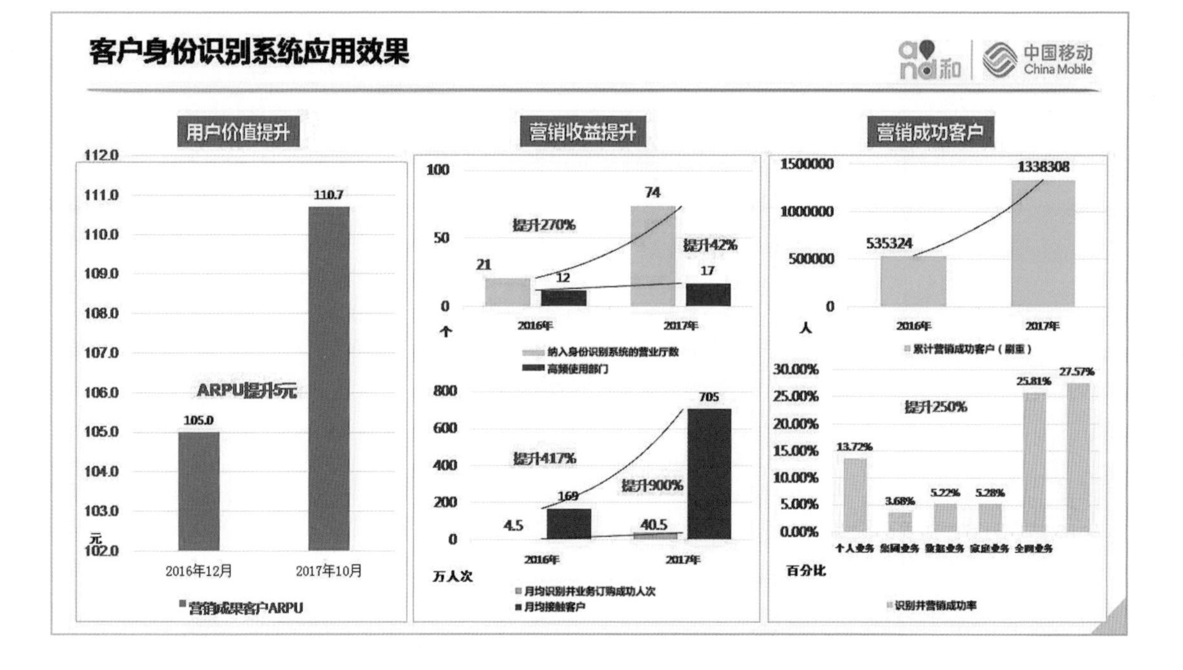

对应客户需求，客户进厅后即完成全景式的营销、服务、业务预先计算并主动推荐，给予针对性强的服务营销，对移动公司运营效益提升明显。营业厅无需进行复制的输入、查询动作，客户所有业务对应信息均属于智能运算，能被主动提示给营业人员。

市场应用情况

本产品已经应用到天津移动19个自办营业厅，也计划快速推广到100多个合作厅和代理商受理点，实现全渠道的智能身份认证。未来所有涉及智能化需求及身份快速识别的营业场所均可采用此技术，包括商城、车站、医院、银行等。本系统能以智能化手段帮助各行业的实体渠道实现智能演进。

经过测试，智能客户人脸识别系统上线后，到厅客户的业务受理时间减少40%，单位业务效益提升28%，客户满意度提升到99.5%，客户ARUP由59元提升到68元，营业厅整体运营效率提升30%以上，效益显著，评价良好。

专家点评

面向中国移动智慧营业厅的客户人脸识别系统，基于高清摄像头和人工智能视频处理程序，结合机器视觉视频处理框架实现客户到厅的身份自动识别。该系统利用RNN深度神经网络不断优化识别模型，通过比对进厅用户与当日基站用户的人脸特征向量集合，快速识别用户身份，给予针对性的画像、标签，提供轻渠道精准营销推荐和挖掘潜在服务意图，增强了客户感知。

机器视觉这种人工智能技术近年来发展迅猛，天津移动的客户人脸识别模型完全以亚洲人脸特征为基础，以移动用户图像为数据源，模型准确率高且适配性强，显著提升了营业效率。

——夏克文

河北省大数据计算重点实验室主任

4G 人脸识别摄像机

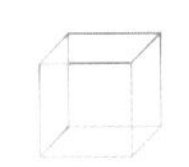

中移物联网 / 中国移动研究院美研所

智能产品领域 > 智能身份识别系统

什么是4G人脸识别摄像机

4G人脸识别摄像机集图像采集、人脸检测、人脸跟踪和人脸识别等功能为一体，实现了实时人脸搜索、人脸比对、身份验证、身份证查重等核心功能，有效地解决了人脸识别系统的高成本和低精度问题，在识别速度、识别准确率和软硬件成本之间达到了很好的平衡。

产品设计图

三视图+工艺说明

- 简约，精致；出色的外观设计使其与任何工程风格完美融合；
- 采用高强度的ABS塑料制成，表面采用特殊工艺处理，能有效抵御紫外线和防止机体变色；
- 前盖与机身黑白搭配，提升产品的品质。

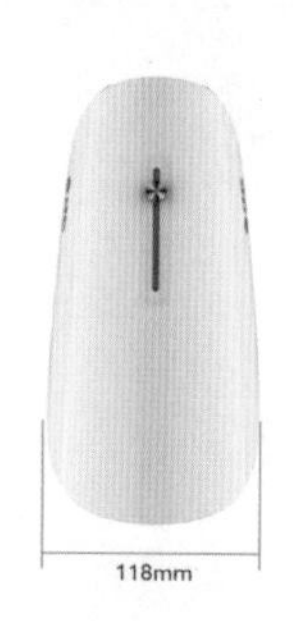

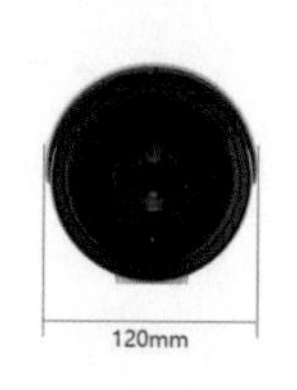

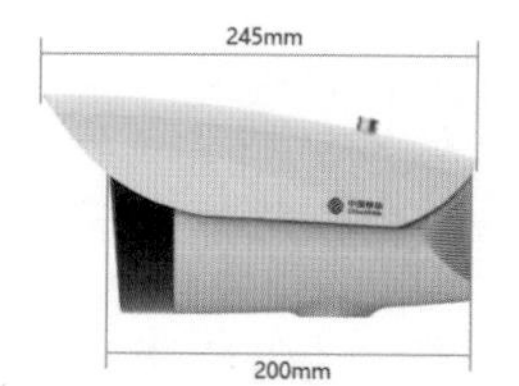

技术突破

该系统是全球第一个以低成本嵌入式方案完成人脸抓拍、人脸跟踪的人脸识别一体机，内置先进的图像质量分析算法，确保抓拍人脸清晰、姿态端正。

人脸检测率与人脸识别准确度在行业内领先，支持多角度人脸检测。系统提供人脸搜索、人脸比对（1：1 或1：*N*）、身份验证、身份证查重等核心功能。

同时，系统支持超清图片处理和高速人脸处理，1s内可以实现人脸比对功能。该系统有效识别距离广，在区域中可同时抓拍多个人脸。

该产品本地支持超大人脸黑名单与白名单库（可扩展超过20 000人），支持离线人数统计、性别识别、年龄识别，支持离线黑白名单报警、接口调用、与第三方系统对接等功能。

智能化设计程度

4G人脸识别摄像机采用中国移动研究院美研所自主研发的多任务级联区域生成神经网络的人脸检测技术。该技术提高了系统人脸检测的准确率，降低了对图片质量的要求，同时大幅提升了人脸的检测速度。

基于改进光流的人脸跟踪技术，系统可对视频序列中的人脸进行快速跟踪。通过人脸图像评价算法，系统选取高质量的人脸图像进行人脸识别，并结合多数投票算法极大地提高了人脸识别的准确率，有效地降低了系统的负载。

利用中国移动研究院美研所自主研发的基于关键帧的超细粒度人脸识别深度神经网络，系统对高质量的人脸图像进行局部微小特征和全局结构特征提取，融合多种特征，计算目标人脸和数据库中人脸的相似度，从而实现人脸识别。

系统采用最新的高性能人工智能处理器，可将性能提升5~10倍，为复杂的数学和几何计算带来超强计算能力。深度学习模型由亿万级样本训练得来，具有很好的泛化性能。

本系统所有处理均在一体机中完成，无需配备额外台式计算机或服务器。系统可扩展性强，基于识别结果，开发人员可方便地开发多种应用功能。同时，一体机的识别结果可通过网络进行集中处理，为大数据分析提供支撑。

市场应用情况

该产品支持楼宇门禁、仓库物资区域布控、公司考勤门禁、展会小型现场入口、酒店安防布控、无人值守商店、考生身份校验、智能金融等场景。目前，该产品正在中移物联网重庆大楼、四川移动、重庆移动进行试点，后续将向全国推广。

相较于服务器人脸识别方案，本产品的整体成本更低，处理能力更加强大，可以满足各个应用场景需求。

专家点评

中移物联网4G人脸识别摄像机有效地解决了以往人脸识别系统的高成本和低精度的痛点。该系统在识别速度、识别准确率和软硬件成本之间达到了较好的平衡，很大程度上提高了人脸识别技术的易用性，有效促进了该技术的规模化应用。

——冯俊兰博士 国家“千人计划”专家

中国移动通信研究院首席科学家

（大数据与AI）

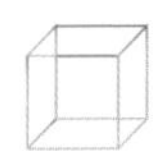

“和眸”实名人证比对APP

中国移动天津公司

智能产品领域>智能身份识别系统

什么是‘和眸’实名人证比对APP

‘和眸’实名人证比对APP，是以人脸识别技术为核心，以机器视觉为基础的智慧运营平台，支持人脸识别、人证比对实名认证、视觉数据挖掘、视觉鉴权，以信息化能力支持中国移动营业厅的身份智能认证和服务。

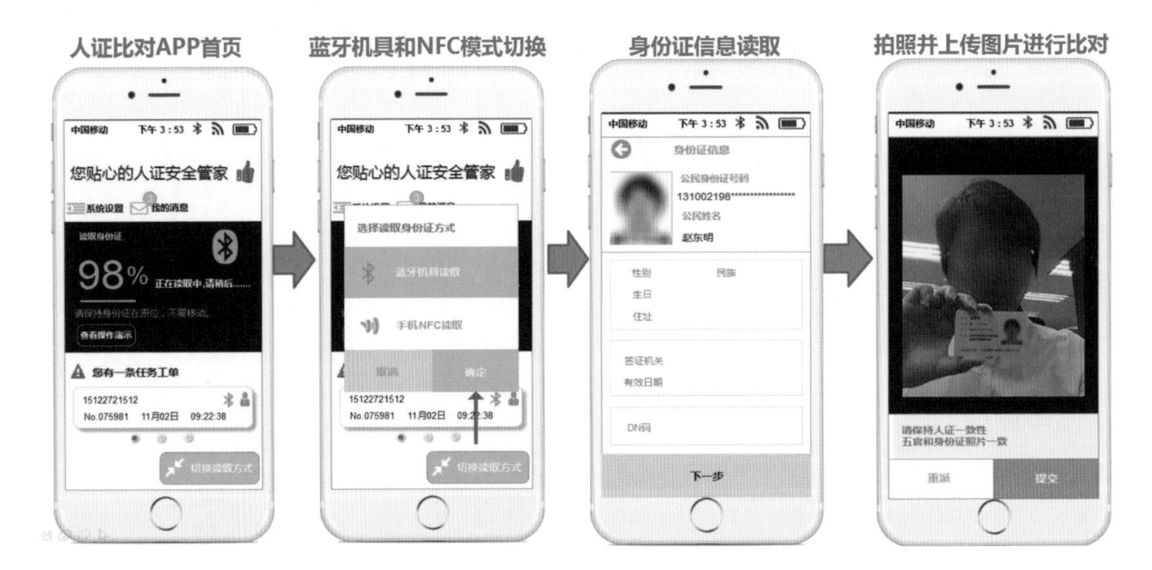

技术突破

大数据资源不仅包含海量的位置、通信、偏好等信息，在实行实名制之后，大数据资源还接入了大量的用户图像信息，这些信息为实现与图像相关的人工智能算法打下了基础。电信业务在客户识别、人证比对、安保等方面，有应用人工智能模型新技术的需求。

面对此需求，天津移动基于大数据和计算平台，深入研究人工智能算法，训练视觉识别模型，实现了人脸特征提取算法，并将之应用到人证比对场景，开发了“和眸”实名人证比对APP，实现了手机端图像采集和验证，满足了电信行业实名制要求。

智能化设计程度

人脸模型采用实际应用数据进行训练，模型的实用准确率较高，达到93%以上。

人脸识别的系统登录、业务授权和CRM等其他系统可以无缝对接，从而大幅减少操作步骤，降低复杂度，提升智能化程度。

系统采用手机端APP方式提供人证比对服务，

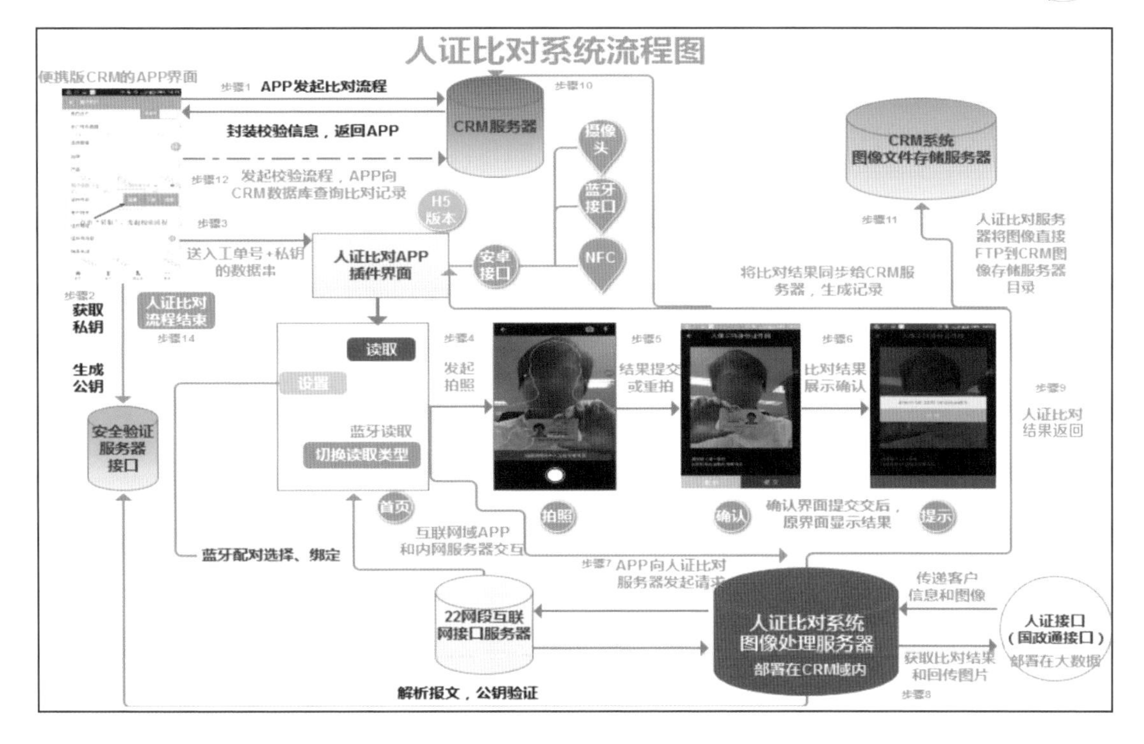

适用性强，可以方便营业员在各种场景进行实名认证。

市场应用情况

随着实名制在各个行业的推进，针对实名认证的需要和应用日益增长。该系统基于实际数据训练，经过实际检验，能够满足实名认证要求，具备高效、灵活、适应强的特点，应用场景非常广泛。

系统采用手机端APP方式提供人证比对服务，除了可以连接蓝牙外设，还具备NFC模块支持功能。只要有NFC功能的手机，均可以直接读取身份证信息，通过拍照就可以实现比对工作，操作简单，速度快。

在进行校园营销或社区营销时，不具备计算机、专线等条件，只要用户携带手机，利用APP就可以实现各类业务办理，大大拓展了业务覆盖范围。

该产品可以覆盖银行开户、补卡等各类需要认证的10多种业务，日均业务数达万笔以上，准确率经测试达93%以上。系统还具备业务后稽核和模型优化功能，可以结合不同情况再进行完善，进一步提升效率和准确性。

专家点评

天津移动利用自身的高价值大数据和集群计算能力，开发的“和眸”实名人证比对APP，支持人证比对实名认证。

人脸模型采用docker技术封装，方便部署和扩容，能够支撑大规模业务系统，采用实际应用数据进行训练，实用准确率较高。

其最大的特点就是，直接使用手机即可完成实名认证，采用NFC和蓝牙外设两种读证方式，可以简单快捷地与其他业务系统无缝对接，适用的实名认证场景很多。

——段云峰

中国移动信息技术有限公司专家

神盾人脸布控核查平台

易启科技

智能产品领域＞智能身份识别系统

什么是神盾人脸布控核查平台

神盾人脸布控核查平台（以下简称神盾平台）是依托易启科技非配合式人脸分析技术而设计的一款高性能动态人脸识别布控系统。

神盾平台具有亿级库快速建模、无限节点扩容、秒级返回、超高并发、GIS地图、国标视频GB28181解码、镜头接力等功能，并提供API接口供第三方系统快速对接。

神盾平台可以针对不同监控人员独立建库，同时具备短视频快速分析功能，对光照不均匀、运动模糊等不良问题具有较好的适应性。平台还可以进行空间分析，将抓拍到的人脸图片和本地人脸图片作为输入源，在动态抓拍库中按照设定相似度查找相似人脸，在GIS地图上展现该人脸出现的轨迹和热度图，协助安保部门在海量数据中缩小目标的范围，为公安、医疗、大型企业园区等行业的安防工作提升了效率。

技术突破

神盾平台的AI算法引擎可以根据场景的需要，现场导入已经积累的数据，快速训练，形成满足实际需要的AI引擎和应用产品。

神盾平台采用并行云计算框架设计，可以快速处理海量视频，快速定位人、车等目标影像，采用最先进的机器视觉算法实现对海量视频和图片的结构化描述和浓缩，形成目标影像片段+关键字特征描述。

神盾平台既可以在私有云上部署，也可以进行分布式部署；既可以部署在视频专网，也可以部署在公安内网，同时支持有线、无线和移动网络。

神盾平台采用开放式的设计架构，能够快速兼容第三方数据平台，并采用先进的GPU处理技术，单卡可以支持20路视频同时接入，进行运算分析。

该平台能够整合各类不同视频图像来源、不同视频图像格式的视频图像资源，实现视频图像信息的全网共用。同时，该平台可以部署在笔记本电脑和台式计算机等服务器更为便捷的机器上，方便移动布控、临时布控，成为布控核查任务中的移动伴侣。

该产品实现了统一平台管理，整合各类不同来源、不同视频图像格式的视频图像资源，实现视频图像信息的全网共用。它以GIS系统为承载体，使城区内上述系统监控点连成线、线连成面，形成一张覆盖城区的完整的监控网。平台设计采用GB28181国标协议，符合国家及行业标准，满足联网共享的需要。

智能化设计程度

神盾人脸布控核查平台具有先进的智能化水平，主要体现在以下几个方面：

■ 智能学习

神盾平台具有独立的人像学习训练引擎，可以边运行，边训练，自动升级优化，提升人脸检测与分析识别能力。

■ 智能检测

神盾平台基于深度学习算法的人脸关键点检测技术，能够在复杂环境下稳定地运行，包括不同光照变换、各种姿态、表情变化与部分遮挡的人脸。检测模型比当前公开测试模型的准确率要高出5%~10%，速度可达到2ms每帧。人脸关键点检测技术采用逐次迭代回归的方法，在训练过程中，通过提取大量数据各关键点的梯度特征，有监督地学习出形状和纹理的回归模型；在测试过程中，根据初始化的关键点特征和已学习的回归模型，计算得出关键点的检测结果。

■ 智能识别

神盾平台可以将抓拍到的人脸照片或本地的人脸图片根据关键点进行平移、旋转、缩放等一系列处理，对齐到统一的标准人脸，随后进行3D规整和光照规整，为下一步特征提取和分析做好准备。

■ 智能分析

神盾平台采用最先进的机器视觉算法实现对海量视频和图片的结构化描述和浓缩，形成目标影像片段+关键字特征描述。它可以根据抓拍图片在地图上的位置，显示所抓拍类型为人脸的报警信息，并显示当前抓拍到的人脸图，提醒用户有人脸预警事件发生，自动分析显示当前被抓拍人员的大致年龄、性别、人种、民族等相关属性。

神盾平台可以进行空间分析，将抓拍到的人脸照片和本地上传的人脸图片作为输入源，在动态抓拍库中按照设定相似度查找相似人脸，在GIS地图上展现该人脸出现的轨迹和热度图，还能对人员和车辆的跟踪行为进行分析判断。

■ 智能协同

神盾平台是基于公安地理、面向各警种、集成众多业务系统为一体的协同作战平台。它将公安数据进行业务分类、专题分类、时间分类等多粒度的数据管理；同时采用分布式技术，通过权限对数据进行使用和调度，实现公安数据的共享及协作。神盾平台还能够与警务综合系统、请求服务平台、大情报系统等资源进行无缝集成；还可根据公安业务需求在公安实战平台之上利用SOA建设公安各类业务子系统，实现本部门各子系统间的联动和信息共享、跨部门的异构应用系统之间数据的交换和共

> **名词解释**
>
> 3D规整：通过重建3D人脸模型，将侧面人脸还原出相应的正面人脸图像，便于人眼的直观认识，提高后期的机器学习与人脸识别效果。
>
> 光照规整：结合场景的多变与光照的复杂性，先通过直方图归一化，然后使用噪声处理与关键信息增强技术，将人脸处理到可以识别的最佳效果。

享，进行综合决策分析。

■ 智能运维

神盾平台涉及的服务器、摄像机等设备数量庞大，系统维护至关重要，通过平台自带的设备巡检、视频图像质量诊断等智能化运维业务的融入，使运维服务更智能、更具生命力，为公安用户及时发现系统运行问题、排除故障、预先防范等提供强有力的保障。

市场应用情况

目前，易启科技已与政府、公安、医疗、教育、金融、商场、生产制造等领域里的众多企事业单位展开了广泛合作。

未来，易启科技还将为更多的合作伙伴和行业客户提供更加专业、更加精准的计算机视觉解决方案，为双方共同创造更多更高的价值。

专家点评

该平台通过人像实时抓拍和黑名单动态人脸识别比对技术、GIS地图技术的应用，构建了一套联动县（市、区）公安局、基层派出所对重点管控场所的重点人员进行实时“打、防、管、控”的战法体系。

平台实现了对重点人员的24小时预警和跟踪布控，强化了对进入辖区重点人员的管控，有力协助公安干警追踪打击犯罪活动，为公安部门从被动破案转变为主动预防犯罪的城市安全管理方式提供了重要支撑。

平台适用范围广，除警用外，还可以广泛应用于人流密集、人员流动性大、安全管理级别高的地点，以及对人员安全管控或重要人员活动规律掌握有迫切需求的生产、经营、活动场所，如商场、地铁、车站、机场、工厂等。

从整体上看，此平台具有先进的双层人脸识别技术和优秀的动态追踪布控能力，它的设计在适应广度、应用深度和监控精度等方面都有出色表现。

——王旭光博士

中国科学院“百人计划”研究员

江苏省“双创计划”创新人才

政务电子化办公人脸识别一体机

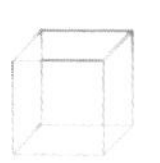

易启科技

智能产品领域>智能身份识别系统

什么是政务电子化办公人脸识别一体机

政务电子化办公人脸识别一体机（以下简称政务一体机）依托易启科技非配合式人脸分析技术，以整合‘政务信息化’为基础，通过自助办理一体机终端，延伸‘政务信息化’的服务内容，与现有的政务中心、审批局、社保局、民政局、税务局、教育局、工商局、商事局等各个人工办理申请系统作对接，为办事群众提供各种审批、证照办理、退伍、残疾补助申办，老年卡、市民卡、结婚登记预约办理、完税登记申请办理，科研项目申请、营业执照申请等业务所需的身份认证、资料采集、资料/回执打印等资料报送服务，以及办事进度查询、政务公开等信息查询服务。通过政务一体机，用户可以根据不同的政府部门，设置不同的业务功能。

技术突破

政务一体机具有快速建模注册功能，具备快速识别人员身份能力，秒级返回、组件式辅助设备自选，并提供API接口供第三方系统快速对接。

该产品能够自动从传入的图片中识别实时抓取的人脸照片，快速识别人脸关键点，自动识别人脸偏转角度，提供人脸置信度分析结果。该技术能够识别人脸属性，智能判别正在观看屏幕的人员的性别、年龄段。支持纯CPU、纯GPU以及混合计算3类计算、分析架构。

政务一体机采用易启科技设计的Device All In One设备功能模块开发包，开发人员只需通过DAIO统一的标准化接口，就可以调用各功能模块的功能。

该产品依托DAIO硬件设备标准接口，可提供触屏手写输入、语音识别输入、人脸识别、光学字符识别（OCR）等人工智能服务。开发人员只需简单调用自助设备，即可在该设备上实现相应功能，避免多重不必要的数据传输带来的耗时和用户体验下降等问题，也无需承担自行开发失败带来的风险。

智能化设计程度

政务一体机定位为给政务中心、工商、税务、医保、社保等窗口型单位提供自助服务的终端设备，整合了排号、打印、扫描、USB数据传输、多媒体播放等模块组件，接入政务业务系统，24小时受理通过人证比对的验证人员递交的业务办理请求。

政务一体机具有先进的智能化水平，主要体现在以下几个方面：

■ 智能检测

政务一体机基于深度学习算法的人脸关键点检测技术，能够在复杂环境下稳定运行，包括不同光照变换、各种姿态、表情变化与部分遮挡的人脸等特殊情况。检测模型比当前公开测试模型的准确率要高出5%~10%，速度可达到2ms每帧。人脸关键点检测技术采用逐次迭代回归的方法，在训练过程中，通过提取大量数据各关键点的梯度特征，有监督地学习出形状和纹理的回归模型；在测试过程中，根据初始化的关键点特征和已学习的回归模型，计算得出关键点的检测结果。

■ 智能识别

政务一体机可以将抓拍到的人脸照片、本地的人脸图片或从身份证件中读取出的人脸照片根据关键点进行平移、旋转、缩放，将不同的图片信息对齐到统一的标准人脸上，随后进行3D规整和光照规整，为下一步特征提取和分析做好准备。

为了将两张照片映射到同一特征空间中进行比较，易启科技在深度神经网络基础上，研发出了高性能深度神经网络模型，它可以提取出高区分性的人脸特征。此模型中每层都是一个深度网络（分别以两张照片为输入源），在训练时采用二分类损失函数，并对两个网络中对应权值的差异性进行正则化运算，可实现不同图像空间到相同特征空间的映射。在特征空间中，相同身份人脸图像的类内差异变小，而不同身份人脸图像的类间差异变大，从而增强了特征的判别性。

■ 智能分析

政务一体机利用大数据技术，对使用人群的行为习惯进行分析，获得使用该系统办理业务的人群画像、需求分布、操作规律等分析结果，帮助有关机构改进服务体验，优化办理流程。

■ 智能协同

政务一体机将众多业务系统集成为一体，利用政务内网，将各政府机构数据进行业务分类、专题分类、时间分类，进行多粒度的数据管理。系统采用分布式技术，通过权限对数据进行使用和调度，实现政务数据的共享及协作。

■ 智能运维

政务一体机涉及的硬件设备、第三方服务较多，系统维护至关重要，通过系统自带的设备巡检、服务侦测等智能化运维业务的融入，使运维服务更智能，帮助政府用户及时发现系统运行问题、排除故障、预先防范问题。

市场应用情况

目前，易启科技已与多家地方政府机关展开了深度合作，并以政务一体机为合作契机，在如何提高政务服务便民化、政务服务智能化等方向上开展持续的探索和研究。

未来，易启科技还将为更多的合作伙伴和行业客户提供更加专业、更加精准的计算机视觉解决方案，为双方共同创造更多更高的价值。

专家点评

政务电子化办公人脸识别一体机项目，通过创新设计、业务汇集、特色应用，帮助政府初步形成了群众办事“小事不出社区、大事不出街道”的服务机制，实现了政务服务优化重构，推进了“立等可取”服务模式落地。

该平台利用人脸识别技术身份认证功能，协助居民通过高清摄像头人脸识别和身份证完成实名认证，随即可以拥有专属的“个人中心”，处理个人业务。

该平台是将人脸识别技术、互联网技术和行政审批服务进行深度融合的创新，大力推进了政务服务信息化建设，实现了多渠道、全时段的政务服务，为广大群众带来了更为规范、准确、便利的政务服务新体验。

该一体机还可广泛应用于民航、金融、学校等多种行业的不同场景，极大方便市民生活。

——王旭光博士

中国科学院“百人计划”研究员

江苏省“双创计划”创新人才

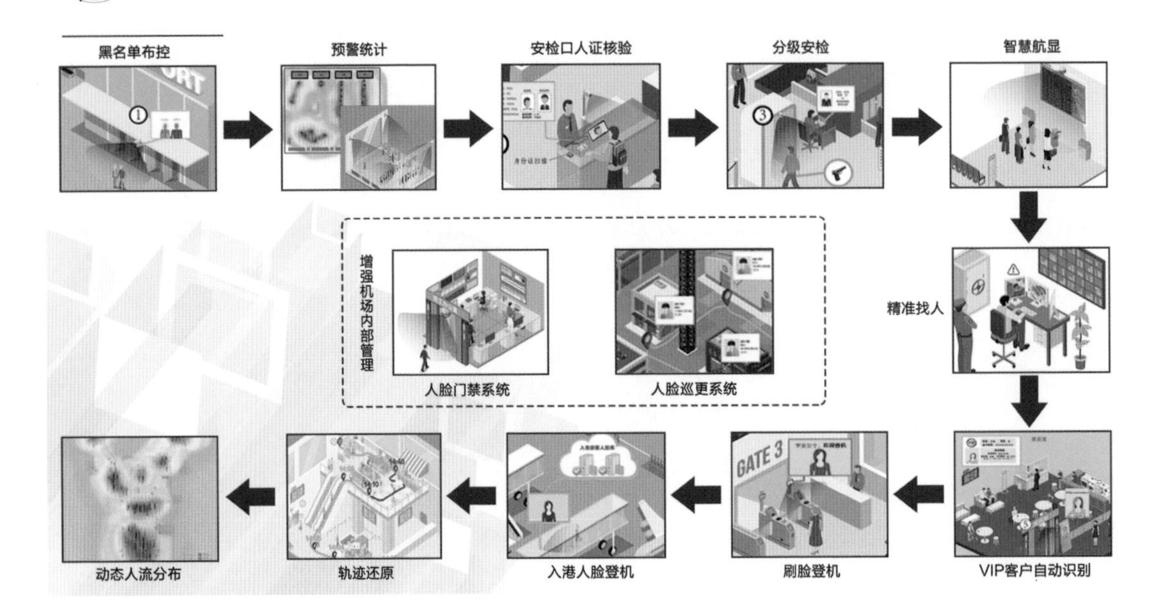

智慧机场

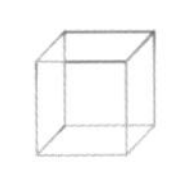

云从科技

智能产品领域>智能身份识别系统

什么是智慧机场

智慧机场是以人脸识别技术为核心，为机场设计的身份识别系统。本系统可以将标准化、重复性的民航业务流程分配给设备执行，将需要个性化、复杂性的任务挑选出来，再交给员工处理，从而节省人力，同时为机场相关部门提升机场安保等级和旅客服务质量起到积极的促进作用。

技术突破

为了解决深度神经网络需要大量数据的问题，云从科技提出了分层矢量化多媒体信息表达体系。分层矢量化实际上是一个多层的特征编码的过程。

一个单层的特征编码由以下几个步骤组成。首先，对图片库里所有的人脸图像进行分块；其次，对每块区域提取局部特征（如LBP、SIFT）形成局部特征描述子；然后，对所有局部特征进行量化形成字典；最后，根据字典信息和人脸图像的映射，编码形成人脸图像的特征向量，系统定义该特征向量为人脸DNA。

人脸DNA特征能够很好地描述特定人脸的不变量。该特征对人脸光线、角度、表情以及各种图片噪声具有一定的抗干扰性。系统再由双层异构深度神经网络进行优化与学习，人脸的区分性更强，识别效果更佳。

为了将两张照片映射到同一特征空间中进行比较，在异构深度神经网络基础上，该产品提出了双层异构深度神经网络模型。在训练时采用二分类损失函数并对两个网络中对应权值的差异性进行正则化，可实现不同图像空间到相同特征空间的映射。

智能化设计程度

■ 提升机场安全等级

该系统可以提高机场事前预防能力，变被动为主动，将目前的有“录”无“防”提升为能“防”、能“录”、能“查”。

机场动态布控系统实现“黑名单”主动预警、重点人员连续出现预警、历史轨迹还原查询等功能，全面提升机场安防主动防御能力。

人证合一检测系统能够在1s内完成被检人员面部特征的识别，并与后台数据进行对比，快速、准确地核实被检人员身份，遏制不法分子企图通过冒用证件、伪造证件等途径混入机场控制区的违法行为。

廊桥出港旅客识别功能，弥补机场原有安防系统中“换牌登机”的漏洞，同时避免出现旅客上错飞机的现象。

■ 提升机场服务体验

截至2015年，全国旅客吞吐量超过1000万人次的机场已达26个。本方案以人脸识别技术为抓手，以平台数据分析为核心，衍生出多种机场服务功能应用，如自动寻路、精准找人、人流分导等，在提升机场服务品质的同时，减轻机场工作人员的重复性服务工作，提高效率。

■ 奠定大数据应用基础

系统对机场内部来往旅客的信息进行收集，并通过结构化数据的提取存储，为以后机场的大数据应用提供前期的数据收集，如VIP客户信息收集、各航线客流量数据收集等。

市场应用情况

该项目中的应用都已在郑州机场、银川机场、咸阳机场、襄阳机场、惠州机场等30多个机场投入使用。

专家点评

目前，新技术以及跨部门合作的方式在机场中被广泛应用，营运部门和相关合作伙伴能迅速并畅通地分享信息，最终大幅提升了运营效率，加快了飞机周转率，缩短了机场商业租户的建成时间。

在未来，人工智能技术将会推动机场以商业为导向，向智慧型机场进行转变。利用新兴和成熟技术，发展自身的感应、分析、反应能力。包括但不限于“无纸化登机”功能、机场人员管控、行为检测等功能，从而降低运营成本，提高用户体验与机场安全性。

——周翔　云从科技研究院专家

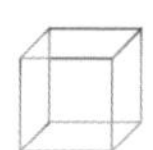

基于人脸识别的实名认证解决方案

中移在线

智能产品领域 > 智能身份识别系统

什么是基于人脸识别的实名认证解决方案

为确保实名制认证安全准确，中移在线服务有限公司在提供的各类实名认证产品中加入了人脸识别能力，同时不断探索丰富人脸识别技术在其他场景的应用，目前已逐步形成涵盖实名认证、人证合一比对、智能安防等完整的智能身份识别系统。

技术突破

在人脸比对建设方面，本方案通过对身份证芯片的信息识别功能，分析网纹规律。系统采用图像处理技术去除网纹，参考身份证人像照片进行照片还原，使人脸比对算法性能提升成为可能。

同时，本方案借助特有业务场景积累的千万级规模图片数据以及GPU并发训练和算法优化，针对公安部网纹照片的人脸比对算法进行联网比对，使系统性能大幅提升，目前准确率已经达到99.5%。

本产品利用神经网络深度学习算法和亿万级样张训练，连接公安部等几大权威数据库，实名集中验证平台数据信息资源，通过将机器学习算法和人工后台审核相结合的方式，赋能电信业渠道转型。平台通过自研算法以及上下游系统集成能力，成功研制出智能安防整体解决方案，涵盖刷脸访客、智能门禁、会议签到与监控大屏等场景应用。

中移在线基于人脸识别的实名认证解决方案具有如下技术特点：

■ 前后台分离模式

基于前后台分离模式的认证技术，该产品创新“互联网+”模式，前端仅对客户身份证信息进行采集，并将所有采集到的信息回传到公司后台进行全网集中识别和认证。

■ 多元化技术支撑

为确保人脸识别准确度与响应效率，中移在线依托OCR（Optical Character Recognition，光学字符识别）、活体检测、人像比对、NFC、去网纹等核心技术，满足不同使用场景、不同应用终端的实名认证校验需求。

■ 多元方式采集，严控信息安全

为了实现快速实名登记入网，系统除了支持NFC手机之外，还可以通过外接设备利用蓝牙和OTG技术采集身份证信息，便于推广和使用，同时满足不能手工录入的要求；通过运用IMEI、IMSI、验证码、密码验证等手段，系统可以进行错误次数控制、达到阈值锁定、清除缓存及离线数据、传输过程加密等反馈，保障信息安全。

智能化设计程度

针对传统渠道配备设备多、成本高、移动性差等痛点，在“NFC手机+APP”实名认证基础上，系统开发出NFC手机营业厅功能，集实名认证、号码资费选择、写卡开户、用户签名、无纸化工单为一体。只需一部NFC手机，配合写卡器，4步即

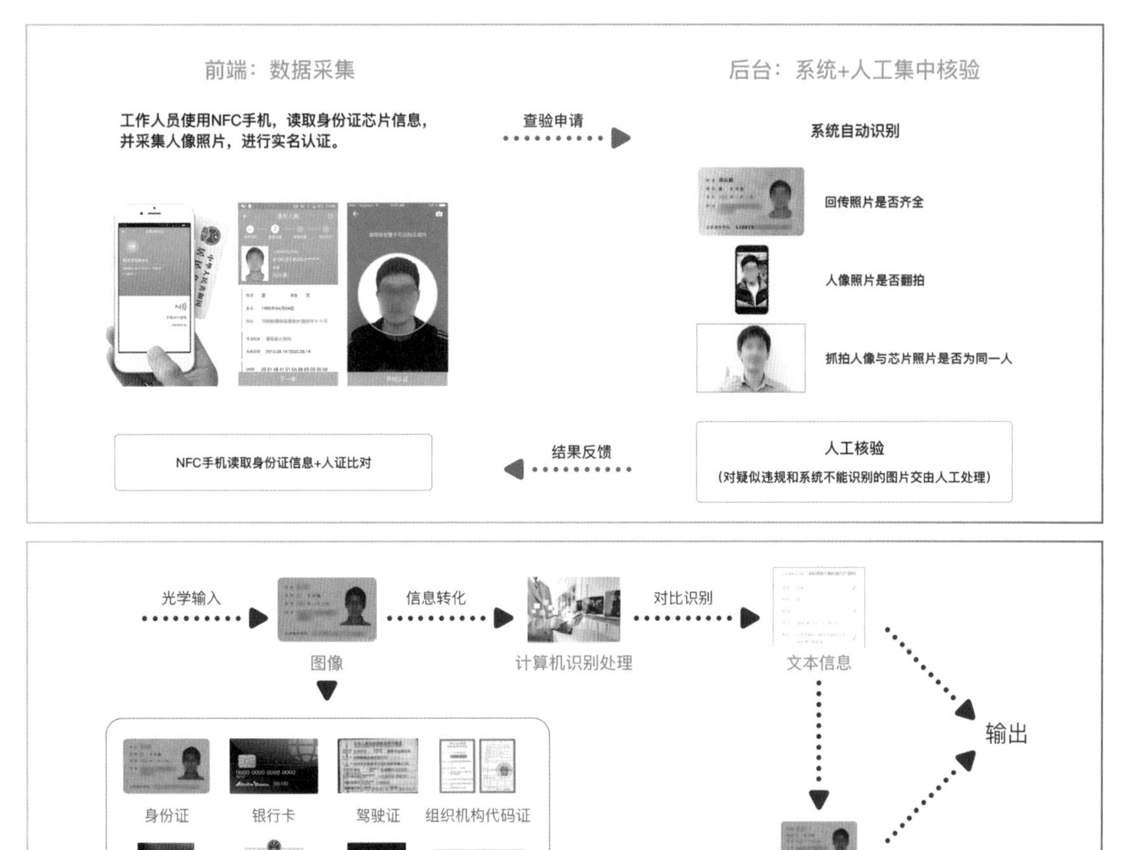

可完成开户操作，时间在100s内，设备部署成本降低至1000元以下。

在身份信息认证环节，线下系统创新性开发NFC+APP实名认证方式，通过二代身份证读卡器解耦，将SAM核心解码模块部署在云端统一解码。同时，系统开发APP，通过手机或者读头的NFC功能读取身份证芯片信息（密文），将密文发向云端进行解码，解码信息通过APP在前端手机显示，实现低成本、便捷支撑实体渠道实名认证。

在人证一致性验证环节中，系统利用人脸比对和活体检测技术，在保证身份信息真实基础上，通过活体检测方式保证验证人为现场操作，并通过实时抓取人脸照片与公安部照片进行人脸比对的方式保证认证一致性。

线上系统利用人像比对技术，提供电渠售卡的认证服务；利用网页和H5的形式，在不改变省端流程的情况下灵活嵌入，通过OCR、公安联网查验及人像比对+人工审核的方式，实现线上售卡的自助激活工作。实名认证能力支持通过APP、H5、WEB等多模式进行接入。

卷积神经网络的深度学习技术大幅提升图像声纹识别、文本分析等技术性能，使得实名认证环节的算法性能大幅提升。系统通过大规模数据标注，借助高性能GPU图像处理服务器，实现百万甚至千万级图像数据训练。

后台人工审核环节作为实名认证的重要组成部分，在审核高风险业务、及时发现造假手段上作用显著。系统引入抢单模式，将工单数据导入内存，将数据快速推向审核人员，极大缩短了前端信息采集到后台审核的时间，后台工单审核效率明显提升。审核界面引入快捷键操作，工单审核完成后进行快速页面切换，审核照片支持缩放和旋转。

市场应用情况

目前，该系统身份证照片真伪鉴别准确率超过98%，OCR准确率超过95%，人脸比对准确率超过99%。

基于人脸识别能力，该系统提供了各类丰富的智能身份识别产品，如人证比对一体机、智能门禁等，能满足各类需要人脸识别技术的场景。

该产品为全国32个省、自治区、直辖市，近40万个渠道提供了基于人脸识别的实名认证能力，并与50多家客户企业签订了合作协议。

截至目前，客户提供人脸识别查验累计20亿次，其中2017年查验近7亿次，确保了线上线下新入网客户100%人证一致。

2017年9月，在北京国际通信展上，国家级领导人与中国移动总裁李跃先后莅临展台，观看了人证比对一体机的演示，并给予了高度评价。

专家点评

中移在线基于人脸识别的实名认证解决方案是随着云计算、大数据和人工智能技术快速发展应运而生的。不同于传统的安防系统，该产品实现人、车、物的智能化数据采集、识别以及管控、服务更便捷，管控更安全。基于云计算技术完成系统的云化搭建，前端通过智能终端实现数据采集和信息交互，安装更快，成本更低，软件可及时更新；云端进行统一数据处理和系统管理，通过APP、H5和WEB实现随时随地登录管理。系统基于大数据实现数据的批量采集和云端的统一处理分析，未来可实现对所管控园区、校园、楼宇等的更智能化、更人性化的服务体验。

——唐文斌　旷视联合创始人

互联互通，智能体验，个性服务，云化管控，以实名认证做基础，用先进的AI技术做支撑，以中移在线基于人脸识别的实名认证方案为代表的面向企业园区、校园、楼宇、社区和家庭的智能一体化解决方案，很快将带来变革性的体验和服务，成为行业的趋势和潮流。

——杨帆　北京商汤科技副总经理

中移在线优质的实名认证能力，已成功推广应用于互联网金融、虚拟运营商行业，例如线上办贷、线上理赔等业务，极大提高了业务办理效率。此外，其先进的OCR、人像比对以及静默活体检测等多种人工智能技术，可有效防范身份信息、身份证复印件、计算机合成人像照片、视频攻击等多种造假和攻击行为，系统识别率高达99%，受到业内一致好评。

——李惠义

深圳市爱施德股份有限公司高级产品总监

中移在线服务有限公司的实名认证解决方案，为金融行业提供了有力的辅助工具。金融行业作为高风险行业，开户及其他业务受理需要消耗大量人力进行审核，而实名认证技术的接入，已极大解决了人力成本消耗问题。同时，其通过访问控制技术、防火墙技术、入侵检测技术、安全扫描、安全审计、软硬双加密等方式，始终运行稳定，认证结果准确无误，传统金融行业线上开户难，风险大，无法核实客户身份等问题得以有效解决。

——周宇　中银国际信息中心高级经理

FaceID 在线人脸身份验证平台

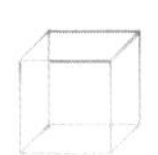

旷视科技

智能产品领域 > 智能身份识别系统

什么是FaceID 在线人脸身份验证平台

旷视科技Face++针对泛金融领域推出了全球首个在线的人脸识别身份验证平台FaceID，为行业用户提供从端到云的丰富身份验证服务。

平台产品包含客户端APP的活体检测SDK、FaceID服务端的人脸验证、证照验证、多重数据交叉验证等多重风控验证方式。

通过金融级的人脸识别及证件识别技术，FaceID可以让用户便捷安全地进行在线用户身份验证、用户证件验证，从而达到在线核实身份的效果，解决现有在线验证方式交叉验证复杂的痛点，同时降低了风控成本。

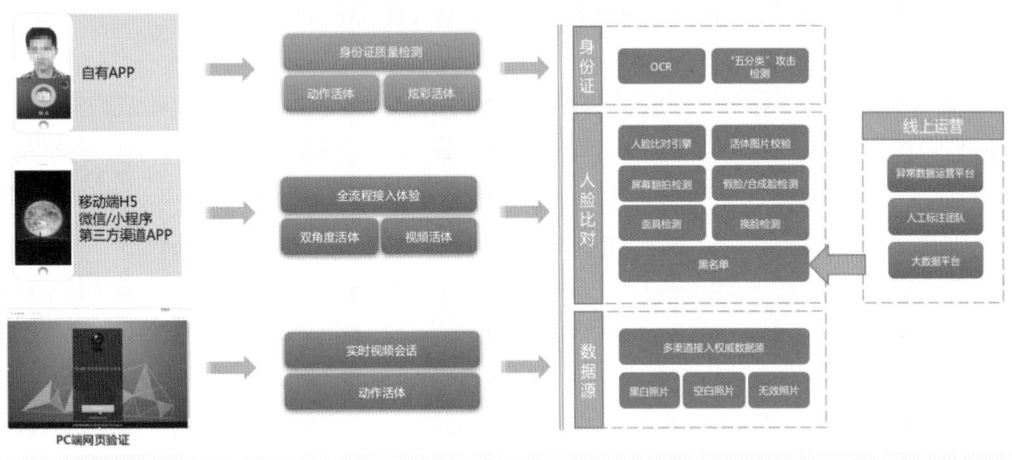

技术突破

旷视科技FaceID的业务模块主要包含：

■ 采集身份证照片：OCR读取信息提取人脸照片。

■ 活体检测：活体检测采集人脸照片。

■ 照片处理：质量检测保存合格照片。

■ 假脸检测：判定面具、屏幕翻拍合成脸等攻击。

■ 人脸比对：活体照片、身份证照片与底库照片交叉对比返回相似值。

传统的人脸识别方法有多种，如主动形状模型ASM和主动表观模型AAM、特征脸方法Eigen-Face、线性判别分析法LDA等。但是由于受到光照、姿态及表情变化、遮挡、海量数据等因素的影响，传统的人脸识别方法识别精度受到制约。

在深度学习的框架下，算法可以直接从原始图像学习判别性的人脸特征。在海量人脸数据的支撑下，深度学习借助图形处理器（GPU）、可编程逻辑门阵列（FPGA）组成的运算系统做大数据分析。Caffe、TensorFlow、Torch、MXNet等开源深度学习框架为研究深度学习算法提供了多种途径。

卷积神经网络（CNN）是一种深度的监督学习下的机器学习模型，能挖掘数据局部特征，提取全局训练特征和分类，其权值共享结构网络使之更类似于生物神经网络，在模式识别各个领域都得到成功应用。CNN通过结合人脸图像空间的局部感知区域、共享权重、在空间或时间上的采样来充分利用数据本身包含的局部性等特征，优化模型结构，保证一定的位移不变性。

近年来关于卷积模型的研究层出不穷，产生了如VGG、ResNet、Xception和 ResNeXt等性能优异的网络结构，在多个视觉任务上超过了人类水平。然而，这些成功的模型往往伴随着巨大的计算复杂度（数十亿次浮点操作，甚至更多）。

在人脸识别的网络结构方面，旷视科技已经投入了大量的研究精力。旷视科技提出了一种针对高可靠性应用场景需求的多层级联神经网络结构。在该结构中，待比对的人脸图片按照其难易程度被“由粗到精”的不同网络所处理。

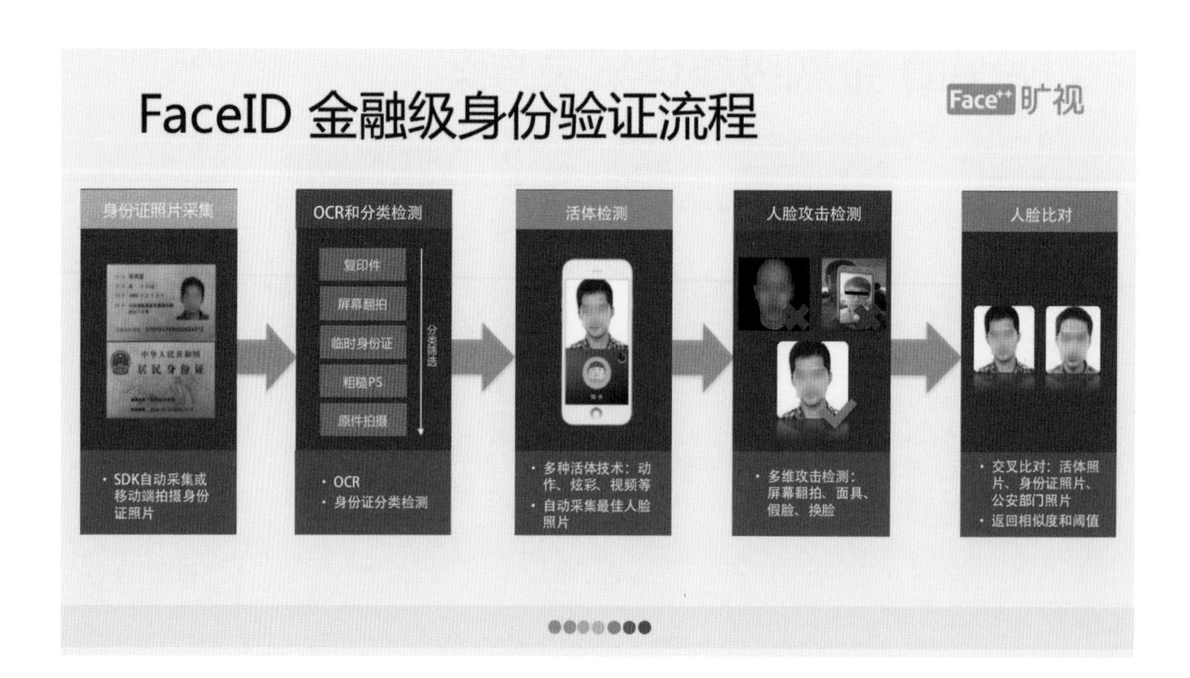

对于精度要求高的人脸识别应用场景，单一模型要达到极低的误识率（比如千分之一或万分之一以下）势必要降低识出率。系统采用多个网络串联工作的方式“分而治之”，每一级网络专注于检测出前层网络无法区分的负例对，将负例对的“通过”比例逐层降低到给定阈值以下，从而提高整体的性能。

此外，旷视在业务模型中打造了数据闭环，已经积累了PB级的人脸图像数据资源，提供在线和离线两种服务方式。1：1人脸识别系统识别率高于99%，识别时间在0.2s以下，1：N（N>20万）识别系统识别率高于90%。

智能化设计程度

通过深度学习技术，系统将用户照片与数据源照片（可以来自身份证，或者由客户自己提供）进行精准匹配，判断身份一致性。人脸比对精准度达到99.5%，远远超过人眼识别水平。系统可以实现在不同光照条件、跨年龄段、是否化妆、有无佩戴眼镜的复杂条件下精准识别。

该系统通过使用人脸关键点定位、人脸追踪、活体检测等技术，确保当事人本人操作，为行业用户提供反欺诈能力。

证件识别支持生僻字识别功能，证件识别准确率高达99%，且可识别屏幕翻拍等欺骗行为，有效保障信息真实性。

市场应用情况

在关键技术的积累下，旷视科技在1：1和1：N人脸识别方面都有实际的落地项目，旷视总共为超过600家企业客户和50 000余个开发者提供智能识别服务，每天产生的数据调用次数超过2600万次。

其中，FaceID人脸身份验证系统作为1：1人脸识别系统，集成了旷视科技最新的人脸识别技术，可以为银行、互联网金融公司、共享经济平台等机构提供人脸识别软件模块或云服务。FaceID人脸身份验证服务是一种在线辅助验证方案，通过金融级的人脸识别及证件识别技术，便捷安全地实现了在线用户身份验证。

目前，旷视FaceID已经成长为全球最大的第三方实名验证平台，并为全球2.95亿人提供了远程实名身份验证服务，覆盖银行、保险、证券、互联网金融、征信、共享出行、OTA、办公等各个行业，是中信银行、小花钱包、搜狗金融、360贷款、今日头条、滴滴出行、神州等企业的重要人工智能服务提供商。

专家点评

我对FaceID在线身份验证产品非常满意，旷视Face++是我们推崇的一家公司。从效果上来说，他们在防欺诈方面做得非常好。就体验上来说，在效率、体验、系统可用性等方面都满足高并发，并且是7×24小时不间断支持的，FaceID从来没有宕机过。

——林建明　萨摩耶金服创始人

和家亲智能家庭人脸分组业务

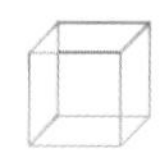

中移（杭州）信息技术有限公司

智能产品领域>智能身份识别系统

什么是和家亲智能家庭人脸分组业务

和家亲智能家庭人脸分组业务（以下简称‘和家亲APP’）作为面向C端的家庭用户产品，在业务实现上紧密结合大数据、深度学习、机器视觉等新技术，为用户提供全新的场景功能体验，大大降低APP使用的学习成本。

和家亲APP家庭相册人脸识别功能，利用机器视觉之人脸识别技术，对用户上传到云端的相片进行人脸特征提取，按照人脸相似度进行准确、快速地自动分组，省去用户手工进行分组、分类的工作。

技术突破

系统基于MTCNN模型进行人脸检测。该人脸检测方法对自然环境中的光线、角度和人脸表情变化更具有鲁棒性，人脸检测效果更好；同时，该方法的内存消耗不大，使产品可以实现实时人脸检测。

系统采用FASTER-RCNN进行人脸识别。FASTER-RCNN创造性地采用卷积网络自行产生建议框，并且和目标检测网络共享卷积网络，使得建议框数目从原有的约2000个减少为300个，且建议框的质量也有本质的提高。

本产品采用ImageNet人脸数据集和自有数据集搭配进行训练。该数据集涵盖了十几万张图片，包括80%白种人、20%黄种人，男女比例1：1，侧脸图片占整体数据集的30%。整体数据集质量极高。

系统准确度高，基于上述算法和数据集训练得到的模型，人脸识别率可以达到99.83%，人脸分组准确率达到98.5%。较业界主流指标均有明显优势。

智能化设计程度

系统贴合家庭业务场景，对于云端照片智能分类，提升家庭业务价值具有重要意义。分组速度和识别率达到商用级别，完全能够满足用户的使用需求。在照片分类过程中，用户无需配合，所有的人脸特征提取及分组都在云端完成，APP集成方便用户使用。同时，系统可以进行业务扩展，比如实现人脸PK、人脸验证等功能。

市场应用情况

目前，和家亲APP用户量已经达到2000万人。作为和家亲APP的特色功能之一，“和家相册-人脸识别”模块自上线之后，其用户量快速增长，到目前为止已经超过20万人，累计处理照片达到100万张。用户黏性、用户增长速率、活跃度提升都十分明显。

专家点评

在智能硬件飞速发展的今天，手机拍摄质量越来越高，每个人手机里都有海量的照片。面对海量的照片，用户怎么进行快速地搜索和便捷地分类管理呢？问题在被抛出的同时，往往也蕴藏着解决方案。和家亲智能家庭人脸分组业务中构建了基于大数据和深度学习算法的人脸识别技术方案，能够准确识别图片中的人脸信息，提供人脸属性识别、关键点定位、人脸比对、人脸识别等能力，实现了照片的快速、精准智能分组。该技术方案在照片管理场景上的应用，极大提升了用户查找和管理照片的效率，给用户带来了全新的产品体验，有效解决了用户痛点，对用户活跃度、留存率都有较高的提升。另外，该方案还可以应用到人脸验证、安全系统等场景，具备极大的商业价值。

——于蓉蓉

中国移动杭州研发中心副总经理

红外活体检测软件

云从科技

智能产品领域＞智能身份识别系统

什么是红外活体检测软件

云从科技开发的红外活体检测软件基于人脸识别核心技术、活体检测技术，结合云从研发的红外双目摄像头，通过近红外补光散射到物体表面，检测物体表面材质，从而检测镜头前物体是否为人脸，进而判断该人脸是否为活体。

技术突破

云从科技红外活体检测软件，对比其他动作活体检测技术、静默活体检测技术，具有用户无需做任何动作、体验好、检测速度快的特点，能够预防市面上所有图片、视频、面具等欺诈方式，安全性极高，整个检测过程只需要1s。

从技术安全性来讲，红外双目摄像头综合近红外和可见光，分别进行红外光照与可见光照比较、立体成像检测、位置检测，有效地从红外光、立体成像等多种角度进行活体检测，效果远超单可见光、单红外光的防攻击技术。

智能化设计程度

现有各类自助业务或半自助业务，根据国家安全性的要求以及在用户体验方面的要求，逐渐采用人脸识别+活体检测方式来进行用户身份验证。机构以此技术辅助或逐渐代替传统手持身份证、U盾、短信验证码等物理安全验证介质。

物理安全验证一方面受限于介质的高成本，而且每个用户需每次携带相关介质，很麻烦；另一方面，这些物理介质容易被盗，不法分子盗取介质后即可办理他人业务，给用户带来一定的风险。

而使用人脸识别作为用户身份的鉴定，则完全能够杜绝他人“代办”的情况，增加业务安全性，能够真正做到实名制。

因此，业务安全要求性极高的银行自助机业务率先使用人脸识别及红外活体检测软件，并且自助购物机、自助缴费机、闸机等一系列自助业务也开始逐渐使用。该技术能够切实帮助客户节省人力，不需要人工进行用户身份判断，同时也保证了业务的安全性，保障了用户的资金安全。

在本软件设计之初，云从科技就根据用户需求、应用场景进行了调查分析。用户只需按屏幕提示，站在合适位置，无需做过多动作，在用户无感知的状态下即可完成用户活体检测。在软件功能设计上，本产品具备实时人脸跟踪、人脸自动抓拍、最佳人脸图像提取等智能化设计功能，保证提供活体检测的图片为质量最佳的图片，整个过程均靠软件内部功能完成。

市场应用情况

本产品配合红外双目摄像头进行使用。在生产方面，产品具备稳定的供应链，选用成熟的元器件，供应能力完全满足现阶段市场需求。在市场商用方面，经过2016年、2017年的市场推广与应用落地，目前与包括中国农业银行、中国建设银行、东莞农商行、重庆银行等在内的80多家银行总行达成合作，本公司成为了国内银行业第一大人脸识别供应商。同时，本产品可供应其他行业的闸机、自助缴费机、自助购物机上应用，累计发货量已超过5万台。

专家点评

针对非法分子会利用包含面部信息的打印图片、电子照片、视频回放、3D面具等方法对人脸识别系统实施欺骗攻击的情况，红外活体检测软件采用非接触式、非配合式的方式区分真实人脸和伪造人脸，用户体验佳，舒适性强。产品采用深度神经网络提取图像的深度特征信息，对真实和伪造人脸进行分类，准确率为99%。该产品针对伪造人脸的活体检测适用范围广，包括视频回放、2D打印的黑白和彩色照片、电子照片、3D面具等场景。

——李夏风　云从科技研究院专家

多领域高精度人脸智能识别综合应用平台

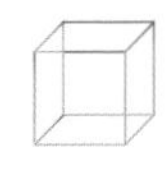

依图科技

智能产品领域＞智能身份识别系统

什么是多领域高精度人脸智能识别综合应用平台

依图科技推出的多领域高精度人脸智能识别综合应用平台（下文简称‘人脸识别应用平台’），是基于深度学习算法，利用先进的图像识别技术、分布式计算架构、大数据分析方法建成，并以海量人像数据库为基础，围绕人像数据采集、结构化、存储、比对分析等方式打造的综合应用平台，可应用在安防、海关、交通、金融、BI、社会管理等多个行业领域。

依图人像大平台

大数据应用	关系挖掘、同行分析、频次分析、人员类型分析、行为模式挖掘、落脚点分析
实战功能	人证合一、人口库查重、身份登记、身份确认、路人轨迹、布控报警、离线视频分析
比对算法	1:1引擎、*n*:*N*引擎、1:*N*引擎、动态人像引擎
人像库	采集人口库、静态人口库、重点人员库
数据来源	城市监控视频、地铁类监控视频、公交车车载视频、社会监控视频、卡口照片、尸体照片、自动取款机视频、出租车车载视频

技术突破

依图科技将人工智能算法和工程应用结合，将深度学习融入基于统计学的图模型算法，快速突破商业场景的应用极限，创新性地解决技术和应用结合的难题。在算法和工程两个维度上，一方面持续吸收科技界的最新研究成果，并将之转化为产品核心技术和功能，提升算法精度；另一方面在应用和架构上，不断提出针对性的原创方法，加速应用落地。

人脸识别应用平台支持面向单个监控及监控组来定制布控库，当特定人员经过布控监控时，能够实时预警。实战情况下，30万布控库，在万分之一误报下，命中率能够达到85%以上（漏报率15%以下）。

人脸识别应用平台可对视频流实时处理，从黑名单人员进入监控画面到系统界面展示报警结果的时间不超过3s；支持路人库检索，系统能够实现10亿路人库数据检索。

在安防领域，依托算法精度优势和大规模工程云架构的人像管理服务能力，该平台为各省市多个部门提供城市级的人像增值服务。

在金融领域，该产品利用成熟的人脸比对及活体检测技术提供完整的实名认证解决方案，凭借准确率高、体验好、成本低等优点，广泛应用于柜台辅助核身、VTM辅助核身、手机银行辅助核身、互联网金融产品等领域。在万分之一误报率下的系统识别率大于98%，识别时间小于0.2s。

在城市管理领域，基于海量交通和出行数据的模型建设，产品持续优化管理城市交通运行策略。通过对城市路网状态和车辆行为建模，平台找到解决交通问题的基础和关键，并获得宏观交通模型。

智能化设计程度

人脸识别应用平台单个计算中心具备PB级别的存储能力、百台规模的节点调度能力、TB级别的日常数据处理能力，可以为不少于200家企业提供应用数据支撑。

人脸识别应用平台能有效处理亿级大规模样本和少量训练样本的机器学习问题，可适用于十亿级别大规模识别、亿分之一超低误报率、多类型终端感知（静态图片、动态视频、低清画质、网纹噪声等）、全人种、跨年龄段识别等复杂应用场景，具有极高的市场竞争力。

2017年，依图人脸识别应用平台所使用的核心算法斩获美国国家标准技术局NIST主办的人脸识别供应商测试FRVT和美国国家情报高级研究局

IARPA主办的全球人脸识别挑战赛FRPC两项冠军。该两项赛事均为人脸识别领域的顶级赛事。

市场应用情况

在青奥会、珠海航展、G20峰会、金砖会议等一系列重大活动和赛事的安保工作中，依图科技的人脸识别产品也被广泛应用。

在金融领域，该产品凭借准确率高、体验好、成本低等优点，为招商银行、中国农业银行、京东金融等近百家银行及互联网金融企业客户提供全流程解决方案（柜面人证比对、移动端活体检测、ATM刷脸取款设备等）。以招商银行为例，依图科技与招商银行合作，开创了全球首个刷脸取款机，并已在招商银行全国800个网点应用。

在BI领域，依图人脸识别应用平台通过人流统计、用户画像记录、VIP识别、停留时长分析、布控报警、店内管理等多端可视化信息，为大型超市、小微商户、连锁专卖店及连锁门店提供端到端的成熟解决方案。

在城市管理领域，该产品凭借高效准确的路况仿真预测算法，预测推演实时交通发生变化时的应对措施和效果，优选出最佳方案，对目标区域的交通管理策略进行高效迭代，并持续优化调整。在杭州城市数据大脑试点项目萧山区部分路段的初步试验中，该产品通过智能调节红绿灯，将车辆通行速度最高提升了11%。

同时，依图科技与华为、阿里、微软等多家企业达成生态合作伙伴关系，从整体上打造全行业解决方案，为客户提供更加专业、快捷的服务，与生态伙伴并肩开拓人工智能技术生态的未来。

专家点评

依图多领域高精度人脸智能识别综合应用平台将高精确度人脸识别技术与安防、海关、交通、金融、BI、社会管理等领域行业应用融合，以先进的人工智能算法和技术提高社会整体的运行效率，提升城市智慧化水平，增强城市精准化管理能力，服务并保障国家和人民的生命和财产安全。

依图科技全面布局人工智能技术和应用，深入各行业提供端到端的解决方案，以算法、数据和计算力的革命性提升驱动人工智能技术和应用进入新纪元。

——朱珑　依图科技联合创始人、CEO

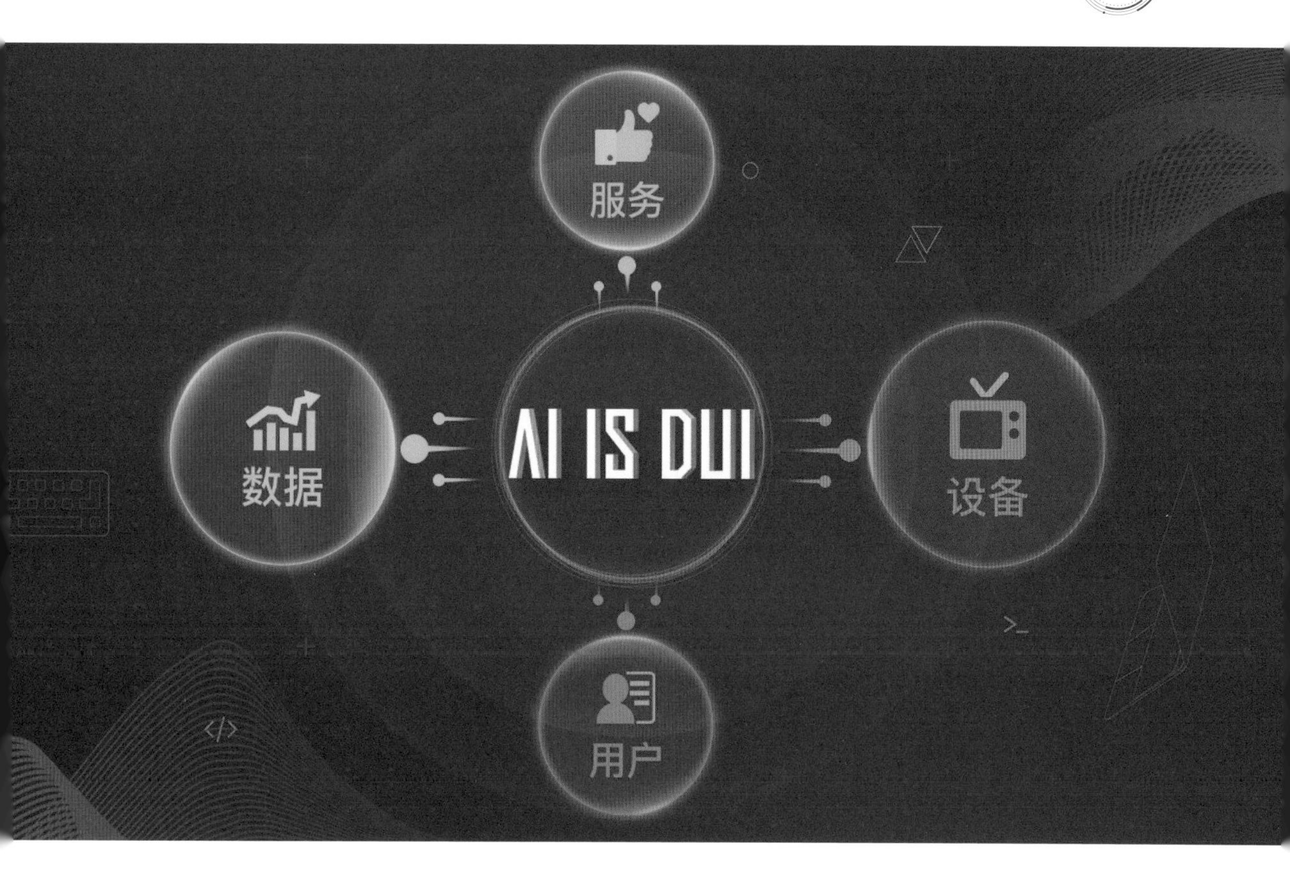

基于“云+端”的一体化解决方案

思必驰

智能产品领域>智能语音交互系统

什么是基于‘云+端’的一体化解决方案

基于‘云+端’的一体化解决方案，是国内首个以人工智能技术定制化为目标的开放型技术平台。该平台以Dialog为核心，提供完整的开发者服务，从语音语言技术到对话管理、技能服务、交互界面均允许开发者自定义开发。

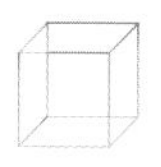

技术突破

平台覆盖多应用场景，拥有丰富的第三方内容资源，内置专业的语音及语言技能库，为物联网、移动互联网和互联网的开发者提供单项技术服务和完整的、高可用定制的智能对话交互解决方案。

端到端的口语对话系统通用领域语音识别率97%以上，纯软件的算法降噪让复杂环境下的人机交流更轻松。系统支持更强大硬件降噪模组，使远场及高噪声环境系统运行更加流畅。

系统支持本地端设备的对话交互定制，与云端定制无缝连接。系统还支持语义及交互逻辑定制，直接定制业务，无需掌握机器学习复杂知识，并支持个性化语音合成。

符合多场景需求的交互技能和“云+端”的聚合类API让交互无压力，完美适配不同应用环境和产品需求，能听会说，更能深度理解、智能决策。

产品独创的可视化同步交互界面，应用更新无延时，VUI（Voice User Interface）与GUI（Graphical User Interface）完美呼应，支持实时数据监测和系统反馈预警。

系统支持快速自定义开发、多版本功能的DUI服务体系，全面服务从个人到中小企业及专业大型企业的全产业链。详尽的用户反馈与技术支持，让开发者可随时跟踪运营状态，完成从系统配置、技能开发到应用配置的一站式开发需求。

DUI平台提供的对话技术包括“云+端”的语音识别、个性化的语音唤醒、基于场景的语义理解、支持上下文理解和多轮智能对话、多种可自调节的语音合成等功能。平台已采用新型解码框架PSD，并采用时序连接分类模型（CTC），使整个搜索空间减少80%以上，大大提升了语音识别的搜索速度，比最传统的系统累计数据总量提高7倍，内存下降50%以上。

目前，云端连续语音识别在通用领域下达到97%以上，垂直领域定制识别达到98%以上，本地连续语音定制域识别达到98%以上，支持3000条语法规模。

智能化设计程度

■ “云+端”混合方案

为满足不同群体的开发需求，DUI的“云+端”解决方案不仅提供高效的诸多云端功能，也提供功耗低、反应快、可定制的语音唤醒、离线识别、离线技能等本地功能，没有网络也能保障基本使用。

■ 语音交互

基于海量声学和文本数据，系统提供以任务型对话为主，兼具闲聊问答的综合对话服务，具备算法降噪、回声消除、语音识别、自定义语音唤醒、个性化语音合成、自然语言理解、上下文理解、多轮对话、纠正打断等多种能力。

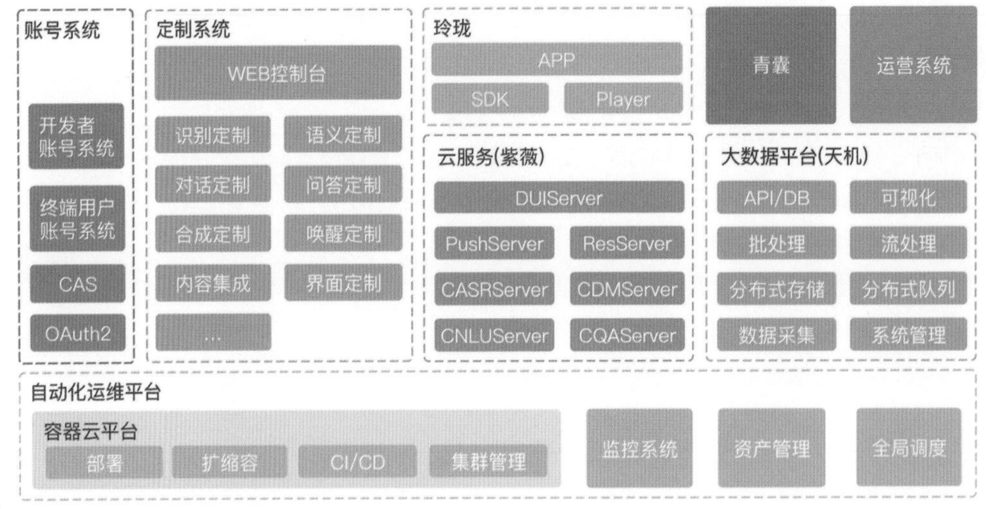

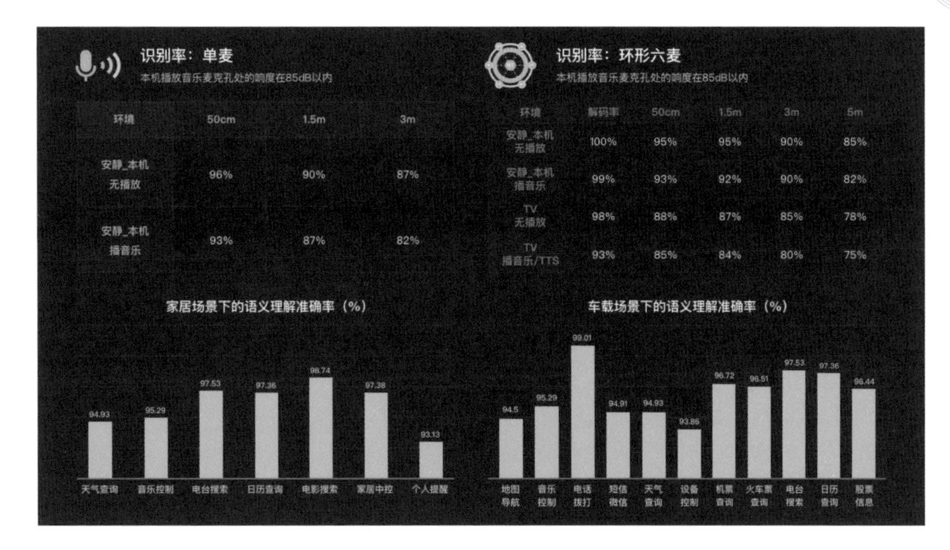

■ 专业技能商店

该产品根据场景实际需求深度定制，提供7大类实用高频技能，包括效率工具、生活服务、交通出行、影音视听、社交分享、新闻资讯和智能问答。系统不仅支持拨打电话、闹铃设置等本地功能，还支持第三方服务资源接入、业务功能在线开发、功能在线分享与运营。

■ 个性自定义

系统支持GUI自定义、唤醒词定制、技能深度定制，既提供通用的VPA，内置场景对话和内容技能，也支持开发者完整自定义对话逻辑和内容，还可以接入第三方服务，提供细致到每一轮交互的个性化定制。

■ 零门槛入门

用户注册即可免费限期试用，系统拥有网页在线编辑，内置深度定制技能，集合广泛的聚合类API，提供详尽的参考文档和示例，超快速生成Demo，可以秒级同步手机端，并支持社区技术随时在线答疑。

■ 可视化数据

依托思必驰专门负责大数据运维的团队，该产品于业内率先推出基于语音、文本对话交互的可视化大数据平台，让开发者可自定义周期、维度、范围查看实时数据，并且提供自定义分析和系统反馈预警功能。

■ 用户精准画像

系统精准构建基于深度学习的用户画像，帮助开发者了解用户喜好，跟踪用户需求，实现基于内容和用户画像的个性化推荐功能。

市场应用情况

思必驰目前在车载领域服务了超过400万车载用户，未来在前装和后装市场，思必驰有望突破1000万车载用户。

专家点评

DUI的出现解决了行业里大部分企业面临的主要矛盾——大规模定制化能力。比如，如何快速地让不懂算法的人实现应用；比如，热词能不能快速更新，唤醒词能不能自定义，语言模型能不能快速定制；如何给技能开发者和资源方提供服务等。这时候，如何更快做得更专业化，这就是一个挑战。

DUI针对这些痛点给出了解决方案。它具备领先的单点语音算法能力，具备大规模生产的工程整合能力，把语音落地的各个节点工程能力出现的潜在问题磨平，在对话层面做到能像手机APP一样定制化，实现开放的解决方案。除了技术上的发展支持，更重要的是DUI针对痛点提出更有效的解决方案，这是行业发展的核心。

——俞凯　思必驰首席科学家

猎户OS 真开放

猎户OS

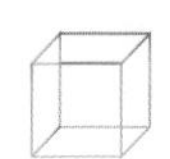

猎户星空

智能产品领域＞智能语音交互系统

什么是猎户OS

猎户OS是具备唤醒、识别、NLP、资源、TTS等全链路自研远场语音能力的语音交互系统。语音识别能力精准，人声TTS合成效果温暖。

技术突破

小豹AI音箱是一款远场语音智能音箱。其搭载的猎户OS从唤醒、识别、NLP、TTS全链路的自研语音技术业内一流。

■ 语音唤醒：语音唤醒技术是基于汉字整体建模的CNN唤醒技术，该技术拥有高精度唤醒率，具有抗高噪声、低误报的特点。

■ 语音识别：语音识别技术是基于音节建模的LSTM+CTC技术，识别精度高，响应速度快。

■ 语音合成：猎户TTS合成技术基于语音拼接技术，运用了汉语语音合成引入重音技术，大幅提升语音合成的自然度和流畅度。

智能化设计程度

猎户OS极度关注用户体验，在产品细节方面尽可能地营造人机交互般的亲切感。行业首创的“人声回应”技术赋予音箱拟人般的温度，拉近了用户与音箱的距离。

行业一流的人机交流体验

话筒阵列
支持2麦、4麦、6麦等话筒阵列

唤醒
95%唤醒率行业领先；
支持自定义唤醒词

识别
远场识别准确率全网第一；
指令控制执行正确率98%；
支持中英文混合点播；
支持3岁以上儿童识别

语义理解
垂直领域深度支持语义解析；
正确率96%；
行业领先支持多轮交互

TTS
行业公认最好最温柔的女性声音；
小雅小米百万用户喜爱；
使用真实儿童声音合成童声效果

响应速度
1.5s，线上服务稳定性99.9%

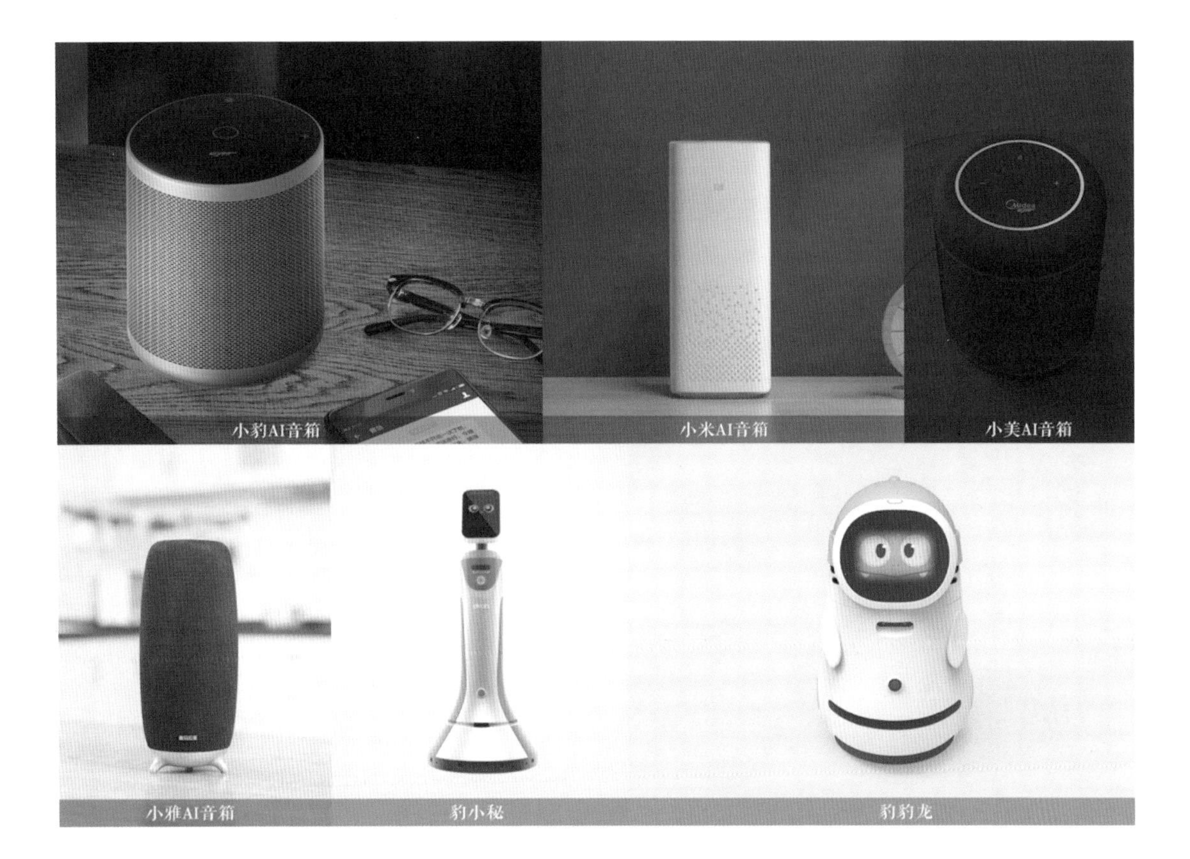
小豹AI音箱　小米AI音箱　小美AI音箱
小雅AI音箱　豹小秘　豹豹龙

语音识别方面，产品通过技术迭代和攻关，猎户语音识别技术在行业评测中取得领先成绩；点播方面，资源点播准确率超过90%；语音控制方面，指令执行准确率高达98%。

猎户OS现已接入QQ音乐、喜马拉雅等众多头部内容源，具备领先的内容聚合能力。

市场应用情况

猎户OS目前已服务线上万千用户，主要包括小雅AI音箱（喜马拉雅）、小豹AI音箱（猎豹移动）、小美AI音箱（美的集团）。

猎户ASR和TTS技术已广泛应用小米AI音箱、小米电视、小米手表、小米手机助手等渠道，平均日服务调用超过900万次。

专家点评

猎户OS是猎户星空自主研发的全链路语音交互系统，在远场语音识别和语音合成方面处于行业领先地位，小米、猎豹移动、喜马拉雅、美的等品牌的智能硬件已经接入了我们的服务，每天有百万线上用户使用该系统。猎户OS接入了海量精品内容，并联合微信支付实现一句话内容购买，领先行业做到商业闭环生态。我们将AI能力、数据能力、商业能力、技能开发能力全面开放给合作伙伴，做到“真开放”，赋能开发者，打造最好的智能硬件，让更多家庭享受智能生活。

——傅盛　猎豹移动董事长兼CEO

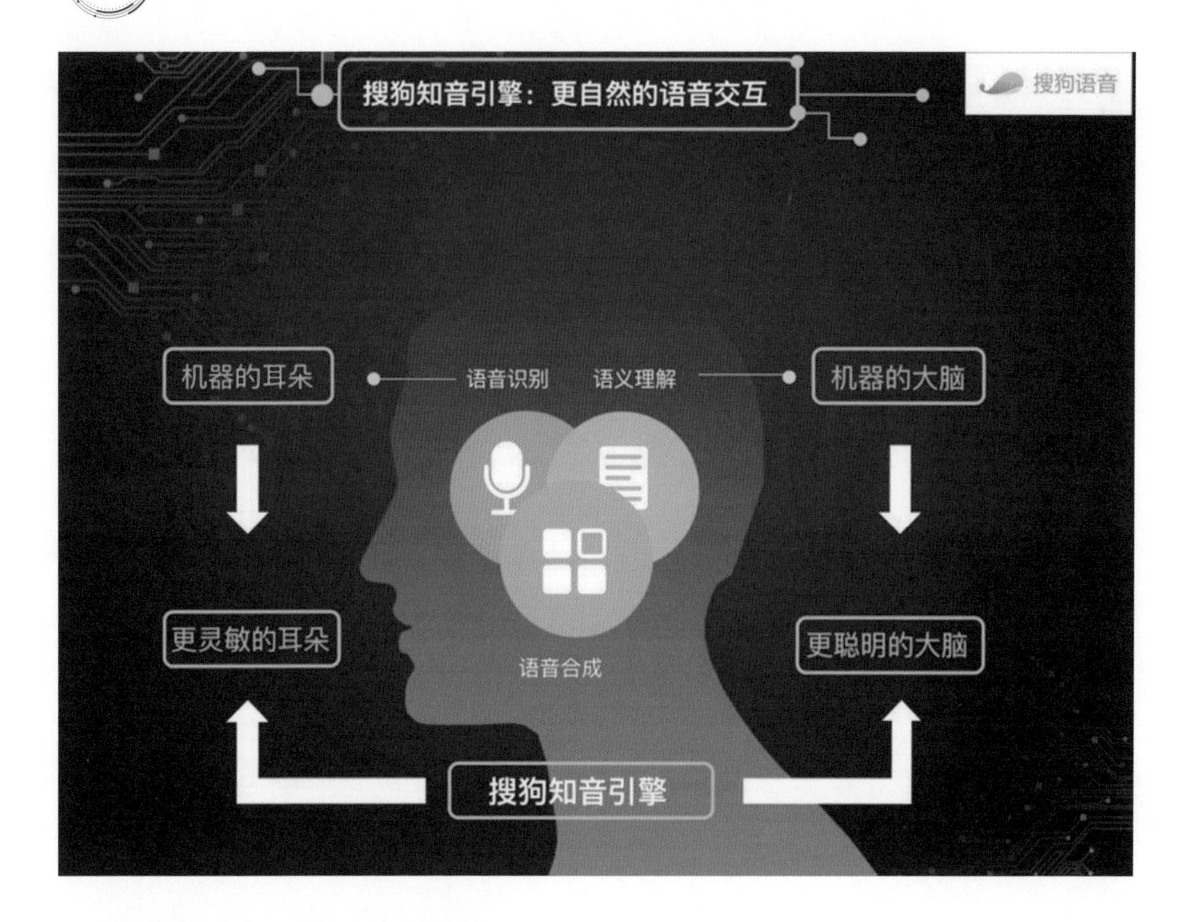

搜狗知音系统

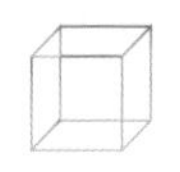

搜狗

智能产品领域>智能语音交互系统

什么是搜狗知音系统

搜狗知音系统，是由搜狗公司自主研发的专注于自然交互的智能语音技术平台，集成了语音识别、语义理解、语音交互以及相应服务等多项功能。

技术突破

■ 自定义语义理解开发平台

搜狗提供了开放的开发平台，让合作伙伴自行定义自己所需的语义理解能力。开发者可以用UML格式文件，描绘多轮对话交互的自适应逻辑。平台据此编译出具有上下文理解能力、可以处理多轮对话的系统。开发平台可以通过历史对话整理出数据，再构建问答系统。

■ 会场实时语音转写

系统可以将实时采集的语音连续传输给后台识别服务器。后台实时判断语音的起始点，将有效语音送至内部的解码器。解码器进行语音特征提取，并基于深度神经网络的声学建模技术、语言模型等，根据语音特征寻找最优的识别结果。当检测到语音结束后，解码器重置，继续接收后续的语音进行新的解码，已解码完成的识别结果则由后台发送至显示设备进行展示。

■ 语音机器同传

搜狗神经机器翻译技术（SNMT），是搜狗自主研发的基于大数据和端到端技术的翻译技术，采用Encoder-Attention-Decoder结构，通过编码端（Encoder）获取源端句子的分布式表示，利用注意力模型聚焦源端，使用循环神经网络生成翻译结果。与传统的统计机器翻译技术相比，该系统的结果更加准确流畅。

在速度和精度方面，系统使用了GRU作为神经元结构，在性能保持不变的前提下，降低运算复杂度。同时，系统在层数和参数量上做了一定的精简。

智能化设计程度

搜狗知音系统旨在让人机交互更加自然，具备语音识别速度更快、纠错能力更强、支持更加复杂多轮交互的特点。

知音系统是搜狗提供的人机交互的完整解决方案，实现了从听（语音识别）到理解思考（语义理解）再到说（语音合成）的完整闭环能力。

而语义理解背后对接的是基于搜狗自有产品体系的丰富知识和垂直数据，比如搜狗搜索、垂直搜索、知立方、问问、百科、知乎搜索等，使得知音引擎能够准确地理解需求，精准地给出答案。

■ 独创的语音转写修正功能

在以往人与机器的语音交互过程中，因为系统需要大量修正，导致人机不能自然交流。针对此问题，搜狗知音系统独家推出了语音修正功能。知音系统支持用户通过更为自然的语言交互方式进行文字输入，并支持丰富的描述方法。例如，如果想描述“章”这个字，可以说“立早章”，或“文章的章”，系统都能够理解。系统还支持替换、插入、删除等几百种改错方法。针对文本描述以及文法描述的模型优化，系统达到80%以上的修正成功率。

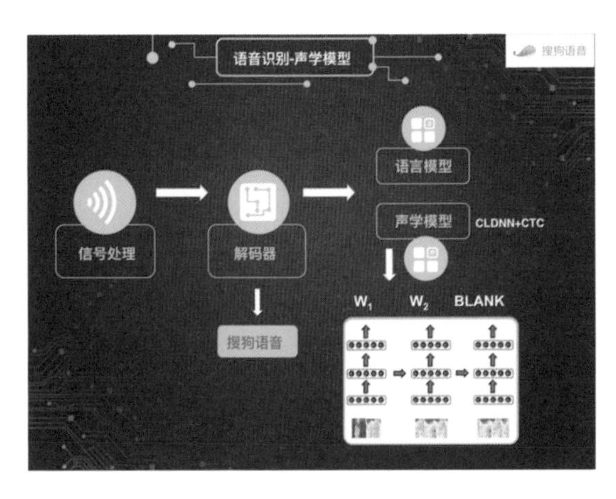

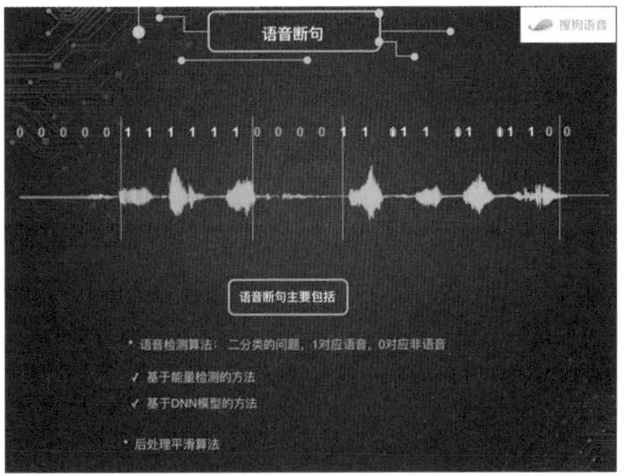

■ 复杂的多轮交互

简单多轮交互用一些指代消解技术，只能支持简单领域的查询，不能真正满足用户语音请求背后的需求。而知音系统能够进行多轮对话，处理更复杂的用户交互逻辑。例如，用户说“我要去首都机场”，它会问“T1还是T2”，当用户确定航站楼后，它会问“是出发还是接人”。

市场应用情况

■ 布局车联网

2016年12月，搜狗知音系统在车载场景下做了专项优化，使行车在关窗和半开窗的状态下同样能保证非常好的识别效果，语音识别请求响应时间低于0.5s。针对地图导航场景，系统与搜狗地图服务进行了深度整合，结合搜狗地图精细的结构化数据，可以帮助用户通过自然交流的对话形式确定目的地，真正做到解放双手，极大地提高了用户体验，保障用户驾驶安全。

■ 与海尔U+战略合作

搜狗知音系统为海尔U+平台提供语音、语义和后端内容的赋能合作。例如，搜狗知音系统将提供语音识别和语音合成的技术支持，赋予智能家电充分的语义理解能力。

同时，搜狗将为海尔U+平台提供后端内容，包括百科、黄页、天气、新闻、电影票、菜谱等内容资源。

搜狗和海尔合作走向硬件层面，提供整套远场语音识别方案，包括硬件话筒阵列设计，以便实现效果最佳的远场语音识别。

随着搜狗语音技术的日趋智能化和服务化，语音交互技术正在物联网、车联网、人工智能等各个方面得到应用。知音系统已与海尔、小米、创维、魅族等多家大型企业实现长期战略合作。

目前，搜狗的语音识别准确率超97%，语音输入日频次突破3.6亿次。基于知音系统的语音机器同传在国际机器翻译学术赛事（WMT）中荣获了中、英双向机器翻译冠军。

专家点评

语音交互作为未来人机交互的重要入口，已经成为新时代人工智能应用发展的重点方向之一。随着智能语音开始攻占智能家居、可穿戴设备、物联网、车联网等各种智能终端，全面打造智能化的生活成为整个行业接下来的聚焦点，而以自然语言交互为核心的搜狗知音引擎在推动AI商业化方面正发挥着重要的作用。

搜狗的“知音”引擎致力于让人机交互更加自然，不仅可以做到识别速度更快、纠错能力更强，还具有“能理解会思考”的能力，能够支持更加复杂的多轮交互以及更加完善的服务。

在语音相关的人工智能领域，搜狗已取得极具领先优势的技术突破，在智能家居、车联网、会议终端等领域，均有成熟的市场化应用。得益于此，未来无数用户的生活都将走向前所未有的便捷。

——陈伟　搜狗语音交互技术中心高级总监

智能语音分析系统

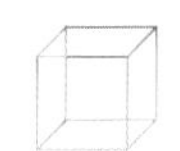

中电普华

智能产品领域＞智能语音交互系统

什么是智能语音分析系统

中电普华智能语音分析系统，通过自然语言识别、声纹识别、语义理解、关键词检索、场景分割、情绪分析等技术，可以将非结构化的语音数据转换为可被查询、检索、分析的结构化文本数据，进而有效地对客服语音数据中包含的交互内容进行深层次的分析。

系统可应用于自动客服质检和语音大数据挖掘两个方向，能够解决呼叫中心存在的录音质检覆盖面不足、客户流失、客户投诉、错失营销机会、产品反馈不及时等问题。

技术突破

智能语音分析系统从总体架构上分为3个子系统和2个接口：全量录音转写子系统、内容检索子系统、智能语音质检分析子系统；呼叫平台系统集成接口、呼叫平台业务管理系统及质检管理接口。

其核心语音处理功能支持对呼叫平台加密语音文件的解码和拼接，可输出*.PCM、*.WAV等主流格式的音频文件，并利用信号处理的方法对说话人语音进行检测、降噪等预处理，以便得到适合识别引擎处理的语音。

系统的主要功能包括：端点检测、噪声消除、特征提取，实现对呼叫平台全量录音的转写，支撑后续智能语音质检和分析等。

■ 语音识别的持续学习和优化

利用语音识别模型和语言模型，结合大量的语音语料，系统将业务关键词、服务忌语、敏感词、关键信息、标准地址地名库进行模型训练，提高了模型识别准确率。

系统对用户提交的业务关键词进行统计，并按照访问的频度进行聚焦，将与关键词相关的业务列表自动链接，形成业务热点关键词。通过会话技术，产品可以实现多线程处理，提高引擎的并发能力。

■ 基于录音内容的全文检索

全文索引以通话UUID为标识，将同一录音的所有字段建立倒排索引，并将海量录音的索引数据长期保存。由于数据量很大，系统需要将索引进行横向、纵向分割。

系统使用索引数据快速查找，检索采用多节点（本系统采用10个）并发方式，节点之间自动组成可自愈的集群。若少数节点失效，仅影响服务效率，待恢复后系统可自动修复缺失的数据。快速查找就是利用倒排索引的空间来提高检索的速度。系统不但支持基于关键词的文本检索，还支持文本与结构化数据字段的联合检索，对枚举型的字段可以自动汇总分类数，对数值型的字段同时计算最大值、最小值、平均值、中值等统计量。

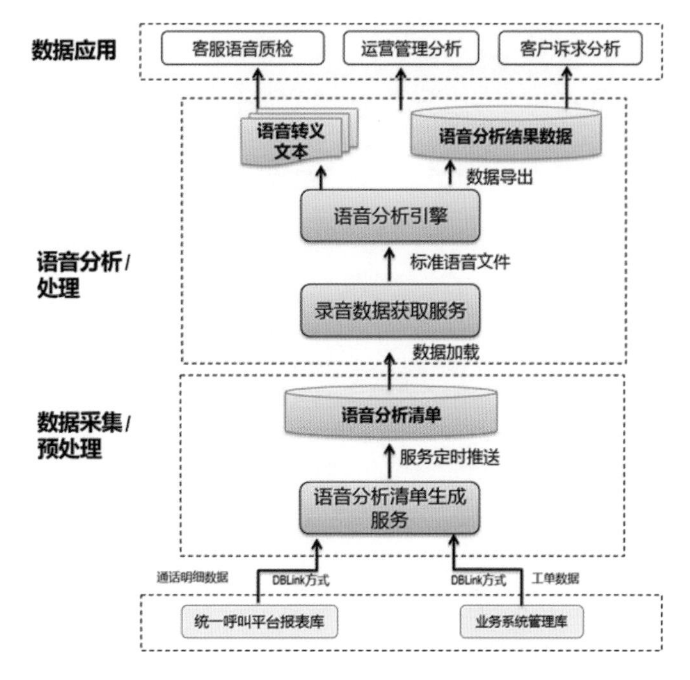

■ 功能与业务高度融合

系统各项功能是基于呼叫中心标准的质检业务及流程设计开发的。质检人员可结合原质检流程，利用智能语音分析技术，实现录音的针对性抽取和自动质检工作。

业务人员可根据质检规则需要，以关键词、静默信息、语音重叠等条件自定义质检规则，从而大幅减少时间及人力成本，提升质检结果的准确性。

■ 语音检索技术应用

语音检索功能主要针对用户输入的关键词信息、情绪检测信息和长时静音信息，从所有的索引文件中进行快速筛选，并返回用户关注的语音。用户可以对检索结果进行复听，从而对客服人员做相关质检。

系统支持任意关键词搜索，展现相关录音，并支持测听，支持高级检索，可按不同关键词信息、座席相关信息、录音相关信息进行搜索。

■ 采用高可拓展性的模块架构设计

业务人员在实际操作过程中，可将智能语音分析系统中的各功能模块组合使用，充分挖掘录音数据隐含信息。整体架构设计采用高可拓展性的模块架构，为后期客服中心质量管理业务、总部营销业务的变化和拓展提供支撑。

■ 迭代式开发应用和推广

系统设计、开发和推广应用采用迭代的方式开展。相较于传统瀑布式的开发过程，本系统具备低风险、响应及时、可持续和高复用性的特点。

智能化设计程度

■ 具有良好的可复制性和易推广性

系统能够与实际业务深度融合，将行业专业知识、行业规则、行业标准等规范性知识与智能语音技术相结合，生成行业个性化的智能语音分析系统，具有良好的可复制性和易推广性。

■ 智能化语音转写

系统对语音转写数据的管理，根据实际情况，集中存储文本数据。各类存储按照合理流量进行规划，满足最大语音流量处理的要求。

■ “听看结合”的质检方式

呼叫中心原有质检方式是，质检员依据打分模版，边听录音边质检打分，一通录音需全部听完，对于通话重要信息需反复听取确认，质检员的质检强度大。而本系统可利用智能语音技术，将录音转译为文本信息，同时将录音进行可视化处理，在波

形图中将通话中的关键信息、服务忌语、敏感词等信息出现的位置进行标注，辅助质检员快速定位关键信息位置，实现了质检工作的提质增效。

■ 个性化、智能化的质量管理模式

呼叫中心可利用大数据分析技术对全量的录音文本数据进行分析挖掘，结合业务规则对座席人员的服务态度、服务效率等服务能力进行统计分析，并结合客户来电原因、投诉事件等，挖掘座席服务差错集中点和服务低效能点，生成个人服务质量统计报表，自助分析近期服务质量及薄弱业务，辅助座席人员及时发现自身不足。

■ 精准化营销业务数据支撑

系统对全量的录音文本数据进行分析，挖掘客户来电原因及潜在诉求点，生成区域业务分布模型、客户行为特征画像、客户区域集中诉求等客户数据，为服务提升、营销推广等工作决策提供数据依据。

市场应用情况

智能语音分析系统自2017年3月在95598呼叫中心上线以来，累积转写客服录音117万小时，共292万张工单。

通过不断迭代优化转写模型，系统当前语音整体转写准确率达85%以上，其中座席侧标准普通话转写准确率达92%以上，客户含口音语音转写准确率达80%左右。

质检覆盖率达到99.9%，问题工单人工复核率达到99.9%，客户特殊诉求质检覆盖率达到99.8%。国网客服中心成功地将质量管理工作提升至国际一流水平。

专家点评

智能语音分析系统通过语音识别、自然语言处理等技术，实现工单全量质检、业务分类差错智能研判、客户诉求热点分析等核心功能，准确定位录音文本中的核心要素、敏感信息、业务热词等服务关键信息，自动识别静默抢话、服务忌语、情绪异常等服务风险点，为持续优化业务流程、服务话术，规范客服专员服务行为提供了依据。

——吴佐平

北京中电普华信息技术有限公司

客户服务及量测事业部副总经理

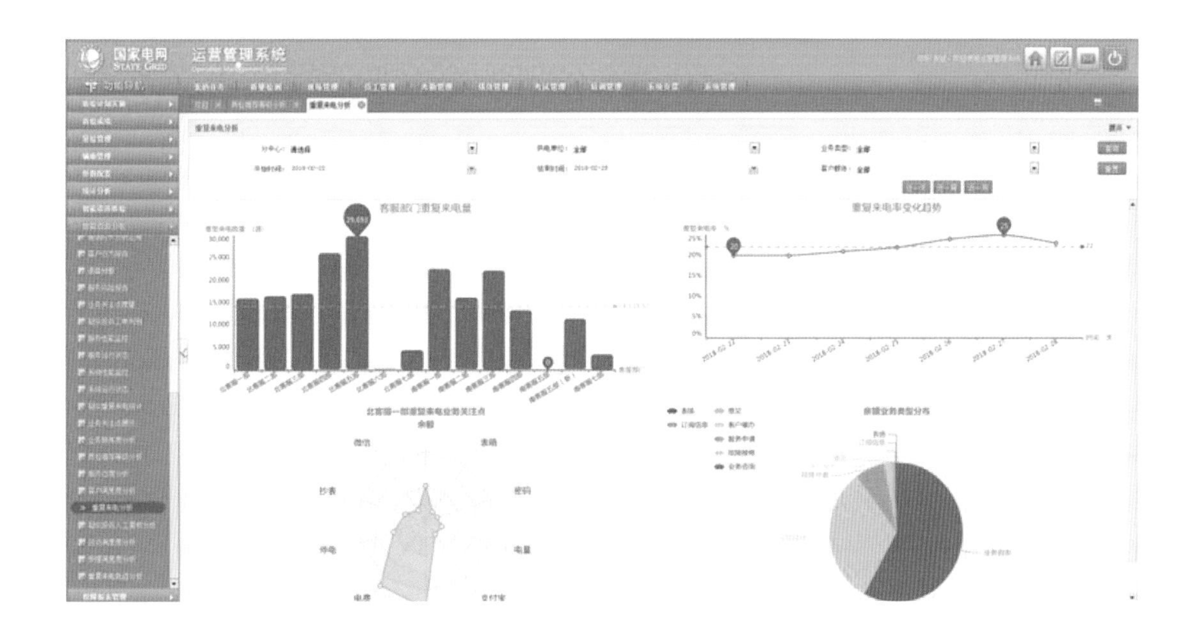

科技讯飞翻译系统

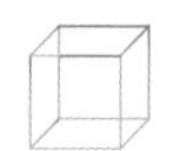

科大讯飞

智能产品领域>智能翻译系统

什么是科大讯飞翻译系统

科大讯飞翻译系统是基于人工智能及智能语音技术打造的智能机器翻译系统，应用于讯飞翻译机硬件、讯飞输入法APP、讯飞随身译微信公众号等。其中，讯飞翻译机是一款解决跨语言交流障碍的智能翻译设备。

技术突破

科大讯飞翻译系统采用国际领先的语音识别、NMT（神经网络机器翻译）、语音合成、离线翻译、图像识别及自适应多话筒高清降噪等智能语音及人工智能技术，基于多语种需求、说话人口音多样化、使用场景复杂化等实际情况，通过AI技术赋能机器翻译，让跨语言交流更加流畅。

■ 听得懂，译得准

基于讯飞超脑的INMT语音识别理解翻译一体化引擎，科大讯飞翻译系统持续学习自我进化，从“能听会说”到“能理解会思考”。以大量日常聊天对话语料为翻译基础，系统能够根据场景给出符合语境的翻译结果，中英口语翻译技术达到4.5分以上，可以快速、准确地实现多语言间即时互译。在4G网络下，1s内给出翻译结果。

■ 方言翻译，口音无忧

翻译机采用科大讯飞独有的翻译识别能力，首次实现多种方言到外文的翻译，翻译结果通俗又到位，识别率高达95%。用户出国时使用该翻译机能与外国友人轻松交流。

■ 多网络切换，离线同样优“译”

科大讯飞翻译系统不仅支持4G、Wi-Fi连接，还首创多语种内置NMT离线引擎，实现在无信号环境下自动切换中英离线翻译。后续、科大讯飞计划陆续推出新语种离线翻译产品，确保用户在各类复杂网络环境下都能实现即时、精准翻译。

■ 随拍随译，能说会看

该系统支持OCR拍照识别，配备1300万高清摄像头、2.4寸触摸屏，轻松满足海外出游时阅读菜单、路牌、商品说明等场景拍照翻译需求。

■ 降噪拾音，时刻能听清

MOEFEI话筒内置AIUI核心能力，采用自适应四话筒阵列高清降噪技术，使机器在嘈杂环境下，也能降噪收音。在家居环境中，5m距离有效拾音达到95%的唤醒率以及93%的识别率。

■ 技术一路领先

科大讯飞技术布局涵盖语音识别、语义理解、语音合成、机器翻译等各个语音领域，其中，机器翻译是科大讯飞一项重要的技术。依托这些技术，科大讯飞在一系列国际语音类大赛中获奖，比如在国际最高水平的语音合成比赛Blizzard Challenge（暴风雪竞赛）中荣获12连冠，在国际口语机器翻译评测比赛中英和英中互译方向、国际语音识别大赛（CHiME）、国际医学影像识别大赛中取得第一名的成绩，获得国际认知智能测试全球第一和国际知识图谱构建大赛核心任务全球第一名。语音技术上的优势为科大讯飞落地行业与应用打下良好的根基。

市场应用情况

截至2017年年底，科大讯飞翻译系统已在全球134个国家使用，月服务次数80万，服务总次数为2000万，并在实际应用场景中持续优化。最近，讯飞翻译机作为博鳌亚洲论坛的指定翻译机，在会上展露锋芒，获得了来宾的一致好评。

在天猫商城中，用户对科大讯飞翻译系统的满意度为4.9分，在京东商城中好评度为98%。

当前，科大讯飞翻译系统的英语翻译水平在日常生活领域已经达到了大学英语六级水平，互译语种达到33种，并率先推出了方言翻译功能，全面覆盖主流出境目的地以及热门小语种出游地，可以有效地应用于语言学习、出国旅游、商务工作等诸多场景，让人们跨语言交流，消除信息鸿沟，降低沟通成本。

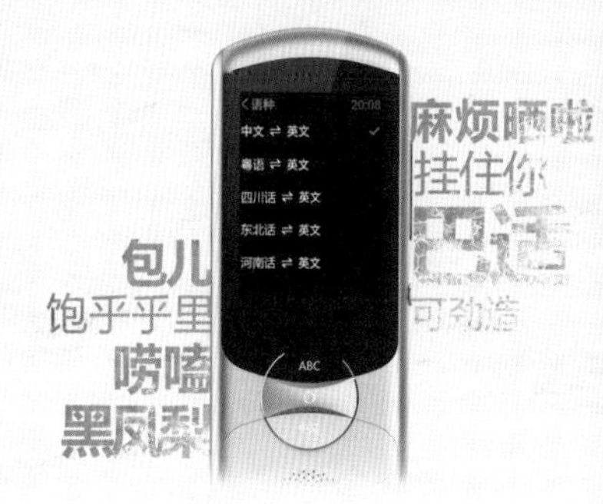

专家点评

讯飞翻译机搭载科大讯飞国际领先的智能语音及人工智能技术，能够快速、准确地实现中文和英、日、韩等多语种间的即时互译。目前，翻译机的英语翻译水平在衣食住行等日常领域达到了大学英语六级水平。翻译机内置多语种NMT离线引擎，实现无信号环境下流畅翻译，与在线翻译基本没有差异，有效解决离线翻译的痛点。在未来，讯飞翻译机以及包含其在内的科大讯飞翻译系统，还将推出更多语种的即时互译功能，及更优质的用户体验。我们非常期待，在您的学习、工作、出国旅行过程中，以及在国内使用方言进行交流时，讯飞翻译机都能大展身手，做您的便捷翻译官！

——胡郁　科大讯飞执行总裁

搜狗旅行翻译宝

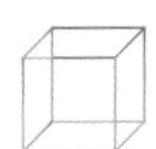

搜狗

智能产品领域 > 智能翻译系统

什么是搜狗旅行翻译宝

搜狗旅行翻译宝，结合搜狗自有的翻译能力和OCR能力，有针对性地主打离线语音翻译和OCR，解决用户在出行过程中看不懂、听不懂、不会讲等语言问题。

技术突破

搜狗旅行翻译宝支持24种语言，最新的模型翻译速度在1.5s左右，速度上更接近于同声传译的设备，更加有助于用户来进行对话翻译。

搜狗翻译的核心能力在语音翻译和拍照翻译方面达到了领先水平，并具备了离线OCR的能力，便于用户在境外查看菜单、路牌、文字说明等。

翻译宝支持文本翻译、对话翻译、语音翻译、实景翻译等多种翻译模式，还可以实现中英离线翻译，离线模式压缩到在线模式的1/35，用户在未

联网时也能够使用。机器可支持中英离线翻译，它在没有任何网络的时候也能实现语音、实景拍照翻译功能。

在技术设计上，翻译笔作为外设，APP作为主要和云端通信的载体，APP和设备之间使用蓝牙协议来进行通信并传输文件。

在录音过程中涉及转写和同步的功能，因此系统在设备连接的时候，首先判断设备当前是否正在进行录音工作。如果是，则优先传输实时数据；如果不是，则同步历史数据。

智能化设计程度

搜狗旅行翻译宝的整体开发方案基于安卓系统，集成了语音翻译和拍照翻译的SDK，同时自行开发其他多语言、拍照翻译、紧急电话、汇率计算、设置等功能。

■ 语音翻译

按照用户经常使用的旅游场景，系统有针对性地训练模型，然后再根据硬件规格进行适当裁剪，最终形成了一套可在硬件上离线使用的语音翻译方案。

■ 拍照翻译

翻译宝集成了搜索OCR团队之前的经验，根据摄像头尺寸有针对性地进行裁剪，然后再通过照片的分辨率确定最小可用的大小，从而输出OCR结果。

■ 汇率计算

用户在境外购物时经常会遇到汇率换算场景，在搜狗旅行翻译宝中增设了汇率计算器功能。在联网情况下，翻译宝可以进行实时更新汇率。用户可以把它当作计算器来使用。在用户输入数字的时候，机器屏幕下方可以实时出现计算结果。另外，在用户的对话翻译中如果出现了相应的货币数字，翻译宝也会通过用户当前定位的地点，智能地自动换算成当地货币对应的数字。

■ 紧急电话

用户在出国的时候，难免会遇到紧急情况，这个时候就需要相应的紧急电话帮忙，比如匪警电话、火警电话、中国的使领馆电话等。搜狗针对全球热门国家和地区，收集了对应的紧急电话，集成在翻译机中供用户使用。

市场应用情况

搜狗旅行翻译宝，在京东商城已正式发售，首发当日开售一小时后各地就陆续售罄，开售当周销售额破1000万元。

专家点评

搜狗旅行翻译宝，在真实场景下，借助搜狗自研的话筒阵列技术，能够有效规避噪声、远场拾音，提升了噪声场景下的语音精度，从而确保高质量的翻译效果。搜狗旅行翻译宝在资源受限的情况下成功实现了语音识别、机器翻译以及语音合成的离线化。除此之外，搜狗旅行翻译宝还支持24种语言互译、拍照翻译等能力。这些都集合了搜狗最前沿的人工智能技术，希望搜狗旅行翻译宝能够成为大家心目中的好产品。

——陈伟　搜狗语音交互技术中心高级总监

搜狗同传翻译系统

搜狗

智能产品领域>智能翻译系统

什么是搜狗同传翻译系统

搜狗同传翻译系统，基于搜狗神经机器翻译技术SNMT（Sogou Neural Machine Translation），集成了语音识别、机器翻译、语音合成等先进技术。运行同传翻译时，屏幕上会实时显示语音识别出的中文或英文，同时也会实时翻译成对应的英文或中文。此外，系统还可实现男声、女声或某特定个人的声音输出翻译后的语言。

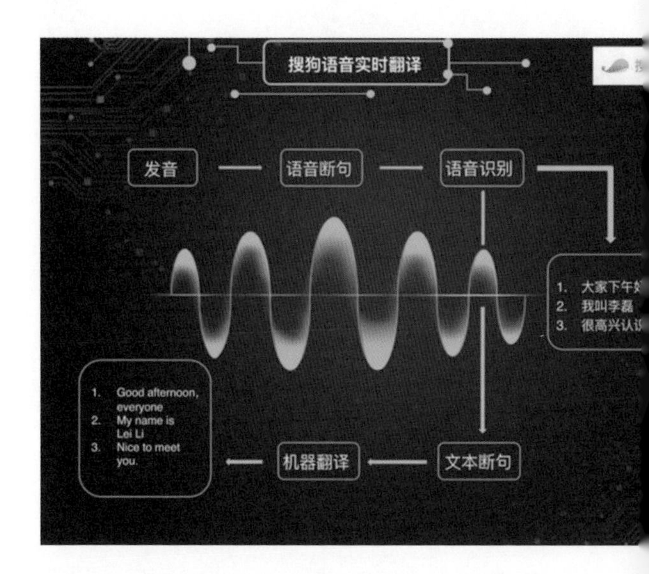

技术突破

■ 会场实时听写

系统将话筒实时采集到的语音按照流式传输给后台进行识别。后台实时判断语音的起始点后，将有效语音送至部署的解码器。解码器则进行语音特征提取，并在深度神经网络声学建模技术、语言模型的指导下，基于语音特征，寻找最优的识别结果。当系统检测到语音结束后，解码器重置，继续接收后续的语音进行新的解码，已解码完成的识别结果则由后台发送至显示设备，显示在屏幕上。

■ 机器同传

系统应用搜狗自主研发业界最新的神经机器翻译技术，即搜狗神经机器翻译。整个翻译系统基于大数据和端到端技术，采用的结构是Encoder-Attention-Decoder，通过编码端（Encoder）获取源端句子的分布式表示，利用注意力模型聚焦源端，使用循环神经网络生成翻译结果。与传统的统计机器翻译技术相比，本系统翻译效果结果更加流畅、准确。也正是大数据和深度学习的共同作用，使得机器翻译效果有了很大的提升。在近期的人工评测中，SNMT在演讲、旅游、闲聊、日常口语等领域，人工评分很高。

在产品化的过程中，为了达到实时翻译的效果，本系统在速度和精度之间做了很多尝试。考虑到

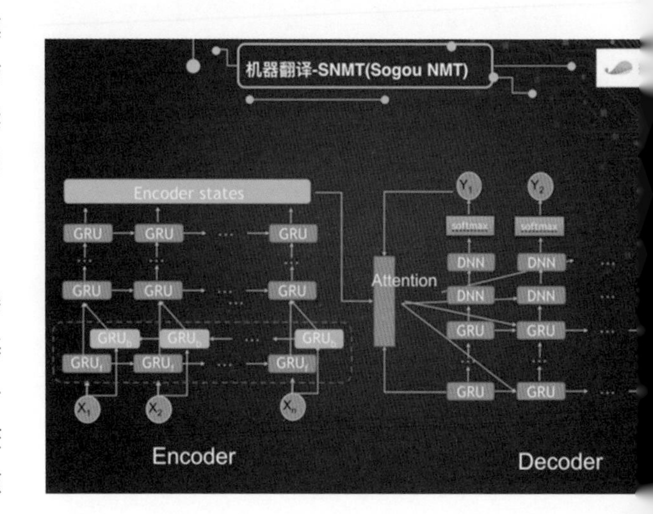

GRU比LSTM更加优异，系统使用了GRU作为神经元结构。这样可以在性能保持不变的前提下，降低运算复杂度。另外，系统在层数和参数量上做了一定的精简。同时，为了提升翻译的效果，系统针对实体词、集外词、对齐效果做了很多处理。

智能化设计程度

传统的机器翻译，需要把整个建模流程分成对齐模型、分层模型等多个模型，每个模型完成特定的很小的功能，最终串起来完成复杂的翻译系统。每个模型的错误，也会延续到下一个环节的模型中。这就使得传统机器翻译的错误率很高。

搜狗同传翻译系统采用端到端的神经网络翻译技术，通过编码端获取源端句子的分布式表示，利用注意力模型聚焦源端，使用循环神经网络生成翻译结果，相比于传统机器翻译，该系统的翻译结果准确率能高出30%~40%。目前，搜狗语音识别的准确率为97%，翻译的准确率则可以达到90%。系统支持最快 400字每秒的高速听写，语音输入日频次高达3亿次。

市场应用情况

目前，搜狗同传翻译系统已为上百场会议进行实时翻译技术支持。搜狗同传翻译系统为乌镇世界互联网大会（WIC）、全球机器智能峰会（GMIS）、全球人工智能与机器人创新大会（CCF-GAIR）、国际创新大会（RISE）、极客公园创新大会（Geek Park IF）等多个大型会议提供过机器同传服务。

2017年，该系统在国际机器翻译学术赛事（WMT）中荣获了中、英双向机器翻译冠军。基于此系统，搜狗推出的翻译APP和智能语音翻译硬件等产品下载和销售火爆。

专家点评

全球化进程的加快，让人与人之间的交流变得越来越频繁，语言的重要性也日渐突出，以搜狗为代表的机器同传技术的出现正在帮助人们打破语言交流的壁垒。

在过去，让科技解决语言障碍都是一种颇具未来感的期待。随着神经网络技术发展，如今的语音识别及机器翻译技术已经到了成熟的临界点，能够真正满足人们对于翻译的诉求。

在国际性会议领域，搜狗同传翻译系统已实现普遍应用，帮助人类逐渐从繁杂的劳动中解放出来，为人们的跨语言交流搭建了一座畅通的桥梁。

——陈伟　搜狗语音交互技术中心高级总监

腾讯AI同声传译

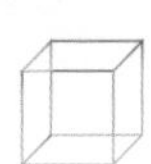

腾讯

智能产品领域>智能翻译系统

什么是腾讯AI同声传译

腾讯AI同声传译是腾讯翻译君联合微信智聆于2017年共同推出的人工智能同声传译解决方案，服务形态包括同传双语内容会议现场投屏、同传内容手机小程序查看、翻译结果语音收听、同传记录回放等，是业界首个创新性的多渠道完整AI同传服务系统。

技术突破

腾讯AI同声传译系统经过专项定制后，语音识别准确率高达95%~98%，拥有噪声消除、智能断句功能，可以结合演讲者做口语风格化定制。经过每天数万小时的服务锤炼，系统的翻译效果实时稳定，返回响应时间可以控制在100ms以内。系统目前支持中英双语种翻译，翻译质量业界领先，BLEU值和人工评价都排在业界第一的位置。

智能化设计程度

■ 部署灵活

系统支持离线和网络两种服务模式，用户可以灵活选择。离线方式更稳定可靠，响应更快。网络方式部署轻量，高并发多会场模式优势明显。

■ 安全保障

经过多次大型会议的合作实践，系统融合了敏感词和智能语义分析能力，可以保障内容的政治安全性。通过专业领域的定向训练，系统可以保持最优的效果。离线和在线双路备份功能提供了高达99.999%的服务质量。同时，在离线场景中，有专业人士在会场进行专项服务，在线场景可以进行多路备份。

■ 服务集成

系统可以做到大屏幕和参会者小屏幕（手机）的互动，字幕在大小屏幕同时显示。系统拥有个性化的文字播报功能，可以智能地使用与实际说话者相似的声音播放翻译内容。同时，系统可以整理出大会纪要资料，保证与会者不错过任何一个会场片段。

市场应用情况

目前，腾讯AI同声传译系统已经支持腾讯公司内部和外部召开的数十场大会。

2017年11月，该系统为中国香港高等教育界代表提供行业级翻译服务，并于2018年1月与国家行政学院签约合作，为部级单位现场5000余人的会议提供同传支持。另外，该系统在微信公开课、腾讯合作伙伴大会、腾讯网络媒体峰会、VMware峰会、腾讯视频学院等内部大会上表现出色。产品与2018博鳌亚洲论坛合作，取得独家同传服务权利，服务于政商界领袖，支持现场5000余人和在线1000万多人同时使用。

专家点评

腾讯AI同声传译系统经过多场会议演练，形成了包含了语音识别、翻译、语音合成等多模块，是较为完整的会议解决方案，并还在实践中不断进步。

——马化腾　腾讯董事会主席兼首席执行官

首先，对腾讯AI同声传译系统勇于走出（博鳌亚洲论坛）这一步表示钦佩。近年来神经网络技术的应用使得机器翻译的水平有了大幅度的提高，腾讯同传的表现是在意料之中的。

——刘群　都柏林城市大学教授

中国计算机学会理事

中国中文信息学会机器翻译专委会副主任

腾讯AI同声传译系统在博鳌国际会议中的使用，是AI技术落地的很好体现，我也很关注。AI同传的翻译速度是人工翻译无法比拟的，整体来说，它在博鳌国际会中的表现符合行业预期。除了新技术的发展，对机器翻译系统的打磨也是相关产品成功的必要条件，这需要长期不断的坚持和积累。相信在不远的将来能看到机器翻译在某些领域更加接近人工翻译的情况。

——朱靖波

东北大学自然语言处理实验室主任

中国中文信息学会理事

网易见外

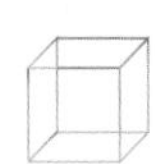

网易

智能产品领域 > 智能翻译系统

什么是网易见外

网易见外是一款基于语音识别和机器翻译技术的AI视频翻译平台，能够直接对直播视频和录播视频实现高精度语音识别和即时翻译，自动生成双语字幕，是国内率先实现视频听音翻译的产品。

技术突破

网易见外具备语音听写、机器翻译、自动切轴、翻译校对等视频翻译全流程功能，实现了各种接口的一体化，为用户提供完整便捷智能的视频智能听翻产品。

系统采用NMT（Neural Machine Translation）神经网络机器翻译、智能语音识别转写文字、智能语义切分时间轴3大核心技术，围绕视频行业字幕生产改善各个环节，在实际生产过程的应用中，可提升约10倍的工作效率。

■ 神经网络机器翻译

系统采用支持专有名词翻译等灵活干预技术，通过海量语料和CNN、RNN等深度学习算法模型，分领域、分场景地进行深度优化和并行训练，实现

了高负载快速响应的神经网络翻译模型。结合网易多年的数据积累，系统在新闻、学习、口语等领域取得行业领先水平。在没有过多干扰因素的场景下，系统可实现95%的识别率。

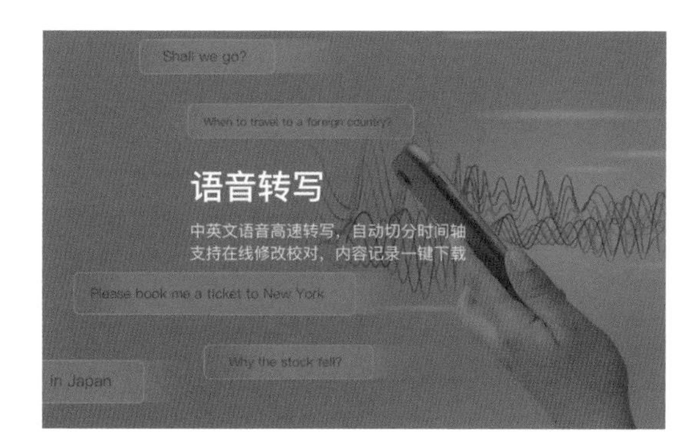

■ 智能语音识别转写文字

基于深度学习技术，系统支持文件和流式两种方式，实现了背景噪声或背景乐较强环境下的高准确率语音识别，可用于影视节目、体育赛事等音视频场景的语音识别和转写。系统支持用户个性化词汇翻译，可优化篇章翻译中的专有词汇，做到全程翻译一致。本产品的中文语音识别能力处于业界领先水平，并具备针对特定领域的快速优化手段。

■ 智能语义切分时间轴

基于语音识别和NLP技术，本系统从语义上精准切分时间轴，优化翻译和展示效果。基于自然语言处理技术，系统将语音识别转写的字幕文本，通过语义理解联系上下文进行自动切分，并生成时间轴信息。

■ 面向多个领域的智能视频翻译示范系统

该系统是面向视听产业、会展行业及教育领域建立的智能视频翻译示范系统。在视听产业领域，产品针对影视字幕制作、影视字幕翻译等场景，建立高效自动化的智能视频翻译及字幕编辑系统。

在会展行业，产品针对会议语音记录转写、会议实时字幕上屏、会议字幕同传等场景，提供智能字幕转写及翻译服务。在教育领域，产品提供高校网络公开课及直播课程的实时字幕及翻译服务。

智能化设计程度

网易见外是一款高度智能化的产品，全过程均由机器自动完成，并支持人工快捷介入，可极大提升工作效率。

在录播场景下，用户只需将想要翻译的视频上传至服务器，机器即可自动完成音频分离、语音识别转文字、NMT机器翻译、智能切分时间轴、生成字幕、字幕压制等全部步骤，生成带有中英双语字幕的视频。在网易见外的网站上，用户可实时查看视频的工作进度和翻译效果，对需要人工校对或润色的地方，在预览过程中即可实时修改。

经过验证，传统人工方式翻译一集40分钟的

电视剧，需要4人的团队（3人翻译校对、1人切分时间轴压制）协作约6小时的时间。而使用网易见外产品生产字幕，机器只需要8分钟即可完成翻译与切分时间轴的工作，只需要额外1人进行校对调整，能在2小时内完成工作。与人工制作方式相比，应用该产品可以将效率提升约10倍。

在直播场景下，用户只需打开网易见外客户端，对准话筒正常演讲，机器即可实时显示演讲内容的双语文字。

目前大多数基于机器翻译技术的产品仅提供翻译功能，不支持在线的译后编辑功能。网易见外提供了中英对照、翻译对照、字幕合并等辅助性的译后编辑功能，不仅提升了用户的编辑效率，也可为高校相关专业教学提供参考和服务。

市场应用情况

网易见外于2017年9月正式上线视频听翻功能，在5个月的时间里，已经迭代5个版本，累积注册用户超过10 000名，累积翻译文章56万篇、翻译视频5万条。

网易见外目前已经服务于网易新闻、网易美学等内部产品12个，每天为网易有道提供10万次的语音识别转写服务和1700万次的中英翻译服务；为网易新闻旗下各频道提供新闻和短视频翻译服务累计约8万条；为网易公开课提供Ted课程翻译；为网易云课堂提供AI课程翻译；为网易考拉提供海外产品介绍视频翻译；为网易美学和网易云音乐提供了API接口，满足其定制化视频翻译的需求；并与CNTV、二更视频、人人字幕组等外部用户签订了服务协议。

专家点评

网易见外是一款基于语音识别技术和NMT机器翻译技术的产品，从AI底层技术延伸到行业生产环节，是一款高度智能化、自动化的成熟产品。网易见外很好地解决了人与机器协调工作的问题，通过机器完成听写、翻译、断句、切分时间轴等工作，将机器的高效率与人工的创造力相结合，使翻译效率提升10倍。基于流式语音识别技术，网易见外可以做到在实时会议、会谈场景下的即时翻译，为实现多场景下的无障碍沟通，提供了更加完善的解决方案。

——李晓燕　网易人工智能事业部总经理

译呼百应

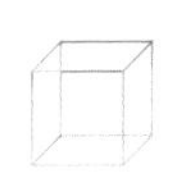

中译语通

智能产品领域>智能翻译系统

什么是译呼百应

译呼百应是由中译语通科技（青岛）有限公司自主研发的语音实时机器翻译系统，包含机器翻译和人工翻译两种模式。

机器翻译模式，采用先进的语音识别、文本翻译、语音合成等技术，将语音识别成文本，再将文本翻译成目标语言，最后将翻译后的文本进行语音播报。用户只需要对着设备讲话，即可看到翻译后的文字，并且可以听到翻译后文字的语音播报。

人工翻译模式，基于标准的SIP协议来实现网络电话。用户可以通过设备联网，选择需要的语种之后，通过设备连接到呼叫中心，由呼叫中心业务层根据用户需要的语种来选择合适的翻译员进行翻译。

技术突破

该系统所涉及的关键信息技术有：机器翻译技术、语音识别技术、语音合成技术、多媒体会话技术、SIP代理服务器、SIP注册服务器、SIP消息、重定向呼叫、信令加密、媒体流加密、终端类型的协商和选择、多播会议的邀请、音频降噪技术、音频增益技术、语音端点检测技术、回音消除技术、双工通信技术、长轮询技术、流技术等。

系统基于统计时分复用的IP网络，进行电话业务传送，采用先进的数字信号处理技术，进行语音编码、语音压缩、话音静默检测/消除。这样设计，使系统比固定传送速率、固定电路分配的PSTN网络更具优势。

系统采用先进的数字信号处理技术，使得一路话音传送所需的带宽从原来的64kbit/s减小到8kbit/s，甚至更低，从而使得在同一条线路上可以提高8~10倍的呼叫量；同一呼叫的IP包可以通过不同的路由器到达目的地。这样做一方面可以充分利用网络资源，另一方面提高了产品的可靠性。

基于全双工通信技术，系统将语音识别引擎、机器翻译引擎、语音合成引擎整合在一起，打通数据链路，实现从语音识别文本，再从文本翻译成目标文本的功能，最后将目标文本转成语音播报，整个过程只需一次请求即可，很大程度上减少了资源消耗，降低了服务器压力。

基于SIP多媒体通信协议，系统可实现PSTN和VOIP两者并存的方式，既能从PSTN转到VOIP，也能从VOIP转到PSTN，并能将信令同时转发到多个设备上，实现来电后多台设备共振的功能。

系统还支持语音交传、同传翻译，通过音频处理技术和网络通信技术，提高通话质量，以确保优质的客户服务体验，并降低延迟、抖动、丢包和突发等情况的发生。系统建立了SIP账号资源池，实现资源的合理利用。

智能化设计程度

中译语通将自主研发的神经网络机器翻译、语音识别与合成以及音频处理等技术有效结合，搭建了实时语音机器翻译平台。并研发了与该平台配套的应用软件和智能硬件，形成语言生态链。

该系统机器翻译模式支持32种语言互译，人工翻译模式支持60个语种的翻译。用户可以使用任何电话、PDA或PC在任何地方呼叫。内部电话和远程分支实现免费通话。

基于来电PSTN线路号码或来电显示，系统可明确是哪里来电和打电话到哪里。对不同的呼叫目的地，系统会选择不同的运营提供商的呼出路由。并为移动端用户提供快速接入的渠道，方便对翻译需求较大的用户使用。

系统对用户数据以及隐私信息进行加密，通过与数据库的数据集成存储、RAC支持、双机热备、应急模式、多进程冗余、透明故障切换、数据错误忽略、备份恢复等技术，保障加密后的整套数据库环境仍然可以安全高效地运行。

市场应用情况

系统对外形成专门的开放平台，为有智能翻译需求的用户和公司提供相应的解决方案，使外界产品能快速接入服务。

配套的APP用户端产品每日活跃用户数达到10万人次，APP译员端优质译员注册人数超过5万人。

人工翻译每日固定在线译员200人，由呼叫中心通过后台统一管理，包括下发任务通知、排班计划、来电转接、线上技能培训等任务。

本产品后台的机器翻译系统采用最新的深度学习平台和神经网络模型研发而成，每季度进行一次大规模版本更新，并根据用户的翻译习惯逐步提高机器翻译的质量。

专家点评

译呼百应的机器翻译+人工翻译功能开启了翻译的新模式，对智能语言服务的繁荣和推广具有重要意义。机器翻译模式能满足多数用户的语言需求。传统的口译业务，目前还是以译员现场服务为主。传统的翻译模式，小语种的译员稀缺，译员水平更是难以保障。

译呼百应推出云端翻译人工座席，使语言服务真正与互联网融为一体。

我们期待智能语言科技的广阔发展前景。除了支持人工智能发展，也要考虑利用新技术优化传统行业，提高现阶段产品的有效性。

——李涓子　清华大学计算机科学与技术系教授

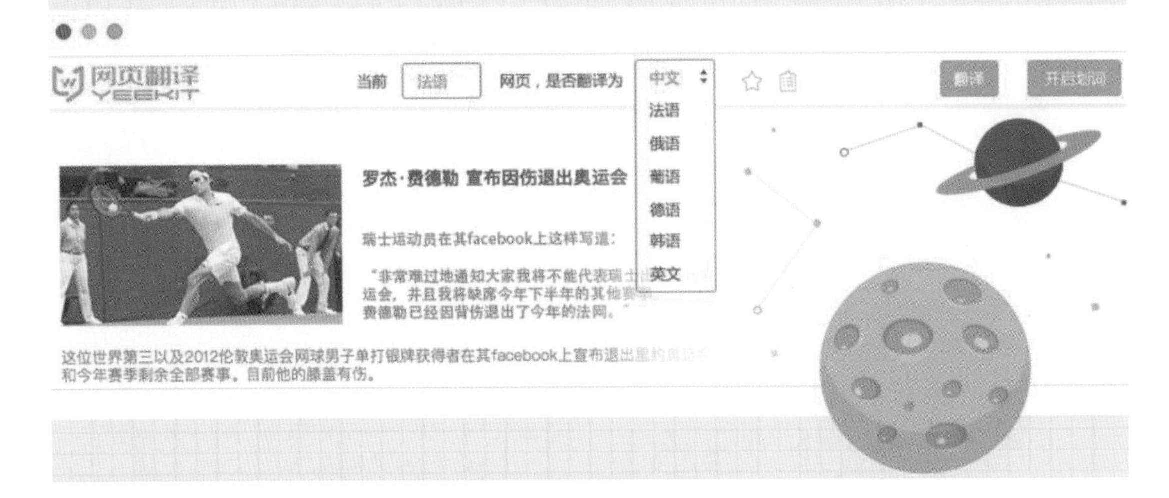

Yeekit译库多语网页翻译系统

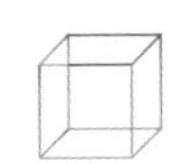

中译语通

智能产品领域>智能翻译系统

什么是Yeekit译库多语网页翻译系统

Yeekit译库多语网页翻译系统是一款多语网站本地化的翻译系统，带有网页翻译控件。运用智能多语言机器翻译技术，系统可以自动识别网页的语言，将网页“一键秒翻”成目标语言，帮助用户使用母语浏览网页，解决网页浏览过程中的语言障碍。系统目前支持中、英、俄、葡、法等32国语言，并有查看原文和划词翻译功能。

技术突破

Yeekit译库多语网页翻译系统可适应多种类型的网站页面，通过网页分析，获取网页的文本信息。基于神经网络的多语机器翻译引擎，系统目前支持32种语言。多语种自动识别技术能自动识别网页文字所属语种。用户用鼠标划取点选范围，系统可据此进行文字翻译。

针对不同的用户属性，系统能够推送个性化的资讯，并兼容11种浏览器。系统具有将网址加入收藏夹功能，用户再次打开浏览器页面即可体验自动翻译功能。打开浏览器，即可识别页面语言，系统贴心提示翻译功能，能够按需翻译，轻松便捷，真正做到无忧翻译。

智能化设计程度

本产品支持大多数较为流行的浏览器，并且具

有智能化下载和安装功能。

用户在使用过程中可设定自动嗅探外文文本信息模式，该功能可极大提高用户浏览外文网站的便捷度和流畅性。

本产品后台的机器翻译系统采用最新的深度学习平台和神经网络模型，每季度进行一次大规模版本更新，并根据用户的翻译习惯逐步提高机器翻译的质量。

Yeekit译库多语网页翻译系统充分考虑到了用户的人机交互体验，在使用过程中非常流畅和自然，避免了不必要的复杂操作。

针对不同行业，系统对原文信息做出了适当取舍，让译文更具条理性，提高了用户体验度，让用户更快、更准确地抓取到需要的信息。

根据不同语言的文字差异，系统对译文做出了适当的修改，避免了因文化差异和区域隔阂带来的误解和疑惑。

市场应用情况

Yeekit译库多语网页翻译系统用户活跃度为200万人每日，翻译请求次数为5000万次每日。公司与国内外数十家网站达成战略合作关系，为其提供网站本地化服务。

随着经济全球化的推进，多语需求不断增加。对于对外交流业务较多的行业，如电商、旅游等，企业无法以人力解决海量的语言翻译需求。

基于此，Yeekit译库多语网页翻译系统可以为企业提供良好的服务形式，解决用户的沟通问题，同时使成本远低于传统翻译行业。

专家点评

Yeekit译库多语网页翻译系统解决了网站语言不通的问题，促进了用户对外语网络资源的利用，是机器翻译的典型应用之一。

近年来，随着深度学习和神经网络模型的广泛应用，机器翻译的流畅性和准确率有了极大的提高。全球用户对外语信息获取的需求也日益增长，因此Yeekit译库多语网页翻译系统的推出是大势所趋。

不同于以往的网页翻译工具，Yeekit译库多语网页翻译系统直接读取网页上的文本，避免了先加载网址再翻译的烦琐操作。

未来，机器翻译会有更加广泛地应用，如何抓住用户的需求，设计贴心、有效的产品，是行业发展的重心。

——赵铁军 哈工大计算机科学与技术学院教授

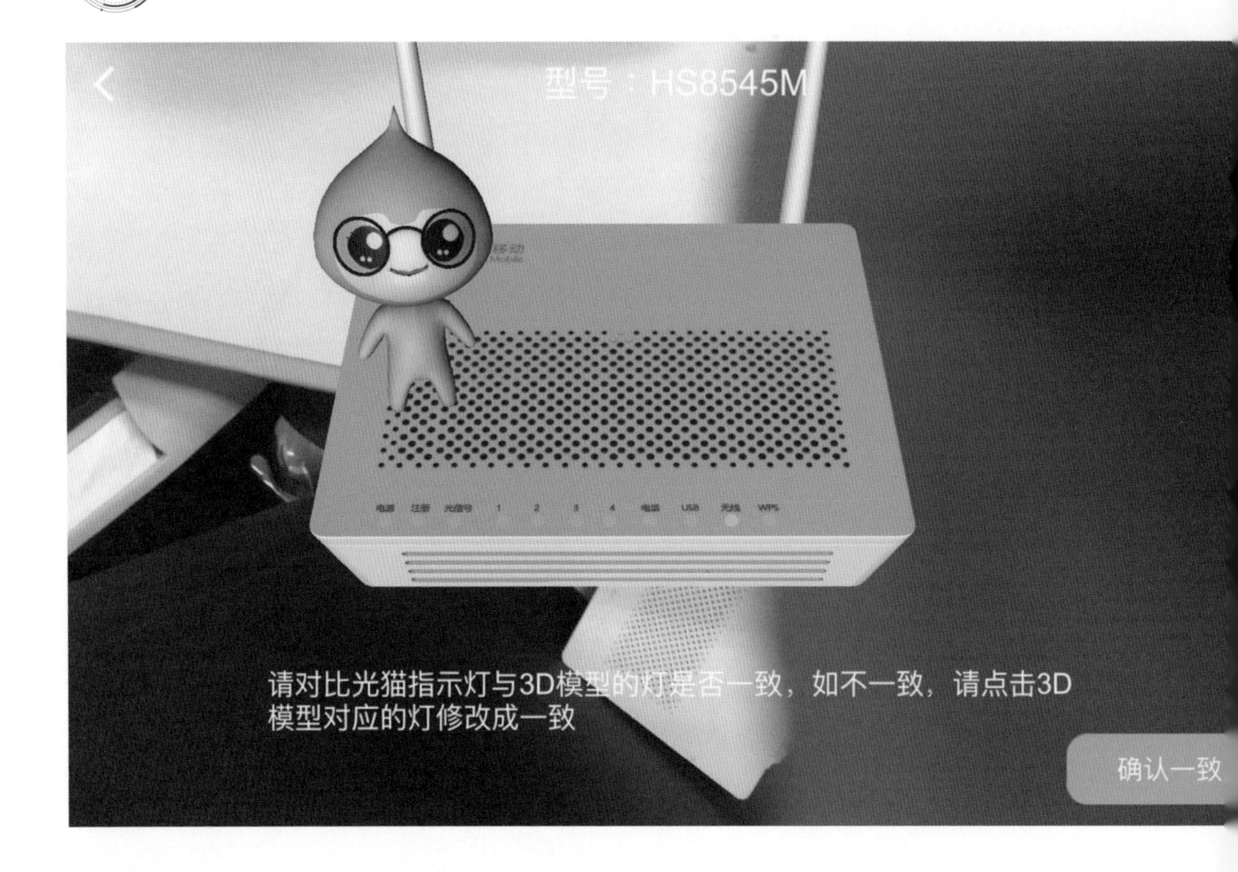

基于人工智能图像识别技术的家庭宽带业务智能化自助排障系统

中国移动广东公司人工智能能力支撑中心

智能产品领域＞智能家居产品

什么是基于人工智能图像识别技术的家庭宽带业务智能化自助排障系统

基于人工智能图像识别技术的家庭宽带业务智能化自助排障系统，是中国移动广东公司为解决家庭宽带业务传统故障投诉处理流程效率低、成本高的问题而研发的产品。该产品基于图像识别人工智能技术，在家庭宽带业务运营领域进行应用。

技术突破

该系统克服了光猫指示灯小、客户现场自助拍照时灯光、阴影、分辨率差异等困难，通过对24款光猫、10万张故障现场图片进行分析，应用深度学习技术进行模型开发和训练，综合应用了Mask-RCNN、CTPN、VGG16、YOLO等基于卷积神经网络的物体检测和图像识别技术。

系统使用VGG16图像分类算法进行ONU分类，获得设备类型。VGG16模型在imagenet分类比赛中分类准确率达到93%。系统采用了3×3卷积核，加深了网络结构，获得更加精确的图像分类效果。

该产品使用Mask-RCNN图像识别算法进行实例分割，获得设备区域。Mask-RCNN在Faster-RCNN的基础框架之后又加入了全连接的分割子网，由原来的2个任务“分类+回归”，变为了3个任务“分类+回归+分割”。对于ONU识别来说，系统可以获得像素级的设备区域。

系统使用CTPN专用文字检测算法进行文字区域检测，获得文字区域位置。CTPN把RNN引入检测问题，先用CNN得到深度特征，然后用固定宽度的anchor来检测text proposal（文本线的一部分），并把同一行anchor对应的特征串成序列，输入到RNN中，最后用全连接层来分类或回归，随后将正确的text proposal进行合并成文本线。这种把RNN和CNN无缝结合的方法提高了检测精度。

系统使用YOLO物体检测算法进行指示灯状态检测，获得指示灯位置及其状态。YOLO改革了区域建议框式检测框架。RCNN系列均需要生成建议框，在建议框上进行分类与回归。而YOLO将全图划分为若干个大小相同的格子，每个格子负责该格子的目标检测，一次性预测所有格子所含目标的bounding-box、定位置信度以及所有类别概率向量，将分类与回归问题进行解决。

智能化设计程度

该产品通过人工智能结合增强现实技术给用户提供了高效率、优质体验的排障工具。

首先，用户通过APP现场采集光猫信息，服务端将根据采集信息使用卷积神经网络算法，分析出对应的光猫类型。

其次，系统利用文字位置及颜色特征，通过一系列算法完成指示灯状态的识别。

再次，APP结合光猫类型展示对应的3D模型，并展示对应指示灯状态，同时用户可以调整灯状态直至与现场一致。

最后，系统根据光猫故障提供排障操作指引，并结合语音、动画进行解说。

在后台技术上，系统基于AI图像识别技术，由智能算法定位问题、直接给出问题处理操作指引，降低后台人工干预的成本。

系统的现场故障识别准确率为90%。自助排障成功率从40%上升为75%。

市场应用情况

自系统上线后，用户自助排障步骤从原来的7步缩短为3步，简化用户现场故障信息收集操作。用户在手机上扫一扫，系统在3~8s内自动定位光猫故障，并给出可视的操作指引，引导客户自助排障。

该系统上线后应用效果突出，获“移动集团服务管理最佳实践评比一等奖”。

专家点评

该系统通过人工智能结合增强现实技术给用户提供了高效率、优质体验的排障工具。该产品已正式投入生产使用，应用效果突出，减少了用户自助排障步骤，增强了用户排障过程的参与感，为移动推广家庭宽带业务提供有力抓手。

——徐睿

中国移动广东公司人工智能能力支撑中心主任

智能家庭宽带业务运营产品

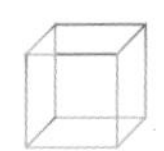

中移（杭州）信息技术有限公司

智能产品领域>智能家居产品

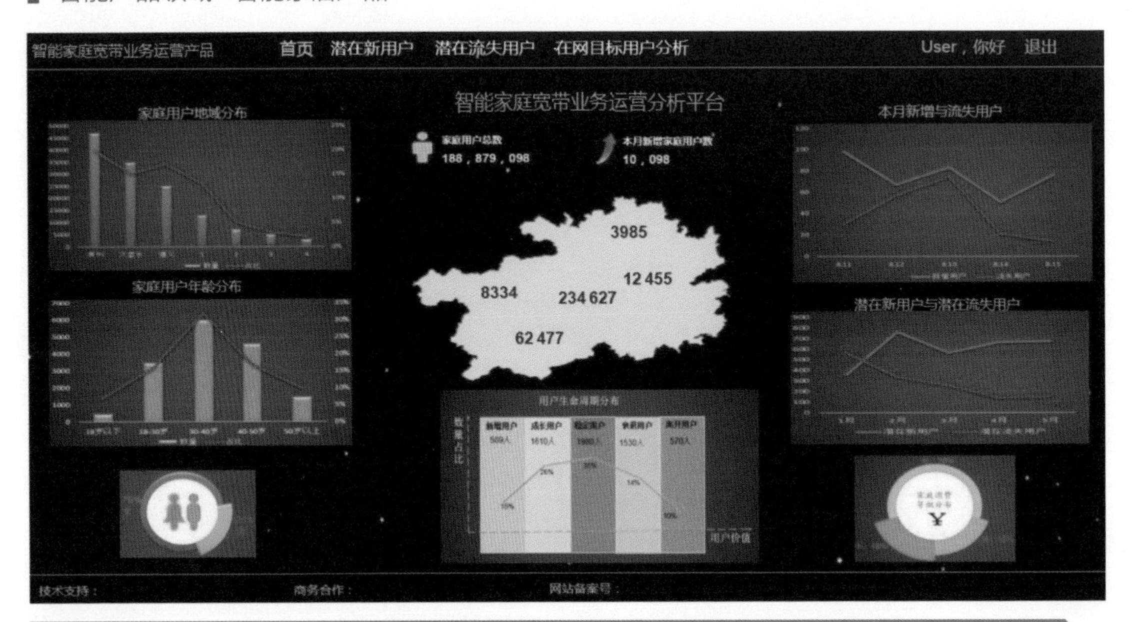

什么是智能家庭宽带业务运营产品

智能家庭宽带业务运营产品依托大数据平台，融合BOSS/CRM、统一DPI平台、网管/资管、客服投诉等多域多维数据，结合数据挖掘、深度学习及人工智能等大数据建模技术，提供潜在家庭宽带用户识别、家庭群组智能识别及家庭宽带流失智能预警等多种标准化大数据应用服务，支撑宽带新增挖掘、价值提升和存量保有的家庭宽带用户全生命周期管理，助力家庭宽带业务实现精细化、智能化运营。

技术突破

系统根据异网通话、异网客服行为等信息识别异网宽带用户，在用户获取阶段助力异网宽带用户转网活动营销。异网宽带识别模型可以筛选全网已办理宽带和未办理宽带用户作为训练样本，从基本属性、流量特征、终端信息、业务行为、异网接触等维度构建异网宽带识别指标。系统通过指标相关分析、变量重要性算法筛选特征指标，利用逻辑回归、决策树算法进行模型训练，得到潜在宽带用户识别规则。在识别潜在宽带用户的基础上，该产品通过异网客服接触、异网官网接触等行为，实现了异网宽带用户识别，当前模型预测精度达到78%。

潜在宽带需求用户识别模型主要识别有宽带需求但无宽带的移动手机用户，可以实现潜在用户精准识别及营销。该模型根据潜在宽带需求用户夜间手机流量需求度高、居住地稳定性高、有一定的消费能力等特征确定核心分析指标，利用KMEANS等聚类算法实现潜在宽带需求用户聚类及自动发

现，目前模型预测精度达到88%。

家庭群组识别模型，根据通信行为、位置信息等识别潜在家庭关系成员，建立家庭用户视图，为以家庭为单位的营销运营、客户服务等提供支撑。家庭群组包括物理地址相同的物理家庭群组、订购家庭业务或连续发生代缴等行为的业务家庭群组及利用家庭群组识别模型识别的挖掘类家庭群组。

家庭群组识别模型以已知物理家庭群组和业务家庭群组作为训练数据，基于语音通信交往圈构建用户交往对的数据，构建交往对的通话行为、位置重合度等大量可表征家庭用户关系的指标，通过熵权法、决策树等机器学习与人工智能算法，对不同移动通信用户的行为特征归纳及分类，找出家庭用户的消费特征、行为规律以及各因素间的关联关系，通过模型得到家庭群组识别规则输出潜在家庭用户对。当前家庭群组识别模型基于40万样本进行训练后，模型精度可达83.7%。

家庭宽带流失预警模型针对宽带用户情况来预测用户流失风险进行流失预警，为高风险流失用户维系及挽留提供决策支撑。家庭宽带流失预警模型选取离网用户训练样本，利用离网前3个月数据预测训练形成流失预警规则，预测用户流失概率及风险等级。该模型从用户基本信息、宽带业务信息、消费行为信息、通信行为信息这几个维度构建大量流失预警指标，通过随机森林等分类算法训练流失预警模型并输出用户流失预警规则，输出高风险流失用户名单用于维系挽留活动，目前家庭宽带流失预警模型精度可达71%。

智能化设计程度

该产品服务于家庭宽带业务运营的全生命周期，具有较高的智能化程度及多重数据安全保护策略保障数据安全性。

该产品具有较高的智能化及自动化程度，通过输出模型识别的潜在宽带用户清单、高风险流失用户清单、家庭群组用户清单，可实现用户拉新、防流失等智能化运营，有效降低运营成本，最终实现整体运营效率的提升。

该产品具有较高的安全性，产品实施遵循数据中心和DMP平台的数据安全规则，所有数据处理均在数据中心进行，不直接输出用户手机号码，保证用户信息的安全性。

市场应用情况

当前，智能家庭宽带业务运营产品已在贵州移动、重庆移动等合作伙伴进行了落地部署和应用，也与山东移动、海南移动等公司初步达成了合作意向。落地省移动公司已基本完成家庭群组识别模型等4个核心模型部署及效果验证。产品落地后帮助客户识别大量潜在家宽用户、家庭群组、高流失风险用户，极大提升了家庭宽带运营效率，为客户带来可观经济收益并获得客户认可。

专家点评

数字化时代给业务运营理念和运营手段带来新的挑战，如何利用大数据和人工智能技术提升运营效率并降低运营成本是关键。智能家庭宽带业务运营产品利用大数据挖掘、人工智能等大数据建模技术构建异网宽带用户识别模型、潜在宽带需求用户识别模型、家庭群组识别模型、家宽流失预警模型等智能业务运营模型为当前家庭宽带业务数字化、精细化运营提供了高效、智能、精准的运营支撑。产品核心模型精度均在70%以上，较传统经验式运营，显著提升了家庭宽带业务运营效率和质量。这款智能家庭宽带业务运营产品同样也可以应用于4G用户、摄像头、相册等智能家居业务，为此类家庭业务用户的潜在用户挖掘、活跃度提升、高价值用户保有、预警防流失以及用户价值提升提供智能数据化支撑服务。

——郭建军　中国移动杭州研发中心
开放平台产品部副总经理

小雅AI音箱

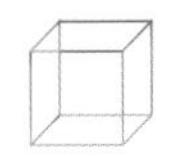

喜马拉雅

智能产品领域>智能音箱

什么是小雅AI音箱

小雅AI音箱是喜马拉雅公司基于人工智能技术推出的一款智能音箱产品。喜马拉雅充分将技术优势和内容优势相结合，将产品技术内核注入海量丰富的内容，通过语音识别技术，让人们实现‘随时随地，听我想听’的愿望。用户通过语音对话即可使用小雅AI音箱，除了能够收听喜欢的喜马拉雅有声内容外，还可以通过语音实现聊天交流、查天气、定闹钟的功能。

技术突破

小雅AI音箱是目前市面上唯一的一款可以做到断点续播的智能音箱，它能记录用户在任何一台设备上的收听记录。

基于喜马拉雅FM对平台内80%的内容进行深度语音校验的优势，小雅AI音箱的高频内容用户真实点播准确率超过90%。

■ 话筒阵列

小雅AI音箱采用高清硅麦阵列，6+1环形麦分布。包含回声消除、声源定位、波束成型、语音增强、自动增益控制等功能，支持5m远场交互。

■ 语音唤醒

小雅AI音箱的唤醒词为“小雅小雅”，在收到唤醒词后，她会立刻回复，就像真正的对话。音箱唤醒率达到95%以上，在98dB以上大噪声环境中可以正常唤醒，家庭日常环境误唤醒小于两天一次。

■ 语音识别

小雅AI音箱采用多层单向LSTM上下文无关音节建模，识别和NLP围绕音频内容深度定制。

■ 语音合成

该系统可以将文字信息转化为声音信息，即让机器像人一样开口说话。小雅AI音箱的声音是年轻的女声，表现情感丰富，重音层次分明，具备中英文无缝流畅表达能力，同时支持多种明星声音定制。

■ 语义理解

基于深度学习的自然语言理解技术，该产品核心领域的准确率达90%以上，支持多达20个垂直领域的精准语义解析，可进行新领域快速扩展。

■ 语音交互

首创多种自然拟人的交互方式，人与机器沟通更自然。同时，音箱还支持说话中有停顿犹豫，内容支持中英文穿插点播。

■ 大数据分析

音箱内置系统对用户大数据进行过分析，例如，可以记录其关注的类型偏好、收听行为、收听习惯等，能及时掌握用户对系统的反馈。同时，系统会收集用户语音交互数据，以便系统能够自我不断学习和理解用户。

智能化设计程度

小雅AI音箱顶部设有暂停/继续播放按钮，周围的圆盘可以旋转调节音量。音箱整体采用喷砂阳极氧化工艺，耐脏不留指纹，为操作提供充足摩擦力，让用户的每次操控都轻松方便。

小雅AI音箱还能够自主学习，对海量用户的数据进行打磨，利用音频内容算法，根据“猜你喜欢”及“订阅更新”，智能推送内容，为用户提供精准化智能推荐。

■ 有声内容

小雅AI音箱已全面对接喜马拉雅FM超过1亿条的音频，曲库丰富。

■ 生活服务

系统可以满足更日常化的资讯需求，如语音实时查询国内任意地点7天内天气，随时随地预定各个时间点的闹钟，语音查询快递等。用户还可让

小雅作为备忘录，提醒自己容易忘记的事情。比如家中老人时常忘记关闭煤气，这样极易造成安全隐患，这种情况下，用户也可让小雅定时提醒家中老人。

■ 情感陪聊

小雅的“智力”相当于5岁的儿童，可以实现拟人化的语音交流对话。基于自然的声线、庞大的语音预料数据库基础，小雅AI音箱特别为老年人、小孩提供带有真实情感的拟人化交流服务，小雅就像朋友、家人，为他们带去精神慰藉。

■ 智能家居

小雅可作为家庭的语音“遥控器”，让用户通过语音控制智能家电。利用小雅AI音箱，用户可实现对美的智能家电进行语音控制，如“打开空调”“将空调调到26℃”等。

市场应用情况

喜马拉雅公司在平台网页端、APP端、微信端、淘宝、天猫、京东设有网上商城，线上销售。小雅AI音箱于2017年6月20日正式发布，至今已销售近20万台。

小雅AI音箱已作为在京举办的“首届互联网残疾人主播培训”的硬件设备投入使用。对于特殊人群，小雅可成为他们排忧解闷、了解世界的一个特殊工具。

小雅平台内拥有丰富海量的内容，包括英语教学、励志故事、古典文化等优质教育类内容，可辅助学校教学，帮助学生轻松学习，省眼护眼。

专家点评

喜马拉雅之所以要做小雅AI音箱，并不是为了抢占所谓的智能家居入口，而是为了更好地为用户提供服务，通过音箱延长用户在喜马拉雅主站的在线时长。小雅的生命力，同样也在于喜马拉雅将自己的用户行为数据的实体化。小雅AI音箱承载着的，是一个更“懒”的世界，一个沟通更简单，效率与优雅并存的世界。

——李海波

喜马拉雅智能硬件事业部总经理

佰聆数据智能客服

佰聆数据

智能产品领域 > 智能客服

什么是佰聆数据智能客服

佰聆数据智能客服产品以自然语言处理（NLP）技术为核心，融合了机器学习、特征工程、文本挖掘、知识图谱等多类学科的先进技术，并结合佰聆数据在不同行业大型客服中心的分析应用经验，为企业级客户提供全流程客服智能应用和管理系统。

该产品具备全渠道服务接入能力，提供智能知识管理、智能人机交互、智能服务洞察、智能服务管理的应用功能，帮助企业快速建立起智能化服务体系。

技术突破

产品底层拥有成熟的自然语言处理引擎，算法成熟。系统同时具备丰富的通用词典和行业词典积累，能有效解决不同行业和业务领域的文本语法分析、词法分析，更加贴合行业应用。

产品封装集成了大量常用的机器学习算法，包括朴素贝叶斯、逻辑回归、支持向量机（SVM）、随机森林、K最近邻（KNN）等算法。

系统集成了深度学习算法，在智能质检等相关应用模块中使用循环神经网络（RNN）和卷积神经网络（CNN）算法，从海量文本数据中提取潜在特征，并据此构建模型，实现目标信息的识别和提取。

佰聆数据智能客服产品在融合了各类成熟、先进技术和算法的基础上，通过自身专业的技术团队不断创新和优化，并且获得了相关的技术知识专利。

系统拥有多层级推荐判别功能，具有执行问题分类机制，能针对不同问题类型制定分类处理策略，解决各类复杂问题，提高答案推荐的准确性。

知识矩阵运算基于SVD（Singular Value Decomposition）的原理，创建知识矩阵优化算法。将此技术应用于系统能有效提高运算效率，提高智能问答等应用场景中的服务能力。

在人机交互过程中，系统可自动对问题进行句子成分构造分析，判断句子的缺省成分，再结合上下文进行语义识别技术，确认用户的真实意图后再对句子进行重构，提供正确回复。

系统优化了传统IDF算法，引入最近词频因子进行关键字权重计算校正，提高问答推荐准确率。

产品采用多环境、高并发、高可用分布式架构支持企业的环境，并支持实时在线文本数据、离线文本数据的自动识别、处理和分析功能。

智能化设计程度

佰聆数据智能客服产品拥有完整的智能客服应用管理功能。从服务接入到底层基础知识构建和管理，到面向客户端的交互应用，再到后台的服务管理，产品都能提供完整的解决方案。

■ 服务接入方面：产品支持多渠道客服数据接入（微信、APP、热线等），提供不同类型的数据接口，支持数据实时采集和离线批量导入，针对文本和语音源数据提供数据解析能力。

■ 智能知识管理方面：系统提供知识提炼发现、知识关联图谱、智能知识推荐、智能搜索等相关知识管理功能。

■ 智能交互方面：产品可分别提供人机交互问答机器人以及辅助座席问答功能，并提供精准语义理解、话术引导、服务预测、智能推荐等功能。

■ 智能服务洞察方面：在问答过程或后续分析中，系统可以对客户的情绪、意图等进行智能识别，为客服提供自动预警或服务推荐。

■ 智能服务管理方面：系统提供智能工单管理（智能工单分类、内容提取、派单等）、智能服务质检等智能服务管理功能。

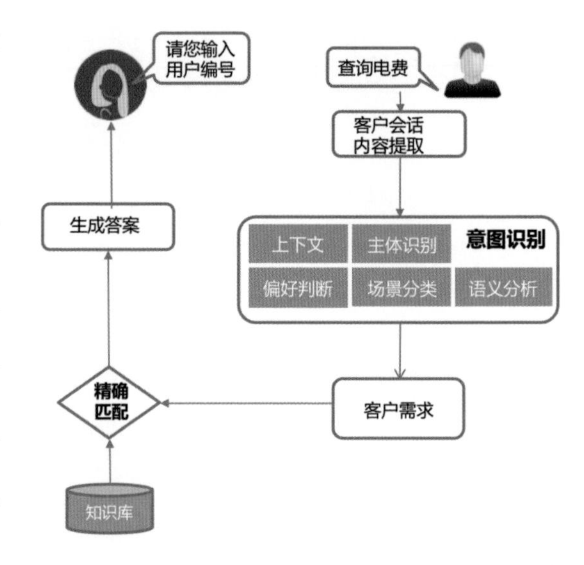

市场应用情况

佰聆数据智能客服产品已帮助通信、电网、零售等领域的企业客户，在智能知识库构建、服务营销话术智能提取、基于情感的服务短板识别、辅助应答（机器人）、垃圾短信识别、服务工单智能归档、智能服务质检、合规风险侦测等众多创新应用领域取得良好的应用成效。

“晓聆”是佰聆数据智能客服产品体系中用于智能人机交互的系统，可以解决企业级的业务咨询、业务任务处理等智能问答问题。“晓聆”目前已经应用于佰聆数据自身的内外部工作，包括对外的企业问题咨询，以及对内的订餐、会议室预定等企业内部日常工作。

某通信行业客服中心，现有的在线客服应答系统不能对客户的问题进行自动化识别和标准化处理，导致在线客服人员无法快速、精准地在知识库中选择答案。随着在线服务量不断增多，客服人员的服务效率亟待提升。佰聆数据设计并开发了适应其业务流程的推荐算法体系，有效提高了推荐的准确率，自动为在线客服推荐最优答案。并通过持续不断的自学习机制，实现系统的自我完善，提高问答准确率和服务效率。经实际测试验证，答案整体推荐准确率接近90%。

某省电力公司生产领域积累了丰富的知识资料，知识点涉及范围广，但这些材料没有进行统一的管理。因此，佰聆数据基于智能客服产品以及技术积累，融合了机器学习方式，为该电力公司快速梳理整套运检知识体系，并建立起智能知识库，为其提供基于垂直搜索以及人机交互等不同方式的知识应用系统。

某健康产业公司为了更好地洞悉客户意图，期望能从其积累的海量会话数据提炼优秀的话术并予以推广，促进营销效果的提升。产品基于佰聆数据智能客服产品，实现对优秀客服人员的话术特征进行自动识别和提炼，并结合客户标签和优秀话术进行关联和推荐。

某通信客服中心拥有超过万个客服座席，对服务质量的管控环节非常重视。为了解决过往依托人工抽检的服务质检方式所带来的耗时、费力，质检效率和抽检覆盖面低等问题，佰聆数据基于智能客服产品为其提供了智能服务质检系统，在正确识别客户意图的基础上，对客服人员的服务规范进行检测。质检内容覆盖了服务禁语检测、未经客户办理检测、服务态度、服务意愿等多项内容，实现了对服务内容的智能化质量检查。该通信客服中心通过智能服务质检系统，实现质检覆盖率100%，问题发现量是人工的十几倍。

专家点评

佰聆数据智能客服产品提供相对比较完整的智能客服应用体系，把服务管理中面向客户和面向客服的前后端应用均作了智能化改造，可以有效地提高企业的服务效能，并且产品在企业中，尤其是大型企业中，已经具备了一定的案例经验积累，具有较好的业务可用性，更加贴近实际的业务需求。

——何慧　佰聆数据高级咨询顾问

达观数据智能客服系统

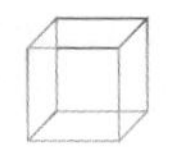

达观数据

智能产品领域＞智能客服

什么是达观数据智能客服系统

达观数据智能客服系统，是一款人工智能自助问答客户服务平台。该平台在满足基本的问答功能以外，还利用自有的文本挖掘技术，开发出一套独特的集合搜索、管理和统计采集评估系统。

系统能让用户提出的问题通过智能客服系统自助得到解决，降低人工客服的成本，提升客户问题处理效率。同时，搜集到的用户反馈数据，将作为用户的一手意见资料，可用于企业产品和技术的升级。

技术突破

产品拥有机器理解、机器学习的亮点技术。机器理解包括流程引导、自然语言解析、语音识别。机器学习包括优化意图识别、优化答案匹配、自动生成语料。

达观数据智能客服系统由以下核心功能系统组成。

■ 问题搜索与智能应答系统：实现用户问题和答案的精准匹配。

■ QueryAnalysis查询分析系统：实现多粒度分词、多歧义分词、运营商BG客户服务的专业词分析、词汇间紧密度分析（Offset）、词汇重要性分析、同义近义词分析、拼写纠错分析、拼音转写词分析、高频词动态省略分析、需求词识别、相关搜索词、直达搜索词识别。

■ 索引模块：对问题和答案的内容进行索引，对机器学习排序特征进行索引，支持对问题和答案的全量索引和实时增量索引，基于索引进行查询问题与索引库的快速匹配查找。

■ 问题与答案理解模块：对问题与答案进行基于主题模型的分类提取，对问题与答案的内容进行语义归一化、问题与答案质量分计算。

■ 问题与答案匹配排序模块：Search Leaf模块、Search Root模块、人工干预排序。

■ 用户行为采集与效果统计分析系统：实时采集用户的搜索与点击行为，基于搜索与点击行为数据进行多种搜索指标统计分析。

▶ 实时采集用户的搜索与点击行为，基于搜索与点击行为数据进行多种搜索指标（搜索数、点击数、点击率、无结果数、热门搜索问题等）天级、小时级的统计分析。

▶ 进行用户搜索行为的统计分析，以及热搜问题与答案的统计，包括总体统计、不同终端统计（PC和微信端），对问题、对答案的点击率分析。进行搜索效果评估、准确率计算、转人工率分析。

■ 搜索配置管理系统：为企业相关部门提供自主化管理和运营平台，运营人员可以进行违禁词的设置、人工干预排序设置、Badcase管理与自动反馈。

■ 离线挖掘系统：建立丰富的企业语料库，同时挖掘行业知识图谱，并将知识图谱应用到问题搜索和智能应答系统中。

产品的服务方式有SaaS公有云服务、本地私有云服务两种：

■ SaaS公有云服务：平台部署在公有云，用户调用接口，费用相对低廉、部署周期短，比较适合中小型企业。

■ 本地私有云服务：全套系统部署在用户自有的服务器上，达观数据提供技术团队完成本地化部署。优点是私密性好，适合对文档数据相当敏感的大型企业。

智能化设计程度

达观数据智能客服系统克服了传统智能客服的几大功能缺陷，让更多的用户问题通过智能客服系统自助得到解决，通过配置管理系统帮助企业实现一定程度的自主化管理和运营。

与传统智能客服系统相比，达观数据智能客服系统拥有以下智能化特征：

■ 深入的语义理解能力

市面上大部分传统的智能客服系统存在两大问题：纯文字匹配难以召回用户满意的结果；同一问题不同提问方式无法进行核心内容的语义识别。而达观数据智能客服系统通过对问题与答案内容进行语义层面的理解，提取到核心关键词，实现语义归一化，从而获取用户真正的问题意图。

■ 系统性能好，能够满足高并发需求

市面上大部分传统的智能客服系统在性能方面存在两大限制：存在大量的召回答案重复的情况；高并发访问时系统的性能存在瓶颈。而本客服系统对答案进行排序，引入质量分的概念，用于度量答案的好坏程度，作为排序的重要特征，从而提高客服系

统回答问题的准确率。此外，本系统的实时交互响应时间较快，可减少用户流失。

■ 拥有自动化效果评估与客户问题反馈优化机制

当前市面上大部分智能客服系统存在两大缺陷：缺少自动化的问答效果评估机制，导致评估结果不够客观；缺少对客户的反馈进行系统自动优化机制。而本系统的自动化效果评估机制可以对问答效果的持续优化提供重要指导，客服系统的匹配和排序逻辑可基于客户问题的反馈进行自动调整优化。

市场应用情况

2017年12月，产品已开始投入量产。目前正在将该系统推广至电商、传统大型企业、汽车等多领域的行业应用。产品已服务过的大型客户包括华为、迪卡侬、上汽、车享家等国内外知名大型企业。

■ 华为智能客服系统

经过达观数据人工智能技术的支持，华为客服系统的人工处理转换率，由之前的21%降低到了9%。每年可减少招募初级客服岗位5席，节省的预算开支在每年50万元左右。同时，客服部门通过二次营销、高价值用户持续跟踪等创新手段，使得原先传统意义上的后端部门发挥出了前端部门的业务能力，年度为企业增收200余万元。

■ 迪卡侬智能客服系统

迪卡侬提供Excel的问题和答案库，接入达观数据智能客服系统之后，一周即提升了效果，初步效果的准确率超过80%，1个月内正式上线运行。迪卡侬项目负责人表示，达观数据智能客服系统已经相当成熟，POC很方便，只需要提供素材，调优后准确率就达到了应用要求，本地化部署的速度也很快。

■ 上汽车享家智能客服系统

达观数据智能客服系统满足了车享家语音转译的文本搜索需求，强大的自动纠错功能和语义分析能力帮助车享家减少人工转换率，返回答案精度高达90%以上。

专家点评

达观数据智能客服系统克服了传统智能客服的几大功能缺陷，让更多的用户问题通过智能客服系统自助得到解决，通过配置管理系统帮助企业实现一定程度的自主化管理和运营。众多知名企业使用了达观的文本挖掘技术服务，所开发的智能客服系统更是被各行业顶尖企业，例如华为所采用。该系统代替人工完成客服工作，节省人力成本的开支，使得原先传统意义上的后端部门发挥出了前端部门的业务能力。

——贯学锋　达观数据产品副总裁

和娃大脑

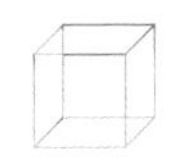

中国移动天津公司

智能产品领域>智能客服

什么是和娃大脑

和娃大脑是一款基于大数据技术的智能服务预测系统，旨在帮助移动用户快速、灵活、方便地获得服务。

技术突破

天津移动在客户服务领域引入大数据和人工智能技术，建立了面向服务规则制定的“和娃大脑”智能服务预测系统，以实现预测服务方式的互联网化服务，深挖运营商海量客户数据，继续扩展大数据应用范围。

系统引入机器学习DNN网络技术，将预测服务的模型、算法、规则、服务起因、解决方案固化到大数据平台内部，实现客户服务规则的自我学习、模型自动优化、潜在特征挖掘。以机器学习代替人工经验判断，在精准营销领域帮助企业进行复杂规则制定，在客服领域辅助企业完成客户潜在意图挖掘，最终达到最佳的客户服务营销感知。

首先，系统将各类服务起因，如扣费提醒、业务清单、网络信令、业务办理及取消等数据作为模型输入，通过聚类算法，找到特征关系非常明确的类别，确定服务场景。

其次，系统将用户的历史服务请求和相应业务记录作为样本集合，通过神经网络训练，得到场景的识别概率，识别概率决定了场景的推送优先级。

最后，系统部署模型，将所需的静态分析数据提前进行分析准备，而动态数据通过流处理实时接入。作为触发条件，用户接入“和娃大脑”后，系统进行实时判定，通过识别概率找到用户最匹配的场景，并将解决方案主动推送至用户。

智能化设计程度

在互联网客户服务平台“和娃”界面的“猜你喜欢”功能中，系统可以迅速通过接口调取BOSS/CRM客户资料、账详单、实时结余、业务办理、服务请求、投诉工单和不良信息举报记录等信息，利用企业级大数据平台进行数据挖掘，关联互联网知识库，以文字加图片的方式在互联网客户端推送TOP服务信息，包括流量提醒、投诉安抚、营销推荐、业务办理等内容，实现客户服务需求的预测识别，引导客户完成自助服务。

比如，系统检测到手持4G终端但没有装配4G卡的客户，可以关联用户的位置信息，主动推送支持更换4G卡的最近营业厅地址。又如，针对一分钟内多次出现开机关机的客户，系统会将之判断为手机终端异常重启的用户，然后根据其手机品牌主动为客户推送维修方案。再如，48小时内进行过投诉的客户，系统可以主动告知投诉处理进度和预计解决时间。

本产品获得天津市科技成果转化中心的“国内领先”评价，获得2016年天津移动技术创新一等奖，且获推荐参加了2017年天津市科技进步奖评选。

市场应用情况

目前，“和娃大脑”系统已应用在天津移动网厅、10086微信营业厅、天津移动APP渠道，承担互联网化服务工作满1年。

客户通过网上营业厅或者10086微信营业厅接入系统后，系统自动关联查询数据。其中，账单和实时话费查询的客户诉求占比最高，高达40%。系统会判断用户是否有在不知情的情况下定制的数据业务，能够主动为客户推送账单和实时余额，并人性化地给出0000统一查询退订方式。

专家点评

“和娃大脑”是一款基于大数据技术的智能客户服务软件，通过引入DNN网络技术，将预测服务的模型、算法、规则、服务起因、解决方案固化到大数据Pass平台内部，实现客户服务规则的自我学习、模型自动优化、潜在特征挖掘，提升了企业的运营效益。自系统上线后，客户满意度从89%上升到了96%，投诉率降低了15%，智能服务在总体服务工作中的占比达到40%，客户感知良好，也降低了企业运营成本，具有优秀的实用意义。

——邵秀丽

南开大学计算机科学与技术专业教授

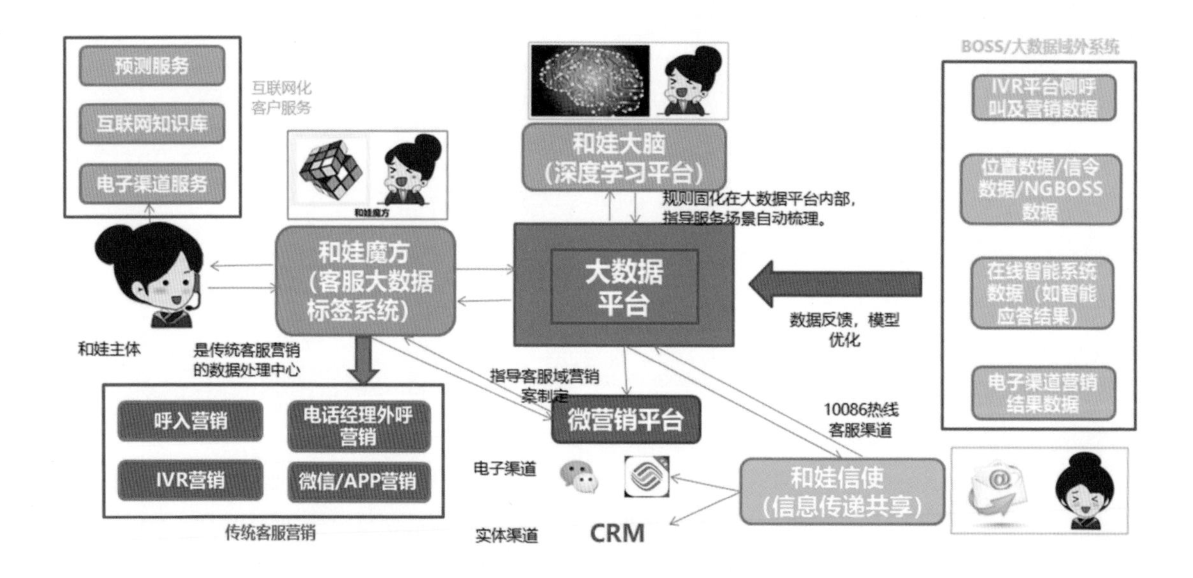

乐语助人

乐言科技

智能产品领域>智能客服

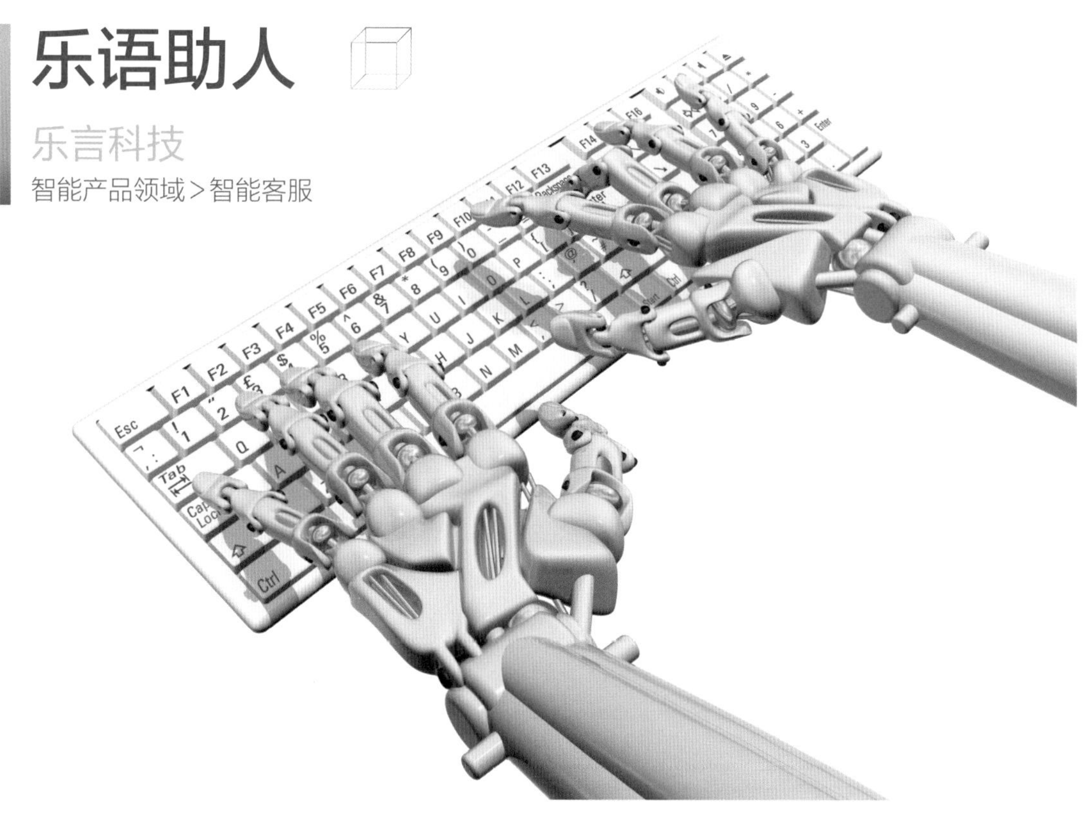

什么是乐语助人

乐语助人是基于人工智能的客服机器人，利用自然语言处理技术，识别电商买家的意图（如产品咨询、活动咨询、售后处理等），自动完成客户服务，为卖家节省人力物力，提升与客户的沟通效率与接待能力。

产品主要分为客户端和服务端。客户端负责收集买家咨询内容，判断场景，给出答案。服务端负责买家意图识别、业务逻辑判断、信息查询以及答案的筛选。同时，后端还支持卖家配置多样化的预设答案，以提供给买家更精准、更个性的回复，提升用户体验和订单转化率。

技术突破

系统拥有5大平台技术。

■ 知识图谱

系统建设了行业知识图谱构建平台，涵盖知识建模、多源知识获取、知识融合、知识存储和知识计算等，为上层面向特定领域的语言理解、认知计算和对话机器人提供行业知识库。

■ 语言认知

系统研发了面向特定领域的语言理解技术，包括高精度的领域识别、领域内意图识别、情感识

别、分词、语言模型、领域词向量和句向量表示及语义相似度计算等。

■ 结构学习

产品研发了面向结构的机器学习技术，提供细粒度实体识别与链接，基于领域本体的关系与事件抽取，及面向知识问答的语义角色标注服务。

■ 深度问答

面向行业知识库的深度问答引擎，融合了基于模板、语义解析、信息检索和端到端深度学习等主流技术。针对行业复杂化信息需求，系统可以提供精准的问句解析和完备的答案回复。

■ 智能聊天

面向任务对话的智能聊天引擎提供领域任务对话流程的定制、推荐和完善服务，综合考虑用户画像、领域知识和对话上下文的对话状态跟踪，保证话题切换流畅，并根据用户反馈使用强化学习技术进行对话动作输出预测。

目前，系统的客户端在线率达到99%，买家请求处理峰值达到每秒（QPS）1000次，识别准确率为98%，系统运行稳定性为95%。

智能化设计程度

■ 全栈式领域知识图谱精益构建

该系统紧密围绕知识表示与领域建模，进行多策略知识抽取，完成多源知识融合，形成海量知识存储和知识计算工程的全生命周期，可以被快速开发构建并持续扩展，易于移植到各领域的知识图谱管理套装中。

■ 高精度的语言理解与认知计算

本产品以垂直领域的知识图谱为基础，结合面向结构的机器学习技术，提供高精度的领域识别、领域内的意图识别、细粒度实体识别与链接、面向领域的关系与事件识别、问句语义解析和情感分析等语言认知技术核心算法和相关服务化组件。

■ 自学习的多轮对话管理

垂直领域的业务场景通常涉及复杂的业务流程。该产品将服务计算与知识图谱相结合，进行统一表示和管理，开发出高度泛化、容易移植且不断优化的对话引擎，实现高效的对话状态跟踪和动作输出功能，支持用户、服务和各种行业知识的有机融合。

■ 动态演化的资源模型统一利用

为了支持领域智能应用的快速构建和持续优化，减少用户对人工标注的依赖，该产品利用知识图谱自动生成海量弱标注数据，通过主动学习和众包技术来实现标注分配和质量控制，使用单语机器翻译和语义相似度匹配技术来生成更多标注。围绕不良用例的反馈，系统可快速匹配相关用例，从而实现泛化，并支持模型的增量式学习。

市场应用情况

该产品合作客户已经超过1000家，日均服务顾客超过100万人次，识别准确率达到98%以上，电商人均接待顾客人数提高50%以上。

专家点评

电商往往面临客服成本高的难题，流量高峰时，回复不及时、订单流失率高、客户体验差等问题困扰着他们。大量非标品面临售前咨询，而非标长尾问题多，难以形成自动回复。

相比于传统智能客服产品，乐语助人平台保证领域知识的智能构建和易迁移性，认知理解精准度高，可以提供深度问答，进行智能聊天。

除此之外，乐语助人平台背后的技术还可支撑金融、法律和政务等领域应用，从而实现辅助甚至替代各行各业认知工作者的愿景。

——王昊奋

CCF YOCSEF上海主席、zhishi.me创建人

网易智能客服机器人

网易

智能产品领域 > 智能客服

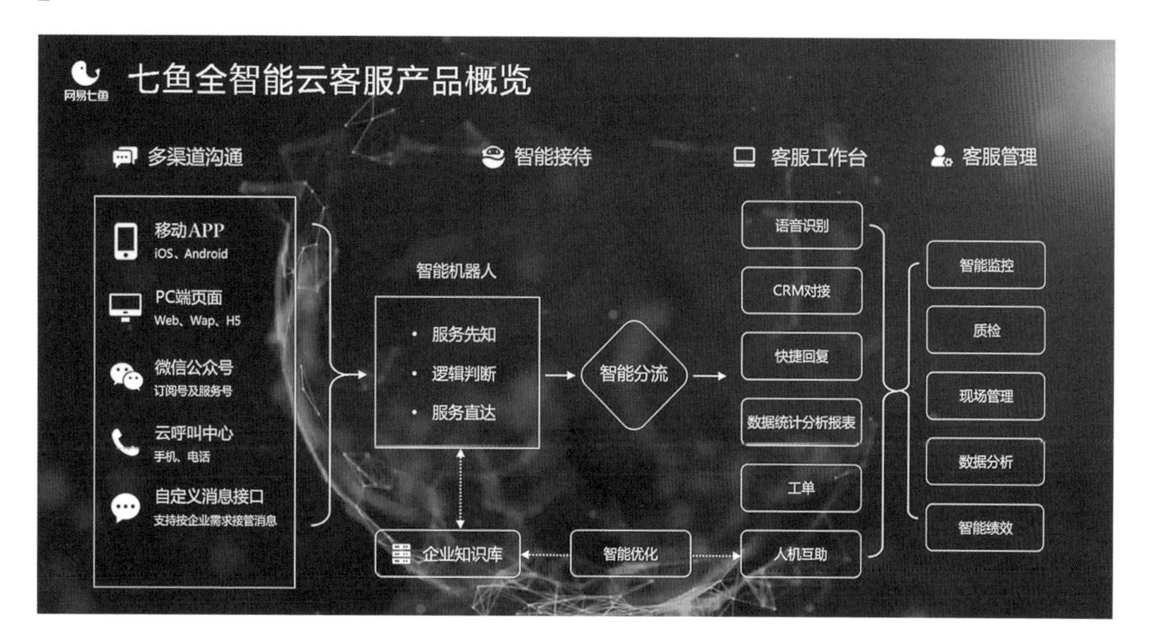

什么是网易智能客服机器人

网易智能客服机器人采用深度学习技术，是一款以网易人工智能“波特”自然语义处理平台为基础的客服系统，通过网易七鱼运用于商业中。网易七鱼是网易战略级SaaS产品，是专注于为企业打造全新服务体系的全智能云客服专家。系统可以快速精确地回复客户的问题，与人工客服实现人机互助模式。

技术突破

系统将网易自主研发的深度模型应用于语义挖掘、语音识别，针对不同业务场景定制、调优深度模型。系统的语义理解程度高，能回答近九成的简单问题。系统不但能回答FAQ式问题，还能通过人工智能记录用户行为，根据用户画像预测用户问题，引导用户在人机咨询中自助解决问题。

通过服务先知、逻辑识别、服务直达等功能，系统以一触即达的方式解决问题，可以帮助用户将宝贵的人力投入到更有价值的生产环节。

■ 服务先知

服务先知指的是，智能机器人可以根据用户的行为属性、浏览路径等信息综合预判用户可能会咨询的问题，并根据需求做出相应回应。例如，用户申请售后咨询，智能机器人发现用户是从待收货页面进入咨询的，便会智能推荐与订单相关的问题。在这个阶段，机器人做到了主动提问，可以帮助企业将问题解决率提升50%~80%。

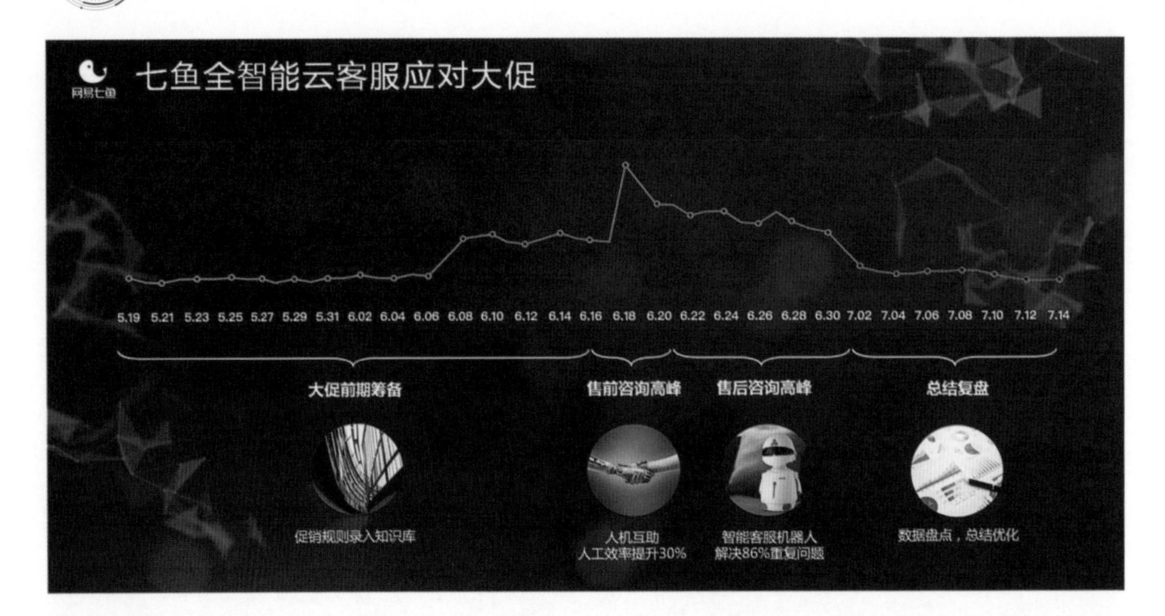

■ 逻辑识别

根据上下文对词性语义、情绪内涵进行判断，系统可以对用户问题进行意图解析，然后根据企业提前梳理的业务逻辑，和用户进行多轮交互会话，引导用户逐步解决问题。

■ 服务直达

通过调用不同服务接口，系统可以在复杂客服问题逻辑分支中自由切换，在单一人机对话窗口中用最简化的点击，一次性解决复杂问题。其数据接口还可以对接人脸识别、数据分析等技术插件，感知层面也会从售后延展到售前。

这些创新功能主要依赖于以下几项核心技术：

■ 大数据驱动的语义理解技术

▶ 面向领域增强的语义理解技术

针对智能对话场景，系统研究基于深度学习的用户意图识别技术，将用户输入的问句，定位到领域中的特定意图。面向特定领域，系统应用高准确率的实体抽取技术，识别用户问句中涉及的实体信息，精准、完整地捕捉用户语义、理解用户自然语言输入，并将其转换为结构化的数据表示方式。

▶ 基于图模型的领域知识表达及构建技术

网易研究基于图模型的领域知识点以及知识点之间关系的表达和构建技术，形成面向特定领域的对话知识图谱，完成知识图谱在智能对话中的应用。同时应用领域对话流程表达技术，并在此基础上开发智能对话决策技术。

■ 基于复杂会话需求的交互表达技术

▶ 面向静态会话的交互表达技术

针对用户和机器人之间静态类型的会话需求，系统应用机器人富文本消息的可视化配置技术，支持多种富文本的组件及复合模板消息，使用户可以快速、直观地实现多样化配置。

▶ 面向动态会话的交互表达技术

针对用户复杂的动态会话需求，系统能够抽象出信息收集、业务逻辑实现、动态接口调用等代表性场景。针对这些场景，系统创新性地设计了对应的交互表达技术，从而使用户以一种所见即所得的方式，实现复杂业务交互逻辑的可视化配置。

■ 针对呼叫中心场景的语音识别技术

系统支持文件和流式语音识别，实现了背景噪声或背景乐较强环境下的语音识别，并将之应用于客服业务场景，形成针对特定领域的快速优化手段。

智能化设计程度

网易智能客服机器人应用深度学习、神经网络、模式识别等关键技术，智能化水准高，维护成本低。

智能客服机器人响应时间≤1s，智能客服机器人语义判断准确性≥95%，语音识别准确率≥95%。

该系统在安全方面表现出色，系统使用安全链接，并进行租户数据隔离，所有用户信息均不经过七鱼服务器传输，也不由七鱼服务器存储，而是直接由企业提供的数据接口返回数据，显示在客服工作台终端，以此保障数据安全私密，无外泄风险。

协议层采用独立加密算法，全程支持SSL加密安全链接，保障数据在Internet上传输的安全性，利用数据加密（Encryption）技术，确保数据在网络上的传输过程中不会被截取及窃听。在通信协议方面，系统设计了高级别独立加密算法，确保协议安全可靠。

该系统与内部系统对接接口具有可靠的加密及鉴权机制，内部数据不外传流转。系统具有DDoS防御能力，有流量清洗设备，可抵御≥100Gbit/s的非法流量攻击，支持4~7层防护。系统还具有信息反垃圾能力，包括但不限于反动、暴恐、色情、粗鲁等信息，反垃圾准确率≥90%。

系统提供银行级别的用户敏感信息安全验证机制。所有敏感信息在用户端通过安全控件输入，并直接提交给后端企业接口进行验证、核对。后端客服人员不会接触用户的敏感信息，只会收到身份验证的结果，网易七鱼服务器也不会记录此类敏感信息。无论是系统层面，还是人员层面，均不会有信息泄露的可能。

按照服务周期统计，一个自然月为一个服务周期，系统的数据持久性≥99.9%，服务可用性≥99.9%。

市场应用情况

该系统已服务于上汽通用五菱、众安保险、ABC360、铜川人社局、申通、戴森等涉及20多个行业的知名企业中，并均已在其APP、官网等客服系统上线了该产品，目前，系统每日消息量已达百万级别。

以电商行业为例，系统可帮助企业轻松应对查物流、修改订单、智能推荐产品等功能。而更开放的图像、语音识别接口，让系统可以实现智能识别商品信息、验证身份等功能。

在汽车行业，除了解决经销商查询、智能在线推荐车型等功能外，系统在车联网中也将得到巨大应用，让用户可直接与车交流获取服务。

专家点评

在人工智能备受关注的今天，智能技术的场景化、细分领域应用正在成为行业发展的重点。机器人的深度学习技术，可以预判用户问题，调动逻辑识别技术，从而先行输出初步判断结果，主动引导用户在会话中通过简单点选及便捷交互解决问题。网易七鱼作为网易基于人工智能技术研发的SaaS客服系统软件，能解放客服人力，帮助客户企业解决简单重复的问题。“人机互助”模式降低客服培训成本。在提升企业外部服务质量的同时，提高企业内部工作效率。为新零售、金融、旅游、教育等15个行业赋能。未来，相信人工智能服务会被赋予更多重任，为更多行业、更多生活场景的发展提供强大支持。

——徐杭生　网易技术委员会资深专家

传统“一问一答”型机器人存在一些能力上的限制，如不具备上下文多轮会话的理解能力。而网易七鱼很好地解决了这些痛点。公司使用的网易七鱼云智能客服机器人，具有上下文理解、多轮会话能力，能直接解决问题、反馈结果，并根据用户属性、浏览路径预判问题，引导机场访客完成咨询。用户可以在会话框中自主进行航班查询、起降地查询，为公司提升了服务效率，减少了用户咨询时间。

——杭州萧山国际机场有限公司

公司使用的网易七鱼云客服产品包括在线客服、智能机器人、呼叫中心、工单系统等。这套系统能够实现在线业务、潜客挖掘、用户调研、一键直达、人机互助等多个功能，使得公司在业务的开展和功能开发上有了新的可能性。

——上汽通用五菱

小i智能客服系统

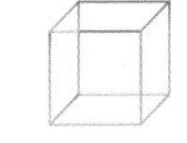

小i机器人

智能产品领域＞智能客服

什么是小i智能客服系统

小i智能客服系统提供面向企业服务、营销、运营和管理的智能化综合解决方案，用自然语言处理、语音识别、机器学习和大数据等人工智能技术赋能企业，创新人机协作服务方式，构建智能数据运营体系，形成决策辅助管理模式，促进传统客户服务中心向知识运营中心和数据决策中心转型，打造跨职能、全渠道、多模态的智能客户服务中心，推动客服进入‘AI+’时代。

技术突破

该系统融合了大规模知识处理技术、自然语言理解技术、知识管理技术、自动问答等多种AI及智能大数据技术，为企业提供细粒度知识管理技术，帮助企业对海量信息进行统计分析，还为企业与用户之间构建一套基于自然语言的快捷有效的沟通方式。

智能化设计程度

系统提供7×24小时不间断服务，将服务覆盖至各种渠道，分流大量人工压力，降低人工服务成本，有效改善用户体验和提高用户满意度。在政务领域智能客服回答准确率超过99%，在其他领域达到95%以上，已服务近千家大中型企业和政府机构。

市场应用情况

小i机器人从2006年开始打造全球第一个中

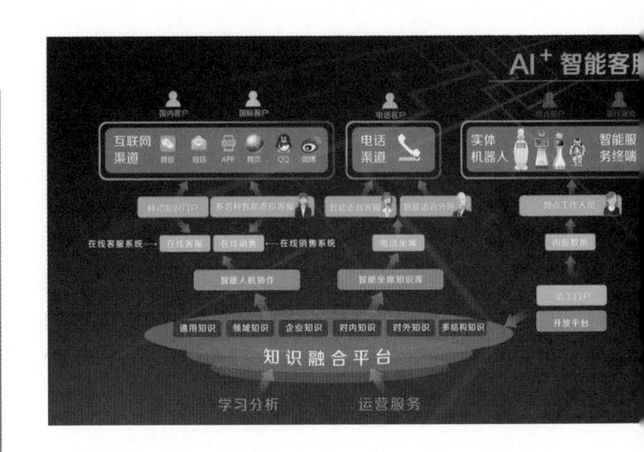

文政务领域的智能问询机器人，经过十数年千亿次交互，积累了大量的数据和实战经验，不断探索将智能客服应用于金融、电信、政务、物流等各个行业，以终端用户超过8亿的规模让智能客服成为全球AI落地应用最为成熟的领域。

招商银行对小i智能客服系统的应用效果反馈是“实现了服务质的突破”。

中国建行官方数据显示，由小i机器人提供技术支持的“小微”服务能力已经相当于9000个人工座席的工作量，远超95533、400人工座席的服务量总和。

专家点评

有越来越多的企业在做人工智能技术，但在实际的产业应用方面，小i机器人实现的功能非常多，属于最尖端客服系统，可排在国际前三名。

——Tom Austin

Gartner AI核心技术研究团队负责人

全球人工智能技术领衔分析师

新一代智能客服系统

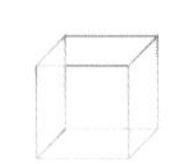

中移在线

智能产品领域＞智能客服

新一代智能客服，源自中国移动10086
移动互联网时代的智能客户联络平台

云化部署　一点接入
资源云化　按需使用
多渠道　全媒体接入
即时通信、微信等多渠道
语音、视频等全媒体交互
更可靠　品质领先
提供电信级服务保障品质

智能技术提升服务体验，便捷沟通创造服务价值

语音专线　码号资源　智能服务　客服团队　运营咨询

什么是新一代智能客服系统

新一代智能客服系统是基于分布式架构，融合云计算、大数据、人工智能和互联网通信等新技术，以智能化为核心建设的全云化智能客服系统。

技术突破

新一代智能客服采用支持高并发的系统架构，融合云化、流计算、语音识别、语义理解、对话管理等业界主流技术，引入声纹等新型智能化技术，形成自有标注能力，可面向各行业提供智能客服整套解决方案。

该系统基于分布式、双中心架构，保障高并发、海量用户规模的业务服务高可用。该系统融合开源技术，具备纯软化、云化、富媒体通信等特点，实现了通信服务、呼叫中心及多渠道、多媒体统一接入

路由等功能。

新一代智能客服系统打造数据计算中台，完成结构化和非结构化数据的转换、汇聚和应用，基于Hadoop、HBase、Spark、Storm等技术可以提供大规模离线、流式计算能力。

依托中国移动4万多名人工座席的人力优势，中移在线通过专业标注技能培训推动座席技能转型，形成自有标注能力。目前约1000人工座席具备专业标注技能，输出了12 000小时语音标注数据。

新一代智能客服系统采用业界领先的CNN引擎技术，可适应不同年龄、地域、人群、终端和噪声的应用环境。语音转写准确率超过90%。该系统具有高效的识别能力，高性能处理能力，实现语义理解准确率超过85%。

对话管理平台协议规范、标准统一，支持第三方业务系统无缝对接。平台提供基础业务与定制业务相结合的业务流程资源包管理模式。面向普通用户，平台提供可视化流程配置管理界面；面向高级用户，提供可编程框架进行深度业务流程定制。

智能化设计程度

系统使用业界领先的语音识别技术，解决传统按键IVR菜单层级过深的弊端，实现客户需求的预判和洞察，拦截处理简单话务，把高价值和复杂话务转人工接听，实现话务精准分流。

系统通过声纹识别简化IVR转接及密码输入过程，在客户请求人工接听至分配座席阶段，基于客户在IVR、互联网的接触记录以及客户标签、历史投诉、潜在价值等相关维度数据，对每个客户可能提出的相关服务和诉求建立事先预判，提示座席来电用户营销潜在需求。

为提升座席文字输入效率，系统使用语音识别技术实现语音智能输入。针对一些标准化的业务解释口径，或者仅需重复解释的活动规则，系统可以调用语音合成能力，自动生成播报文本，对用户自动播放。

系统使用语音识别技术将录音数据转写成文本，通过分析模型自动识别服务质量、业务差错等问题。

系统能力面向合作伙伴和个人开发者开放，提供标准API和统一接口，可实现第三方合作伙伴的能力共享，并且不断加入新技术和新应用，与广大合作伙伴一起，共同构建智能客服生态。

市场应用情况

目前，智能客服已经在移动集团全国32个省、自治区、直辖市上线，为中国移动8.8亿用户提供服务支撑，同时面向金融、地产、互联网企业、政府及教育咨询等领域100多家客户提供服务。座席规模超过1000人，智能应答月服务客户超1500万人次。智能语音分析每天转写和分析400万通话录音，非结构化数据分析能力较之前提升500倍。

客户包括新疆12123、广汽新能源、贵州茅台集团等大型企业。

广汽新能源表示，中移在线智能客服系统一大亮点就是ASR智能语音导航功能。用户可以脱离手机键盘，对手机直接说出自己的需求，系统会根据语音内容迅速判断关键词指向，帮用户转到所属业务的智能IVR或人工热线上回复解答。

贵州茅台集团表示，中移在线智能客服系统包含服务、管理、质检、投诉、营销、维护全流程。目前茅台话务统计的接听率已达到98.51%，较原先提升12%，满意度达90.6%，较原先提升8%，客户的反响很好。

专家点评

在移动互联网时代，客户与企业沟通的渠道越来越丰富，需求越来越个性化，如何为客户提供高效、个性化、低成本的服务成为互联网时代用户需求和市场刚需。中移在线基于人工智能技术的新一代智能客服系统，聚焦客服行业痛点，在自身积累的海量数据和丰富的应用场景基础上，支持多种互联网沟通渠道和多媒体的沟通模式，并集成知识跟随、智能工单等员工赋能类产品，以AI技术和客户体验为核心驱动力，在提升服务效率和服务品质的同时，将客服座席从简单重复的工作中释放出来，实现了客服行业的降本增效。在探索人工智能应用的征程中，希望中移在线继续积极引领、推动人工智能在客户服务领域朝着智能、共享、开放的方向持续发展，于员工、企业和社会大众释放智能化技术红利。

——颜永红 中科院声学所所长助理 院重点实验室主任

智能多轮对话

中国联通

智能产品领域>智能客服

科技改变生活

智能客服机器人助理

什么是智能多轮对话

智能多轮对话是整合语音识别、语音合成、自然语言处理、对话系统等前沿AI人工智能技术打造的一款智能客服产品。用户拨打10010后，只需用自然语言说出需求，智能机器人即可准确识别用户的来电诉求，并运用自然语言与用户进行多轮对话交互，提供类似人工的‘多问多答’的查、咨、办等服务。

技术突破

■ 热线全语音门户服务

本产品深度应用人工智能技术，通过上下文语意理解、意图切换、口语化表达等训练手段，将客户语音信息转化成文本信息，并准确理解客户意图，直接调用并提供客户所需信息，由机器人替代传统按键，打造人机交互的智能语音系统。

■ 智能化交互服务流程

本产品根据智能多轮对话的产品特点，共设计话费查询、流量包办理、故障报修、积分、国际业务等8个服务场景和92个来电意图的标准化服务流程。

以故障报修为例，用户只需说“宽带报障+是+好”6个字即可完成宽带障碍报修，与原有按键方式输入“8位障碍号+11位联系电话”相比，该平台为用户带来极大的便利。

基于大数据分析的客户特征和标签信息，本产品为本网本地、本网异地和异网等不同类型的用户提供30个差异化服务流程，并针对停机、异地等用户提供电话缴费、归属地转接等19个引导式服务流程。

■ 搭建运营支撑平台

智能客服统一支撑平台是集统计监控、业务管理和智能化训练为一体的支撑系统。通过支撑平台，操作人员可对智能多轮对话的运营情况进行全面、及时的监控，对“智能机器人”的badcase进行修复和训练。

智能化设计程度

传统按键IVR需要用户被动收听冗长的按键语音，并需多次按键选择，过程复杂，交互时间长。而智能多轮对话使用智能预测结合意图识别技术，让用户一次语音对话即可完成业务咨询。

例如，客户想要查询话费，传统IVR需3次按键，交互时长需要49s。而智能多轮对话平台的交互时长不到20s。

传统IVR服务感知差，存在人工话务量偏高、人工接通难，用户抱怨多的缺陷。针对客户关注热点，中国联通梳理出话务量最大的8大业务场景（占全部话务量95%以上），为客户提供智能多轮对话服务，包括话费释疑、流量咨询、障碍解决、移动业务咨询、积分查询、国际业务、基础信息咨询等，例如查询缴费记录、查询宽带上网账号密码、密码重置、开通国际漫游、查询套餐情况等。

智能多轮对话产品从用户认证、权限管理、系统敏感操作审计、数据脱敏、代码安全测试等措施保障服务安全性。所有鉴别信息、客户数据、敏感数据在网络传输、存储过程中必须加密，防止被窃听或数据泄露。

市场应用情况

智能客服系统已于2017年8月底在天津移动公司上线运行。截至2018年2月底，智能多轮对话共处理话务134.3万通/月，转人工率约26%，比传统按键IVR转人工率降低12%；热线人工请求量由上线前的95.5万/月，下降至72.28万/月，降幅达24.31%；天津移动公司1年可减少人工服务13.2万小时，节省人工外包成本1245.5万元。15s人工接通率由上线前的82.42%，提升至88.14%，提高5.72%，热线接通速度得到显著提升，客户感知改善明显。

专家点评

智能多轮对话引入AI技术打造智能客服产品，解决了传统通信运营商服务标准化、一致性问题。AI技术与业务场景、服务特点相结合，通过合理整合语音识别、语音合成、自然语言处理、对话管理等人工智能核心技术，克服地域语言、长语句识别等核心技术难点，实现机器人“听得懂、能理解、会表达、说得出”，为用户提供便捷、高效的服务。

智能客服独具的“智能理念”对现有客服市场带来了革命性的颠覆。只需根据每个行业的特点进行业务和流程梳理就可广泛应用于客服行业以及互联网渠道、实体机器人人机交互等多个领域，大幅降低人工服务成本，大幅提高用户体验。

——苏森

北京邮电大学计算机学院执行院长

中电普华智能客户服务系统

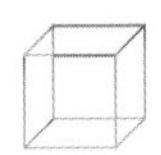

中电普华

智能产品领域>智能客服

什么是中电普华智能客户服务系统

中电普华智能客户服务系统通过建立大型多渠道呼叫中心，实现呼叫用户可用自然语音说出业务需求，办理自助导航服务的功能。本产品利用客户化智能知识库、敏感词库、关联问题推荐等技术，为客户提供自助服务，实现客户线上自助进行业务办理和查询业务的自动回复常见问题。

技术突破

■ 智能语音服务

系统采用多种智能语义解析技术和知识本体网络构建技术，通过对语音流的实时转译，将传统非结构化知识，转化成结构化知识；采用语义解析引擎和搜索技术，实现语义交互能力、残缺意图关键语义抽取、基于上下文信息的语义理解，达成多轮人机互动机制。针对模糊语义，系统实现语义结果多候选，结果支持可信、模糊及拒识3种置信策略。

■ 语音转写：优化语音识别引擎声学模型和语言模型，提升语音转写识别率。

■ 智能导航：改造传统按键导航菜单，实现智能语音导航。

■ 语义理解：收集客户各种业务表述方式，形成行业用户专用的业务包，实现用户随意说即可对应到相应的业务中的功能。

■ 智能交互：实现业务预受理，与客户进行多轮智能交互，记录客户来电号码、地址、故障类型及现象等信息。

■ 语音合成：使用PSOLA算法，通过基音同步分析、基音同步修改和基音同步合成3个步骤，实现语音合成。

■ 智能语音质检

基于语音分析技术，系统将录音非结构化数据

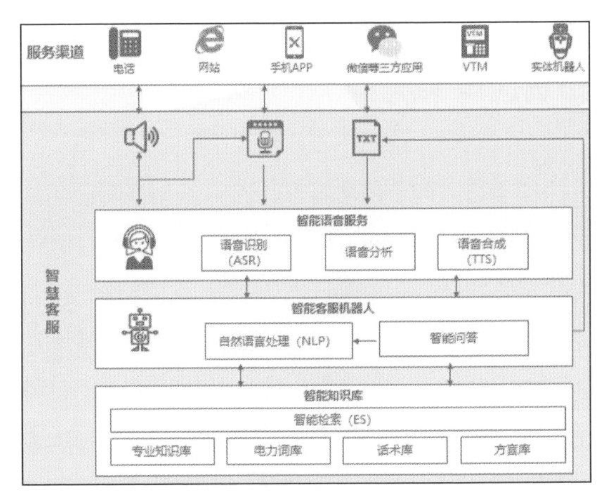

向文本结构化数据精准转译、自动质检和问题工单筛选。系统能够辅助全量质检，与人工精准质检有机结合，全面管控业务风险。

■ 智能交互机器人

系统应用自然语言理解等人工智能技术，对来自在线网页、手机APP、微信等电子渠道的用户问题进行智能的意图识别，根据识别结果，通过对接知识库或企业业务系统，实现知识检索及信息查询，最终将结果以合理可定制的方式返回至渠道终端，展现给用户。

基于行业词库，系统采用数据稀疏与平滑技术，以自然语言处理（NLP）和人机文本/语音交互等多种人工智能技术为基础，以拟人化的方式与用户进行实时交互，能够智能识别客户发起的文

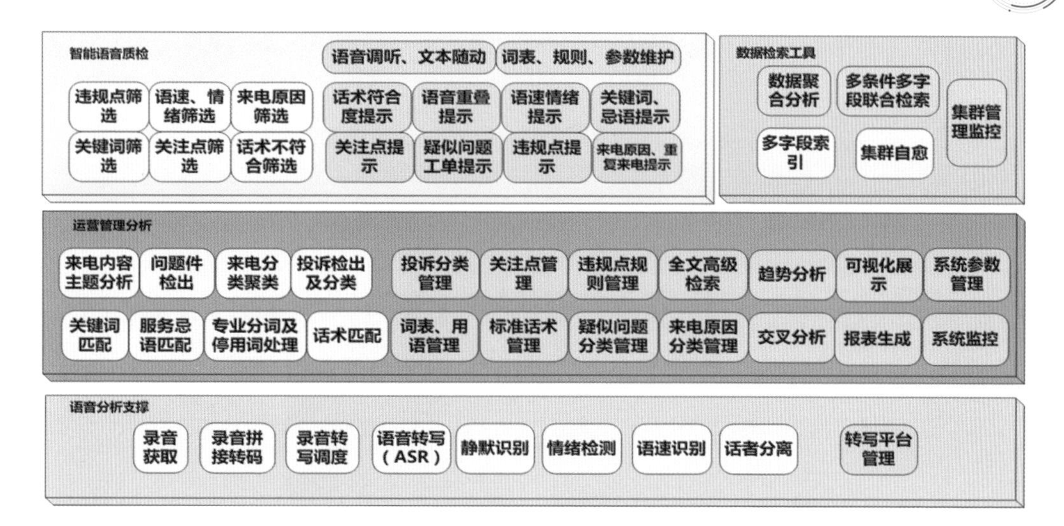

本、语音内容，分析客户诉求主题，实时检索诉求对应的解决方案并答复客户，实现智能客服咨询、业务查询、业务办理和产品营销推广等功能。

智能化设计程度

系统支撑不少于12 000路呼叫并发，年承载客户电话超过1.4亿通，并实现分支机构内双平台互备，保障智能客户服务系统话务高可靠运营。

客服业务支持系统可实现大型企业总部、区域、省、市等多级业务流程贯通，承载2.5万及以上用户同时在线。

该系统通过其基础支撑平台，支撑10亿级及以上客户档案数据集中存储，实现大型企业业务集中的数据统一发布和管理，完成与区域营销系统应用集成。

该系统实现呼叫客户语音导航响应时间达到2s以内，导航成功率达到95%以上。通过深度学习和神经元网络技术，系统对语音转写引擎大量训练优化，实现语音转写综合识别率达到75%以上，实现4min的录音在1min内完成文本转写。

市场应用情况

目前，智能客户服务系统产品已在国家电网公司客户服务中心成功应用，建立了95598智慧客服系统，并获得用户的广泛好评。

95598智慧客服系统通过电话、网站、移动应用等多种渠道实现27家省（市）电力公司95598故障报修、咨询、投诉、举报、表扬、建议、意见等客户诉求的集中接入和处理，并通过统一回访实现客户服务“闭环”管理。产品实现全国电网公司95598服务资源集中管理、统一调配，支撑全网4亿客户用电服务诉求。

截至目前，国网客服中心电话呼入总量25 481.84万通，累计受理业务12 527.82万件，人工服务接通率98.56%，三声铃响接听率99.99%，座席服务满意率99.42%，运行指标在呼叫行业中处于国际领先水平。

智能语音功能上线后，颠覆了95598人工质检方式，大幅降低质检一般差错率至1%，推动质检工作提质增效提升50%，质检工作人员平均降低30%。

专家点评

智能客服不仅思考如何提升企业客户服务效率，还要帮助企业降低客服成本。智能客服通过普及应用AI技术，用智能机器人解决客户服务80%以上的日常问题，减少企业用人成本。智能客服的智能流转工单，可帮助企业完善客户服务工作流，有序连接各个部门，加速问题解决，不仅能够提升工作效率，而且提升客户体验，帮助企业树立良好的客户服务形象。

——吴佐平　北京中电普华信息技术有限公司

客户服务及量测事业部副总经理

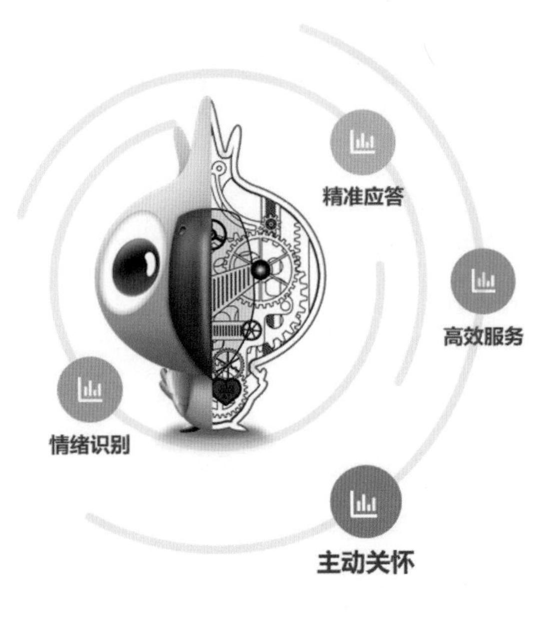

最强智能大脑

业界首个大规模商用
情感智能AI客服机器人

京东智能客服机器人

京东

智能产品领域>智能客服

什么是京东智能客服机器人

京东智能客服机器人是由京东自主研发，基于自然语言处理、深度神经网络、机器学习等人工智能领先技术的智能对话系统。它以‘解决问题’为第一使命，不仅能完美应对全天候、无限量的用户咨询，还能闭环式智能跟踪解决用户问题，并与京东人工客服坐席工作台深度融合，实现了人机无缝衔接，灵活处理用户咨询。此外，它还具备情感识别能力，具有强大的EQ，能精准感知用户情绪,并在回复表达中蕴含相应的情感，让互动更有温度，是业界首个大规模商用情感智能AI智能客服机器人。

技术突破

截至2017年年底，京东智能客服机器人共拥有18项发明专利，解决许多行业痛点。

■ 情感识别

基于京东已经沉淀的丰富评论数据和自然语言处理、深度学习技术积累，京东智能客服机器人能

够自动识别用户在和客服交谈过程中生气、焦虑、高兴等多种情绪，并在回复表达中蕴含相应的情感，从而进行有情绪、有温度的互动。京东智能客服机器人在EQ升级后，用户满意度和问题解决率相比升级前提升了57%，技术在潜移默化中优化了用户的咨询体验。

■ 智能预测

通过收集与分析数百万的对话日志，深度挖掘对话前及对话过程中用户的特征，结合深度学习算法，智能预测用户未来意图，使得京东智能客服机器人可以实现“未问先答”，快速解决用户的问题，大大缩短用户手工输入的时间，用户体验良好。

■ 主动服务

根据用户历史行为、实时数据、当前情绪状况，京东智能客服机器人会展开人机服务调度，主动挑选最合适的接待方式为用户服务，实现人机无缝衔接，灵活处理用户咨询。

针对需要多线处理的长时需求，京东智能客服机器人完成与用户的沟通后，还会持续跟踪事件进展，将最新状态/结果及时反馈给用户知晓，直至问题得到真正的解决。

■ AI赋能人工客服

在咨询转入人工客服后，京东智能客服机器人会继续以“应答助手”的角色，通过历史会话智能摘要、CRM 事件自动创建和解决方案实时推送等方式，帮助人工客服快速理解用户意图，提高问题处理效率。同时，人工客服操作所产生的标注数据也可以反哺机器人模型优化。通过这种策略，在CRM事件创建中耗时下降70%，同时经过数据反哺后，京东智能客服机器人的准确率也较之前提升了10%以上。

智能化设计程度

京东智能客服机器人的出现，大大缩短了客服对用户的响应时间，过去需要用户排队进线并等待客服回复的情况已经鲜少得见。

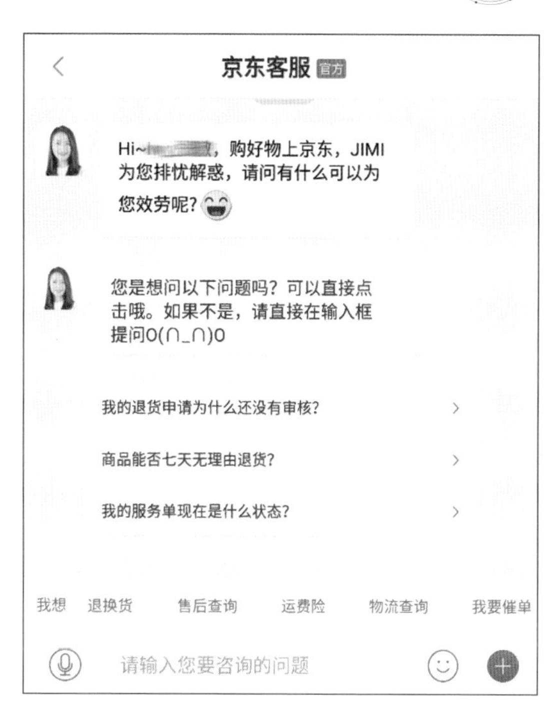

用户只要提出自己的意图，京东智能客服机器人就能明确用户的问题核心，通过对话引擎和用户进行交互，并跟踪用户问题，直至问题的解决，为消费者提供更加智能化的购物体验。

目前，京东智能客服机器人已经覆盖京东数亿级商品咨询，根据用户不同意图，京东智能客服机器人已经具备1000多项细粒度的售后解决方案，并根据用户画像，进行场景化、个性化、有温度的应答。

除服务于京东商城，在金融、智能硬件、医疗及其他外部企业也已经出现京东智能客服机器人的身影，它为各行各业提供SaaS智能对话解决方案。

市场应用情况

作为完全由京东进行自主研发的智能客服系统，京东智能客服机器人自产品上线至今，已累积为数亿用户提供智能服务体验，目前已承接90%以上的京东在线咨询，同时以“智能助手”的角色，大幅提升了人工客服工作效率。

目前，京东智能客服机器人项目已获得多个来自合作伙伴、媒体、行业机构颁发的奖项；研发团

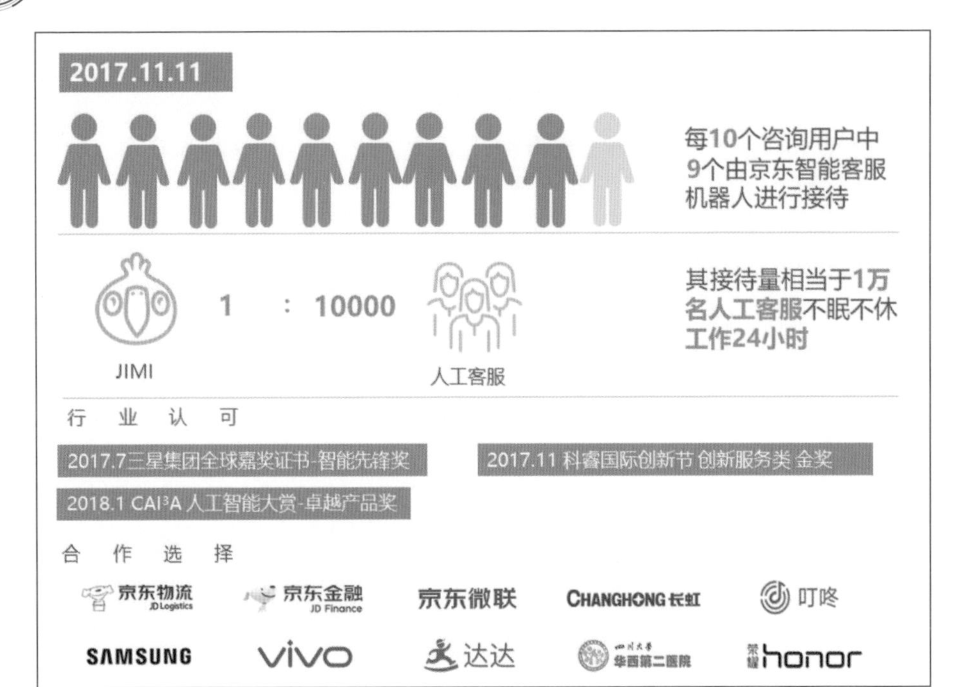

队并多次受邀参与国内外知名行业会议，多次受到国内媒体采访报道。

2018年年初，京东智能客服机器人获得人工智能产业发展联盟（CAI³A）在人工智能大赏上颁发的卓越产品奖；2017年与三星集团合作开展的S-JIMI项目获三星“智能先锋”全球嘉奖证书；2017年11月，获科睿国际创新节“创新服务”类金奖；2016年还收录在《中国人工智能产业发展现状分析与“十三五”发展规划》中，成为“十三五”发展规划中唯一收录的智能对话机器人，同年还被收录在《中国人工智能学会通讯》第六卷第一期中，京东智能客服机器人在意图识别中的智能化程度得到了肯定。

除此之外，京东智能客服机器人还受邀参与世界互联网大会（2015）、中国国际大数据产业博览会（2017）、第二届语言与智能高峰论坛、人工智能学会产业年会、IJCAI、ICML等国内外知名行业会议，受到中央电视台经济之声、天津电视台、上海劳动报、CSDN、infoQ等多家媒体报道。

专家点评

任务导向性多轮智能对话是人工智能领域的世界性难题。京东AI团队研发的京东智能客服机器人是为探索和解决这个难题的一个实用化产品案例。京东智能客服机器人在技术上、工程上都有很多成果，为京东AI研究院的一流科研成果提供了落地和实践场所，不仅为广大京东用户提供智能购物咨询体验，也通过对外开放，为不同行业的商家和机构提供智能服务解决方案，打造“AI训练+机器人+专家客服”的新型组织模式，进而推动京东AI赋能全行业共赢发展！

——周伯文　京东集团副总裁

AI平台与研究部负责人

京东智能客服机器人作为京东AI在智能客服对话系统研究和开发方面的一个代表性工作，集成了深度学习、自然语言处理、情感智能、语义解析、知识图谱和内容生成等人工智能前沿技术。并在具体的京东客服场景中大规模应用，对消费者提出的问题进行快速应答，从而提升了消费者的体验，并让客服人员从繁重的工作中部分解放出来。京东智能客服机器人还激发新的AI基础研究课题，如多模态智能、连续空间中通用语言特征表示、知识抽取、表示与推理、机器阅读理解和迁移学习、基于增强学习的文本生成中的话题设计与规划、基于深度学习的激励函数设计、多代理智能体的通信与自学习等，希望这些技术能进一步带来人工智能新的研究与应用突破。

——何晓冬　京东AI研究院常务副院长、京东深度学习与语音实验室主任

2012年，基于京东技术积累以及京东对卓越用户体验的不断追求，京东智能客服机器人诞生。六个年头过去，目前已成为承接京东90%以上用户咨询，并独立解决其中大部分问题的“解决型客服”。同时，坚持技术创新，内外积木式组合赋能，京东智能客服机器人已能提供一整套完整的智能客服解决方案。朝着机器人智能化、拟人化方向发展，相信JIMI会成为行业领先的知人心、有温度的对话型机器人。

——刘丹　京东AI与研究部智能对话研发部技术总监

达观数据 DATA GRAND　智能文档分析系统　文档条款抽取　文档比对　系统说明

零售类贷款合同文档：住房贷款合同　经营创业借款合同　信用消费借款合同　个人借款合同

采购合同文档：商品采购合同　产品供销合同　起重机采购合同　避雷器采购合同

合同详情　使用说明

编号：2017年[ ]字802764138940176860号

贷款人（甲方）：宁夏银行海南省支行

借款人（乙方）：张宝玲

甲方与乙方根据有关法律、法规，在平等、自愿的基础上，为明确责任，恪守信用，签订本合同。

贷款金额、期限及利率

第一条 甲方根据乙方的申请，经审查同意向乙方发放住房贷款（以下称贷款），金额为人民币（大写）肆仟叁佰肆拾伍万元整（小写）43450000。

第二条 贷款用于乙方购买房屋。乙方不得以任何理由将贷款挪作他用。

第三条 贷款期限为2年2月。自2016年02月22日至2018年04月22日。

第四条 贷款利率根据国家有关规定，确定为月息千分之33.98，利息从放款之日起计算。如遇国家贷款利率调整，按规定执行，甲方不再另行通知乙方。

贷款的发放

第五条 乙方不可撤销地授权甲方在________号和____________号担保合同生效（或登记备案）后，以乙方购楼款的名义将贷款分________次划入售房者在甲方开立的账户，以购买本合同第二条所列之房产。

（一）________年______月______日，金额：________________；

（二）________年______月______日，金额：________________；

（三）________年______月______日，金额：________________；

……

第六条 本合同签订后且在贷款发放前，如乙方与售房者就该房产有关质量、条件、权属等事宜发生纠纷，本合同即告中止。由甲方视上述纠纷解决情况在一年内决定是否解除或继续履行本合同。

第七条 贷款发放后，借款人与售房者就该房产有关质量、条件、权属等其他事宜发生的任何纠纷，均与贷款人无关，借款合同应正常履行。

贷款的归还

条款类型：出借方　借款人　借款身份证　担保人　贷款金额　币种　贷款种类　贷款用途　贷款利率　贷款期限　贷款起始日　贷款终止日　罚息利率

达观数据智能合同审阅系统

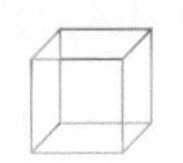

达观数据

智能产品领域＞智能法律助手

什么是达观数据智能合同审阅系统

达观数据智能合同审阅系统是一款通过人工智能技术对合同文本进行快速处理的平台，核心功能包括：支持多格式文档单个及批量导入导出、支持抽取合同内关键信息、支持文件中手动添加标记、支持两份文件或多份合同比对、后台管理平台统计相关信息。

技术突破

■ 合同内容语义理解及特征抽取功能

对合同内容自动进行语义理解，抽取核心条款。对核心条款进行语义归一化，确保不同表达方式均能映射到同一条款。找出各个合同版本的差异，并对相同合同进行归并去重。

■ 构建分类模型

借助机器学习，结合NLP技术，利用合同样本构建分类模型。处理过程中所涉及文档建模（概率模型、布尔模型、VSM）、中文分词技术、文本特征抽取（特征降维）、评估函数、特征向量权值计算、样本分类训练、模型评估等技术。

■ 分类器二层集成学习

利用不同分类器的优势，最后综合多个分类器的结果。多个分类器的组合参数由机器训练获得，非简单累加。

■ 倒排索引技术让搜索更高效

所有新增文本可实时更新并立刻被搜索到，利用多级加速，达到毫秒级结果搜索。

■ 构建合同知识图谱系统

抽取合同核心条款，结合HR点击反馈模型，将合同进行聚类。

■ 构建合同内容比对器与预警机制

针对合同内容进行命名实体识别等语义分析处理，构建编辑网络获取合同与模板间差异内容，计算评估差异内容影响权重，完成合同内容差异可视化输出以及预警。

智能化设计程度

该平台可以完成定制化服务。最终交付的产品与用户实际的需求贴合度高，产品在垂直行业具有通用性，可深挖法律等行业的潜在客户。基于深厚的自然语言处理技术积累，提升传统合同管理的效率。用户无需掌握复杂的编程及算法，即可自主完成模型训练的过程。

主要从以下4个方面来体现：

■ 合同拟定：传统的合同拟定过程中，从初版到最终版经多次改动，每次需人工校对，易出错。本系统根据语义分析，可自动比对合同版本间差异。

■ 合同审核：传统的合同审核过程中，需专业人员审核，这种人工审核方式审核周期长，受审核人员经验影响，可能出现差错。本系统支持不同人批量上传合同，通过学习综合审核团队的经验，自动审核合同，提示有风险的条款。

■ 合同归档：传统方式合同审核过程中，人工将合同关键信息输入系统，工作效率比较低。本系统支持自动合同关键信息提取，并且通过知识图谱和机器学习，不断提升信息抽取能力。

■ 合同查阅：传统的合同审核过程仅通过关键字查找合同，准确率低。本系统能够基于语义理解的精准查询，并且根据用户搜索意图来优化查询结果。

市场应用情况

达观数据智能合同审阅系统已于2017年6月完成所有功能模块的开发，2018年1月开始投入量产，目前正在推广该系统在法律、金融、电信、人力资源等多领域的应用，已服务过的大型客户包括华为、平安、中兴、德勤等国内外知名大型企业，并获得一致好评。

■ 华为英文合同自动抽取系统

该系统对华为外籍工作人员劳动合同内容进行结构化信息抽取，并把对应数据录入指定系统，平均每份文档相比传统录入方式节省时间15分钟。华为项目负责人表示，通过使用智能合同审阅系统，提升了相关部门的工作效率，专业人员也可将有限的精力放在更多的创新活动中。

■ 德勤智能合同审阅系统

该系统代替人工完成了大量审计及鉴证工作，大幅提升工作效率，相比传统工作方式节省审核人力成本25%，自动抽取准确率达88%以上。

■ 平安金服智能合同审阅系统

通过对历史标注数据模型训练，系统关键信息抽取准确率为87%。提高了工作效率，现在600人可完成以前800人的工作量。平安金服项目负责人表示，达观数据通过派驻技术团队驻场开发，高质量完成了项目一期交付，即实现合同结构化抽取。

专家点评

通过使用达观数据的文本智能处理平台，提升了相关部门的工作效率，专业人员也可将有限的精力放在更多的创新活动中，为公司业务水平的提高打下了很好的技术基础。后期我司将与达观研究更多的业务场景，争取在垂直领域有更多突破。

——水涛　华为高级产品经理

智能疾病预测模型 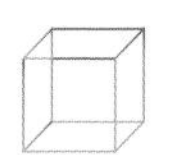

平安科技

智能产品领域>智能疾病预警系统

什么是智能疾病预测模型

平安科技于2017年联合重庆市卫生计生委和重庆市疾病预防控制中心，共同组建疾病预测项目课题组，利用平安科技人工智能与大数据技术，结合重庆市疾控中心相关业务经验和知识，与公共卫生领域相结合，建立了智能疾病预测模型。进行传染病预测（流感、手足口病预测）以及慢性病筛查（慢阻肺危险因素筛查）的课题研究，旨在提高政府疾病防控效率，减少政府医疗财政负担和个人疾病经济负担。

技术突破

智能疾病预测模型利用“互联网+医疗健康”大数据前沿技术，在全球范围内首次提出“宏观+微观”的疾病预测方法，基于全面的影响因子收集、多种维度的模型建立，将一系列互联网金融机器学习算法应用于疾病预测。

首创人工智能+大数据建立流感与手足口病预测模型，以及慢阻肺危险因素筛查模型。

系统模型不仅应用宏观层面的数据，学习历史经验，更从微观层面精确评估个体风险，再汇总到宏观层面，使疾病预测能够达到时效性更强、精度更高、范围更广、输出更稳定、可扩展性更强的要求。

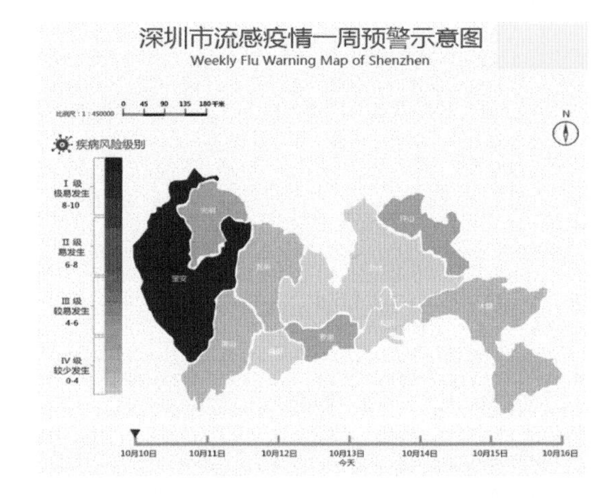

■ 宏观层面

通过整合全国上百个城市的环境气象因子（环境、天气、季节）、人口信息（人口、流动、结构）、产业结构、经济教育发展、地区生活行为、医疗习惯、就诊行为等一系列宏观因子，对历史数据进行尝试挖掘，分析时间序列。

■ 微观层面

通过整合有关具体个人的全方位、多维度的预测因子和信息来预测疾病发生风险。这些信息包括信息高度相关但频度较低、分布较稀疏的医疗健康因子（体检、就诊、告知等），也包括信息间接相关但信息频度和深度较高的个人行为因子（财务、职业、生活等）、互联网数据因子（舆情、行为、LBS）等。

精准评估个人层面风险，并将个人微观层面信息汇总到宏观层面，能够深入挖掘宏观层面无法统计的细颗粒度的信息，从而提升预测精度。

■ 深度层面

该算法融合了多种深度学习和人工智能方法，如时间序列模型、循环神经网络、梯度提升决策

树、随机森林等，提高了预测准确度。

市场应用情况

疾病预测模型在与重庆市疾控中心的合作过程中，累计接入重庆市超过2000万个健康档案数据。流感与手足口病模型准确率达90%以上，慢阻肺筛查模型准确率达92%。搭建重庆市医疗健康大数据分析平台，结构化医嘱药品准确率达90%。

与重庆疾控中心联合发布流感预测模型，获得30余家媒体报道，并作为案例被动脉网收录于《2017医疗大数据和人工智能产业报告》。

在重庆市疾病预测项目专家评审会上，这一研究成果和价值得到许多一流医院专家和中国疾控中心专家的一致认可。

另外，该模型还在深圳市进行了落地应用。

*图片为深圳市情况模拟示例，并非真实情况。

专家点评

慢性病防控模型中，慢阻肺防控模型利用大数据分析方法，可从人群中直接筛查高危者，符合预防为主的医改方向，支持继续深入研究，为全国做流感及手足口病预测，该立题在公共卫生领域有重大意义。方法丰富，极富探索性，率先应用互联网大数据技术，结果可信。

——曾光　国家疾控中心流行病学首席专家

智能疾病预测模型以重庆市地区广发并影响重大的流感及手足口病作为研究目标切入，在相近论述疾病发病机制、临床症状及治疗方案和效果之后，通过对近三年的历史数据进行深入分析，建立了多维度预测模型，并放在五年历史数据中进行测试，取得了优秀的预测结果。该成果对提升居民生活质量、降低医疗费用及为重庆市卫生主管部门提供防控数据等方面都有重要意义。

——周凯　上海理工大学教授、国家“千人计划”特聘专家

在重庆市疾病预测项目专家评审会上，各位专家充分肯定了智能疾病预测模型的意义和价值，并指出：

在数据层面，本次智能疾病预测模型的建立应用了城市级数据，共计接入超过2000万份健康档案及电子病历数据，在国际范围内尚属首次。

在方法层面，整合上万维度数据因子进行建模，应用先进的人工智能和大数据技术，同时结合本地疾病防控实际业务经验和专家知识，更贴近重庆现状，精确度也显著高于传统方法。

评审会专家一致认为，智能疾病预测模型目前取得的研究成果在全国乃至国际范围内都具有实用性和开创性，可助力更多城市在相关疾病的防控工作中提升效率，降低疾病预防和控制成本。同时，各位专家还分别对智能疾病预测模型提出了进一步深化推进的建议。

——重庆市卫计委官方网站报道

瀚思大数据安全分析平台

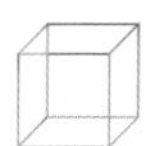

瀚思科技

智能产品领域>智能信息安全应用产品

什么是瀚思大数据安全分析平台

瀚思大数据安全分析平台（HanSight Enterprise）是瀚思基于大数据技术、机器学习和关联分析为基础开发的一套解决海量安全数据分析难题的系统解决方案，并兼顾传统安全信息统一管理的功能（SOC和SIEM等）。即采取主动的安全分析和实时态势感知，以大数据存储与分析的方法，结合人工智能，实现真正针对安全大数据的长期有效存储与实时分析决策的结合。

技术突破

传统安全管理平台通常只是为了满足合规的要求，做到安全信息和事件的统一管理以及简单地安全分析，依靠已知的威胁定义规则加以分析，规则基于客户或相关安全服务人员的知识加以定义，这样只能解决已知的安全威胁，往往是根据突发的安全事件被动防御，而对于未知的安全威胁则无能为力，这样就非常依赖于安全服务人员的知识储备和经验。

随着安全威胁越来越隐蔽而难以被发现，利用传统的被动防御工具已经不能满足客户更高的安全需求。所以，完全依赖厂商的被动式安全策略已经过时。信息安全必须从被动防御到主动监测，从完全依赖厂商，转变为厂商+客户共同构筑主动监测、纵深防御的安全体系。

瀚思大数据安全分析平台基于大数据技术平台，对企业全面的安全信息进行集中采集、存储和分析，

瀚思全局安全态势

利用人机交互分析、智能分析引擎和可视化等手段，结合丰富的威胁情报，对企业面临的外部攻击、内部违规行为进行检测，为企业建立快速有效的威胁检测、分析、处置能力和全网安全态势感知能力，使得企业的信息安全可知、可见、可控。

瀚思拥有业界领先的数据分析引擎与AI机器学习引擎，旗舰产品瀚思大数据安全分析平台可实现十万EPS（每秒处理事件数）以上，以及PB级数据秒级检索。同时内置数百个智能场景及算法模型，赋能客户快速拥抱“智能安全”，护航数字化转型。

智能化设计程度

瀚思大数据安全分析平台利用人工智能分析引擎，根据内置可应用于不同应用场景的多种人工智能/机器学习算法模型，融合客户的安全信息，可以帮助客户自动化完成大量的安全分析工作，从历史数据中总结出经验。通过算法模型和业务场景，能够进行长周期的异常行为分析，然后配合规则引擎和基线分析，可以非常简捷地判断行为是否异常。

该平台利用人工智能分析可以快速、精准地发现客户内部人员的异常行为，通过机器学习算法自动化学习到内部人员的正常活动基线，通过关联分析关键信息系统数据和网络行为数据，可以快速判断是否是潜在的人为数据泄露情况。

该平台利用人工智能分析可以帮助客户发现内部主机感染恶意软件后外联DGA（域名生成算法）域名，利用机器学习算法计算DNS请求域名解析的频率基线，找出偏离预期值的行为记录点，进而查看异常的DNS请求是否合法。

利用人工智能分析该平台还可以帮助用户发现时间序列异常行为，配合基线规则可以快速发现和定位异常行为，提高检测率和安全处置效率。

市场应用情况

瀚思已经持续服务近百家客户，包括招商银行、南京银行、太平洋保险、中信建投证券、北京燃气集团、国家电网、中国航天科工集团、一汽大众等，覆盖金融、能源、政府、制造等众多行业。

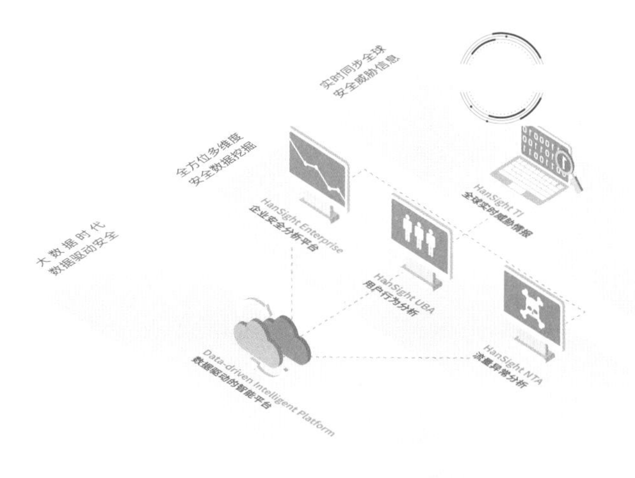

瀚思安全产品架构

累计为客户发现数百万起安全威胁事件，缩短威胁事件平均侦测时间（MTTD）45%，提升高级威胁侦测率50%，提升威胁事件响应效率73%。多数客户在完成瀚思大数据安全分析平台的部署后，进一步部署瀚思用户行为分析系统与瀚思网络流量分析系统，实现全场景下的“智能安全”。

瀚思还与亚信、华为、百度、神州数码、航天科工集团、清华大学等知名企业和机构建立了合作伙伴关系。

专家点评

以防御为核心的传统安全策略已经过时，信息安全正在变成一个大数据分析问题。瀚思大数据安全分析平台基于新一代的大数据、人工智能、威胁情报等技术，解决了传统安全管理平台无法突破的问题。利用新型大数据处理引擎可以处理海量的多维安全信息，利用人机交互分析、智能分析引擎，可建立有效的威胁检测、分析、处置和安全态势感知能力，结合实时的威胁情报可快速应对未知威胁，大大提高安全人员的工作效率。特别是利用AI分析引擎，可发现传统方法无法发现的多类长周期、低频的安全事件。

大数据安全智能分析是下一代安全的趋势，瀚思科技的产品利用AI结合客户实际场景，给出了落地可行的解决方案，实现了由“被动防御”到“主动智能”的信息安全战略升级。

——冯国震

安邦保险集团信息安全总监、冯站长之家站长

网络安全态势感知分析系统

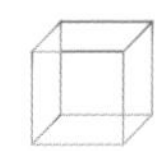

中国联通网络技术研究院

智能产品领域>智能信息安全应用产品

什么是网络安全态势感知分析系统

网络安全态势感知分析系统利用人工智能分析、大数据分析等技术，实现对整体网络安全态势的汇总分析和统一呈现的目标。该系统对中国联通各省分公司DNS设备、僵尸木马系统、移动恶意程序监控系统、抗DDOS系统、企业安全监测平台等多套安全系统的日志信息进行统一收集和对比分析，实现对现网整体安全态势进行多维度的综合分析和统一呈现，使用户可以从多个不同的角度掌握现网安全态势情况。

技术突破

■ 现网安全系统日志

目前市场上主要应用的安全系统包括5种：僵尸木马监控处置系统、移动恶意程序监控处置系统、DDos流量清洗系统、Netflow异常流量监控告警系统、重点用户流量采集分析系统。除以上系统外，为实现网络安全监控发现未知安全风险，DNS日志也具有非常重要的参考价值，因此本产品也将DNS日志作为重要的系统日志内容进行采集分析。

■ 态势呈现可数据视化

系统根据对接的日志类型，针对网络安全总体态势风险评估、DDos攻击态势、僵木事件态势、移动恶意程序态势、重点用户监测态势、疑似恶意域名发现等态势分析结果，经过当日、近期、历史数据中的关键指标进行选取，采用热力图、柱状图、折线图、地图、散点图、仪表盘等图表形式，使用炮图动画、数据下钻、数据堆叠、图例转换、工具提示等数据呈现手段对多种网络安全态势进行丰富的展示，满足运维人员分析数据及大屏展示的需求。

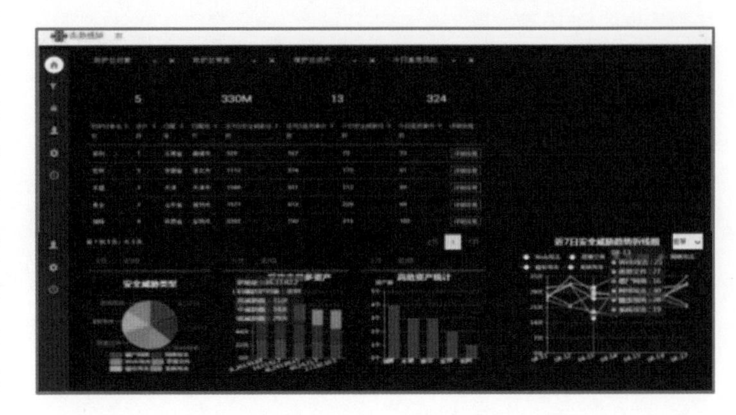

■ 恶意域名挖掘分析模型

系统在搭建的人工智能分析平台和大数据平台上进行安全系统日志的关联挖掘分析，主要采用DNS系统日志，辅助采用僵木系统日志、DDos攻击日志、互联网扫描引擎作为疑似域名的验证检测手段，可以发现疑似受控恶意域名及感染用户。主要利用从DNS日志中提取的最长域名段词频分布特征、域名访问量跳变、解析失败域名生成模式发掘、特定用户群中域名提升度等关键属性建立了多个恶意域名分析挖掘算法模型。

■ 疑似恶意域名验证

系统能够自动读取第三方系统开放的互联网网站扫描评估结果信息，对其中标记为高危漏洞的站点进行自动确认。对其他发现的恶意站点，可以结合网页信息、网站Whois信息、互联网检索、网页木马检测等人工验证手段进一步判断网站是否存在受控问题。

智能化设计程度

该系统结合人工智能技术和大数据技术、实现了全网包括僵木监测、移动恶意程序、流量清洗、重点用户流量监测等网络安全系统日志数据的统一收集、解析与呈现，实现了对多维度安全风险态势的关联理解与感知，结合安全模型、特征知识库，实现多维度系统安全事件的关联分析、风险溯源、未知风险发掘。此外，该系统结合基于安全系统日志的数据挖掘技术、大数据平台技术、数据可视化等技术，实现了对全网安全态势的统一分析、和一体化呈现功能。

市场应用情况

该系统已完成第一期研发工作，被纳入了中国联通“2018~2020年网络与信息安全专题规划”。仅一天的日志中就分别分析识别出确认恶意域名362个，疑似恶意域名1586个，疑似受控IP地址3500余个和8次DNS DDos攻击事件，关联追踪到了多个受控僵尸主机群，形成了详尽的安全态势综合分析报告。

专家点评

网络安全态势感知是实现主动、智能防御的必要手段，运营商层面的安全态势感知更是建立全方位、全天候国家级安全态势感知体系的重要组成部分。中国联通网络技术研究院自主研发的网络安全态势感知分析系统针对现网运营特点，利用人工智能和大数据分析技术，定制化设计分析模型算法，实现了对海量数据的深度挖掘和关联分析，发现了大量恶意域名和攻击事件，提高了风险识别效率和精准度，同时还配套形成了多项专利和国际标准，是人工智能应用领域的成功实践，有利于推动人工智能技术在网络安全防护工作中的广泛应用。

——罗蕾　电子科技大学教授

网络流量异常行为分析系统

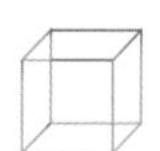

中兴通讯

智能产品领域>智能信息安全应用产品

什么是网络流量异常行为分析系统

网络流量异常行为分析系统（简称CBAS系统）是一种基于机器学习技术的网络流量行为分析系统。系统围绕攻击的外联、渗透、扩散三个主要阶段开展检测工作，从多个维度上抽象流量行为，自动生成流量模型、分离异常事件，缩小人工分析范围，辅助发现未知威胁。

技术突破

系统的检测对象包括内网主机、内网资源服务器以及用户自定义的重点监控对象，针对不同检测对象系统采取不同的分析角度。

定位包括问题主机、责任人定位以及历史数据日志中的异常事件回溯。系统建立了IP地址、MAC地址以及用户ID之间的关联，可通过查询识别用户身份。除了通过事件检索、流量日志检索来进行攻击波及分析和回溯外，系统还支持采用最新训练的模型对历史数据进行回归检测。

系统部署采用旁路方式按需部署在网络关键节点处，检测镜像后的流量发现未知威胁，不影响用户网络的正常业务运行。

该系统基于分布式大数据处理平台，采用机器学习技术搭建更加智能、高效的处理系统。

■ 分布式大数据处理平台

大数据处理平台是支持系统运行的基础，用于支撑网络中多个采集点上的大量、多元数据存储，同时可以支撑复杂算法下的数据统计和分析。

大数据分析技术可以基于单个主机，甚至是主机上的单个应用建立细粒度模型，使得模型对异常的检测能力有足够的灵敏度。这样做的计算代价很大，只有大数据平台才可以支撑此类规模的计算。基于大数据提取特征参数，可以从建模对象的时空维度、行为维度等方面抽取足够丰富的特征参数，使得任何可描述的攻击行为总能体现在一组特征参数的异常上。大数据平台提供的海量存储能力，可提供足够多的历史流量数据作为样本，对提取的参数和模型进行充分训练，使得模型对于异常行为有足够精确的检测能力。

■ 机器学习技术

机器学习的特点是在样本集足够大时自动挖掘潜在特征，突破人为设计检测特征的限制。无监督和有监督学习算法的应用能够自动分离异常，并在大数据集的训练下形成稳定的检测模板，使检测过程更加智能。

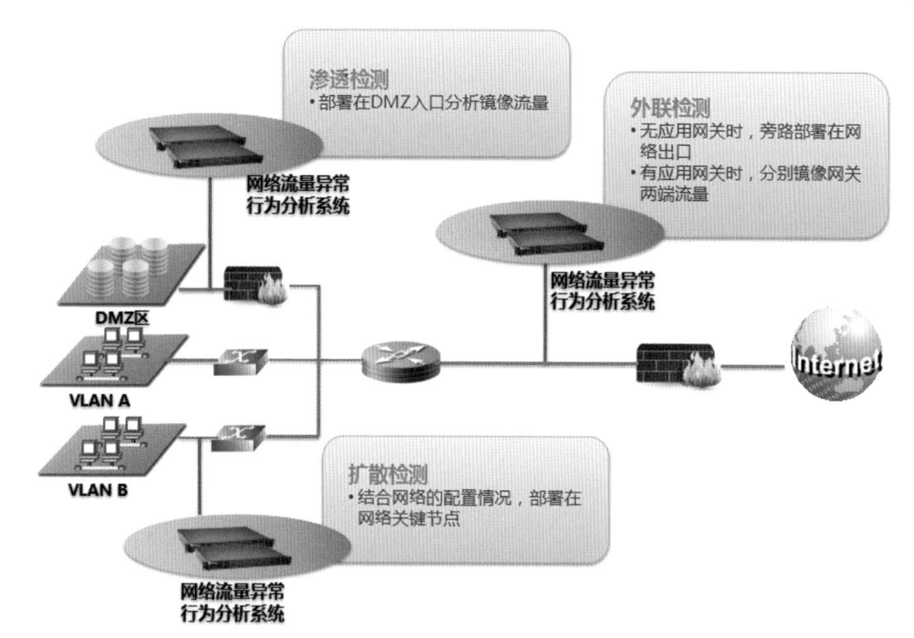

系统基于机器学习技术设计流量行为模式识别模型，从流量行为角度发现异常。行为模型的运用还可以发现用户角色的类别以及攻击行为间的关联关系，有助于攻击事件的还原。

综合运用以上的技术，网络流量异常行为分析系统在应用中展现特色如下。

■ 挖掘更深层次的隐藏特征

系统从多个维度抽象流量的浅层特征，例如从流的角度描述TCP持续时间、流量，从主机角度描述主机连接的对端数量、WEB访问频度等。深度机器学习可以在浅层特征之上发掘深层的、非线性的、不易察觉的更有用的特征。系统采用这种方法解决了特征发掘难度大、成本高的问题，同时也解决了应对未知威胁很难有样本来进行特征挖掘的问题。深度学习技术可以提高捕获到不固定、非线性异常的可能性，既不依赖于某种固定的特征提取算法，也不依赖于特定检测模型，这种特点能更好地发现未知攻击行为。

■ 不同分辨率来分离异常行为

APT攻击的特点是尽可能地在流量中隐藏自己，具有异常行为的主机一般是少量的主机，具有异常特性的流量一般是少量的流量。系统应用无监督学习技术，对从多个维度以不同分辨率抽象出来的流量语义进行独立或联合分析，分离其中的“小众”行为。

系统对“时间窗”“流量窗”“协议窗”等不同尺寸窗口内的流量语义进行分析，例如“一小时内-主机-TCP流”的语义，或者“一天内-同网段主机-DNS查询以及HTTP访问”的语义。通过这种方式能从更广泛的视角出发，检测流量中存在的问题，进而形成多维语义构成的未知异常识别模型。

■ 应用有监督学习自动识别异常

有监督学习需要人工发掘具有分辨意义的特征，在此之后对大量的正样本和负样本进行人工标记才能训练出有实际效果的分类模型。虽然APT攻击的样本难以获得，但是从某些微观角度来看，有些常规恶意行为也被APT所使用，例如DGA域名访问。这些行为给予了有监督学习算法的用武之地。本系统已成功将其用于DGA域名访问检测、周期性域名访问、反向通道识别，用以发现潜在的C&C通信行为。

■ 侦测对业务资源的异常访问

本系统提取资源访问行为序列，使用马尔科夫转移矩阵和聚类算法主动学习人工访问与机器访问的差别，形成针对行为模式的检测模型。

智能化设计程度

APT攻击过程大体分为：锁定目标、初步侵入、权限突破、窃密/破坏几个环节。

除了通过社工手段进行信息收集从而锁定目标的环节外，其他的攻击步骤均有迹可循。针对不同环节攻击手段特点，检测方法有所不同。

在初步侵入环节中，攻击者的目的是将攻击武器投递到目标网络，在这个阶段的防御重点是攻击渠道中的未知恶意软件发现；而在后续的外联、渗透、扩散等多步攻击过程中，恶意软件将攻击动作隐藏在大的网络背景流量中，这个阶段的防御重点是对各种少量且恶意的网络行为进行挖掘。

CBAS系统就是从流量行为角度进行未知威胁检测的工具，范围覆盖了APT攻击生命周期的绝大部分攻击阶段，可提升用户对未知威胁的感知能力。

相较于传统的流量检测系统，产品更能满足未知威胁的检测需求：

■ 检测方法突破先验知识局限

传统的攻击检测方法依赖于样本的人工分析，通过提取样本中的特征描述信息建立检测规则库，如固定的端口号匹配、载荷匹配等。APT是定向攻击，攻击方法和手段具有很强的针对性，很难事先获得样本进行分析，因此传统的检测方法很容易被绕过。CBAS系统通过机器学习的方法进行流量模型训练，从而自动分离出少数派行为供人工分析，更容易发现未知威胁的存在痕迹。

■ 模型描述维度更高

传统基于统计的检测模型在攻击大规模爆发时效果较好，例如DDos攻击、蠕虫攻击等。然而APT攻击更善于隐藏，具有长期、持续、小流量的特点，不易在大的背景流量中展现出统计特性，粒度较粗的统计模型容易造成APT攻击的漏报。并且，传统方法建立的模型多是基于安全分析人员的经验，检测模式固定且很难基于长期数据对模型进行训练和修正，从而导致模型的灵敏度不够。CBAS系统则充分利用大数据处理能力，从多个维度提取流量的特征进行持续的模型训练。模型训练通过实际数据不断进行学习、调整，使得模型自动贴合用户环境，对异常感知的灵敏度更高。

市场应用情况

网络流量异常行为分析系统目前已在金融、电信、能源、互联网企业等典型应用场景部署应用试点，应用过程中发现多起安全事件，能够有效帮助安管人员发现潜在威胁。如国家电子政务外网安全邮箱管理中心，在2014~2016年应用该系统期间，共发现网络安全事件407起；北京长亭科技有限公司应用该系统，在2014~2016年期间，发现网络安全事件121起。

专家点评

随着APT等新兴安全威胁兴起，传统网络安全逐步陷入困境，漏洞无处不在、防护可以绕过、管理百密一疏。在这样的背景下，网络安全防御也必须更换范式，数据驱动的网络安全防护是主要选择之一，然而基于海量的安全数据中有效发现和追踪威胁随即成为重大技术挑战。

当前，海量数据与机器学习/深度学习等的碰撞激发了新一轮的人工智能浪潮，这为数据驱动的网络安全防御技术发展带来了新的契机。AI技术的引入可替代人工进行部分智能判定，从繁杂的海量数据中提取出有价值的线索，协助安全管理人员发现APT等安全威胁主题通过不断变换攻击特征等方式来规避安全防护规则的行为，进而逐渐扭转攻防能力不对等的局面。

中兴通讯的网络流量异常行为分析系统将AI技术有机融入网络安全防御，在未知威胁发现、APT检测等方面做出了重要贡献，对于AI技术在网络安全领域应用具有重要借鉴意义。

——徐震　中国科学院信息工程研究所网络与系统安全研究室主任

智能风控系统

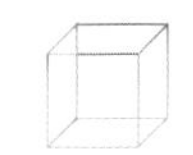

中移（杭州）信息技术有限公司

智能产品领域＞智能信息安全应用产品

什么是智能风控系统

智能风控系统，又称基于人工智能技术的业务风控系统，用于解决互联网业务中的各类业务风险，如登录注册环节的入侵检测、机器攻击、扫号拖库撞库等风险。此外在垃圾注册、短信轰炸，账号盗用获取利益，营销活动中的刷券、刷单、刷积分、欺诈等风险事件中，可以通过智能风控系统的实时计算与深度学习相结合的技术，进行风险事前预警、事中拦截、风控数据的事后溯源与黑产团伙分析，从而做到风险事件的全链路管控。

技术突破

智能风控系统由事件平台、变量计算平台、智能策略引擎、智能决策引擎、深度学习模型平台、情报库等模块组成，其中包含有设备指纹、Flink流计算、风控策略高并发低延迟智能化部署和执行、深度学习风控模型、智能化案件串并分析等核心关键技术。

■ 设备指纹

设备指纹技术通过获取交易发起者的设备和环境信息，为每台设备分配一个唯一标识。通过标识，可以根据设备维度刻画用户交易环境的变化和交易行为的变化，从而为识别和管控业务风险提供基础保障。普遍用于业务风控的事前、事中、事后各个环节。

■ Flink流计算

Flink是一个面向分布式数据流处理和批量数据处理的计算平台，它能够基于同一个Flink运行时（Runtime），提供支持流处理和批处理两种类型应用的功能。Flink技术在实现流处理和批处理时，与传统的方案完全不同，它将二者统一起来：Flink是完全支持流处理，也就是说作为流处理看待时输入数据流是无界的；批处理被作为一种特殊的流处理，只是它的输入数据流被定义为有界的。基于同一个Flink运行时（Runtime），分别提供了流处理和批处理API，而这两种API也是实现上层面向流处理、批处理类型应用框架的基础。目前风控系统在事件平台的事件日志采集、策略引擎实时计算识别风险、决策引擎的风险管控，全流程使用了该技术。

■ 风控策略高并发低延迟智能化部署和执行

风控策略引擎是智能风控系统的核心模块，提供针对业务的实时风险策略管理，实时识别业务风险，为业务提供高效的风险管控服务。风控策略引擎具有高并发（单节点吞吐量可达1万笔每秒，支持部署万条以上风控策略）、低延时（99.99%的处理延时小于100ms）、智能化非线性并发（在风控策略数量和逻辑复杂的情况下，处理效率几乎不受影响）、高可扩展性（支持实时管控类的各类业务集群部署）。

■ 深度学习风控模型

智能风控系统的模型平台，是为风险的建模和模型实时计算提供承载的平台，在安全风控场景中，很多业务会涉及用户、终端设备、商家等多个实体，通过资金流动形成互联。传统的风控技术依赖于建立好的诸多策略和模型。模型平台使用机器学习技术建立起了强大的模型构建能力，机器学习中的监督学习通常作为主要手段，决策树、支持向量机、随机森林、Adaboost、GBDT等算法，已被应用于系统，适用于不同的业务场景，发挥风控的效果。

智能风控系统更进一步，探索不断升级风控模型平台的智能化，结合深度学习技术，开发了人工智能算法，解决业务风险问题。以用户账号被盗的风险为例，传统的算法是GBDT+逻辑回归的方式，我们创造性地把逻辑回归换成了大规模深度学习（GBDT+DNN），成功应用到风控业务里，通过GBDT产生海量特征之后，再将这些特征用于深度学习模型，进一步可以考虑用户、设备和商家之间的关系，利用Embedding技术，将关系整合形成图网络，再进行监督学习和增强学习。

■ 智能化案件串并分析

风控系统通过单一的风险案件进行关联分析，可获取该案件关联的更多其他交易，从而发觉作案团伙和黑色产业链。风控系统集成多个关键维度综合反查，支持深层数据多层递归关联分析、复杂网络分析，提供智能化关联查询与反查功能，可以在账户、设备、地域等维度集成多维度数据综合分析，动态聚合攻击团伙，并以可视化形式展现攻击团伙的攻击偏好和资源信息。该系统可实现多种场景的大数据的可视化实时关联分析和追踪，支撑黑产追踪，提供欺诈情报。

智能化设计程度

智能风控系统在诸多子模块里面都运用了智能化技术。

首先，智能策略引擎使用了Flink流计算技术，实现了风险识别策略的动态更新，实时计算，并根据预估结果调整管控阈值，实现了动态侦测和动态识别，除了提升风险自主侦测能力，也大大提高了风险对抗的时效和效果。

其次，智能化的风险决策平台依据策略引擎识别到的风险情况，结合具体的业务情况，使用智能化算法动态调配管控策略，通过使用智能化调配管控，可以带来更好的用户体验，且风险也被更合理更科学的管控手段进行管控。

再次，风险模型平台结合具体业务，除了常规的机器学习模型算法的运用之外，结合了人工智能领域最新的研究和应用成果，进行深度学习算法部署和计算，大大提升了风险预测的准确率。

最后，风险案件智能化案件串并分析方面，风控系统通过事件平台等多个平台，集成多个关键维度综合反查，支持智能化的深层数据多层递归关联分析、复杂网络分析，提供智能化关联查询与反查功能。

市场应用情况

智能风控系统1.0版本已经上线，截至2017年底，防御各类风险3.5亿多次，挖掘出100多个黑产团伙，积累1千多万黑产手机账号、2千多万黑产邮箱账号，各类异常IP有100多万个，平均风险行为鉴权时间在100ms以内，风险识别准确率在99.9%以上。

目前，该系统已经在咪咕52个子产品、数字家庭APP、数字家庭APP上落地使用8个月，效果显著。

在咪咕系统中自上线起，截至2017年底，共拦截暴力撞库、垃圾注册、活动刷量、短信轰炸、邮件轰炸等各大类风险攻击3亿多次，涉及100多个黑产团伙。

和家亲产品在运营初期，80%~90%的运营成本都进入黑产团伙手中。在基于人工智能技术的新一代风控系统上线之后，截至2017年年底，已经完成203 444次薅羊毛行为拦截，其中积累的黑产资源包含5064个黑产IP、10 412个黑产设备、29 871个黑产手机账号，并且通过复杂网络关联分析出近750 774个疑似异常手机账号。

专家点评

智能风控系统对于各类欺诈风险均可防控，拦截风险于事中，能够防止损失的产生。传统的业务风控系统主要基于人工案件分析结果的行为策略防控，人力成本较高且需要很强的专业经验。而智能风控系统采用实时计算与深度学习相结合，进行风险事前预警、事中拦截，以及风险的溯源与黑产团伙分析，从而做到风险事件的全链路管控。结合人工智能技术的智能风控系统，是业务风控领域未来研究和发展的重点，是大势所趋。中国移动杭州研发中心研发的智能风控系统，具有非常明显的前瞻性和探索性，成为从行为风控到大数据风控再到人工智能风控演进的先驱。

——徐文渊　浙江大学智能系统安全实验室教授博士生导师

中移情报分析系统

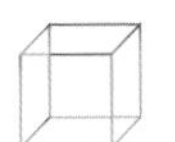

中移（苏州）软件技术有限公司

智能产品领域>智能信息安全应用产品

什么是中移情报分析系统

中移情报分析系统是中国移动基于大数据平台自研的‘移智’系列产品，利用互联网采集技术实现情报信息的收集、追踪、监控、溯源和预警功能，包括中移舆情及中移商情两款子产品。

技术突破

中移舆情利用实时数据采集和精准的自然语言处理技术，帮助大型企业对网络舆情信息及时监控预警，了解行业动态。平台提供WEB端、APP、H5访问方式。

中移商情通过实时采集互联网招投标信息，利用精准自然语言处理算法，实现准确定制化商情实时呈现、跟踪、推送、开标截止时间预警，进行多维度商情信息分析和项目筛选。

中移情报分析系统利用自研的统一爬虫平台BC-Crawler进行海量情报信息智能采集及内容解析，基于自研大数据平台对情报信息流式实时计算及存储，融合自主研发的智库平台文本语义分析技术，对情报信息进行智能挖掘分析。

智能采集模块是情报分析系统基础模块，具有海量信息智能采集与内容解析能力，能够完成对多渠道信息来源的信息采集及解析。采用分布式采集体系架构，能实现7×24小时不间断循环侦听，采集间隔为分钟级，且可以对重点信源进行采集频率调整，为情报分析系统提供每日500万级的互联网情报数据及DPI解析数据，数据源涵盖互联网、移动互联网、境外网站、运营商数据。

针对情报信息，系统采用Hadoop生态的spark streaming流式计算架构，结合kafka消息系统，提供流处理服务，为情报系统提供实时数据处理的PaaS能力，为上层实时数据的应用系统提供统一的数据处理能力、平台管控能力。

基于自研的人工智能智库平台，通过自然语言处理（NLP）算法来实现自然语言文本的理解，从而进一步对情报文本数据进行挖掘与分析，引入深度学习技术进行算法效果优化，所有服务基于开源深度学习框架tensorflow，以server api方式对外提供支撑，提高系统可维护性。

智能化设计程度

该系统基于自研的人工智能平台智库提供的能力，对情报数据进行文本语义分析。例如，分词标注采用了N-gram语法模型以及隐马尔科夫模

型（HMM），分词准确率达到98%，分词速度约为200万字/秒。

同时，系统支持新词发现功能、用户自定义词典等功能。特定信息过滤基于最新深度学习服务框架Tensorflow，利用长短信息网络（LSTM）的深度学习算法来实现。系统过滤无用信息，识别特定信息的准确率高于95%。

重复文本去重，通过PageRank算法提取关键词特征，然后使用cityhash算法实现高维度特征的低纬hash表示（俗称指纹），通过对历史指纹的匹配实现千万级别的文本去重，现有算法准确率高于95%。

系统舆情信源超过15万个频道，商情信源达到3.5万个频道。信息采集到推送延时不超过10min，系统响应时间不超过0.1s。

系统数据采集采用任务调度机制，采用主从数据库，多集群数据存储，系统可容纳用户10万人，同时在线用户达到1万人。

市场应用情况

中移情报分析系统目前在全国拥有3500家客户，覆盖政府、教育、旅游、金融、医疗等行业。

专家点评

中移情报分析系统基于分布式智能广谱爬虫、人工智能NLP算法、知识库、Hadoop等技术，融合互联网公开数据、脱敏网络统计数据、企业知识库、GIS等各种数据源，面向政府和企业用户提供情报通知、情报分析、情报管理在内的全方位情报服务。产品旨在帮助用户从海量的互联网数据中获取有价值的信息，成功打造了具备差异化功能、性能优异的智能信息产品。

——钱岭　中移（苏州）软件技术有限公司战略技术部总经理

城市交通大脑 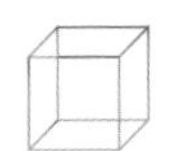

华为技术有限公司

智能产品领域 > 智能公共安全产品

什么是城市交通大脑

城市交通大脑以人工智能、大数据、云计算等技术为核心，基于华为云企业智能（Enterprise Intelligence, EI），建立一个统一、开放、智能的交通管控系统。通过构建统一的数据采集、分析及处理平台，实现信息资源高度共享、融合和综合利用，汇集成大数据资源池，实现交通数据的全覆盖、全关联、全开放和全分析，从而提供更优质、更高效的交通服务。

技术突破

■ 基础设施（Atlas服务器）

华为自主研发的Atlas服务器在解决方案中为上层的图像视频识别算法提供了计算能力。Atlas通过异构资源池、智能编排等关键技术，可以将X86、GPU、FPGA、存储等资源池化，拉远后进行统一编排调度，从而按需提供硬件资源，提升50%以上的资源利用率，大幅减少硬件机型。同时，可以秒级提供逻辑服务器，灵活应对业务变化，大幅减少业务部署周期。

■ 智能分析平台（FusionInsight AI平台）

智能分析平台构建开放的、多ISV聚合的视频处理平台，整合异构CPU\GPU计算资源，统一调度。包括但不仅限于：

■ Batch主要是用Java开发的华为云计算批处理服务，简化深度计算部署、资源管理，利用大数据组件更加高效的完成并行任务，支持Caffe、Tensorflow、Mxnet等多种深度学习框架。

■ 提供开放的算法仓库，帮助算法提供商管理算法快速部署，算法仓依托AI训练和推理平台，对上提供开放性和可插拔性，对下通过主流深度学习平台屏蔽异构硬件差异，大大降低应用开发厂商对接难度。华为提供了部分基本算法，包括大货车限行抓拍过滤、不按道行驶、车牌识别错误、车牌汉字模糊、无车牌、非本地车牌等。同时，算法仓库对外提供开放接口，支持多厂商多算法的统一纳管和多算法融合。

■ 结果数据存储（Libra）：主要用于存储算法分析的结果数据，并支持上层应用对各类结果的分析、汇总、查询等能力。

智能化设计程度

2015年至2016年，各城市交通违法行为30万~330万起。日均业务3万~28万宗，需要大量人力判定、疏导。而交警对于违章感知与执法能力面临巨大挑战。

基于华为人工智能平台构筑的“城市交通大脑”，基于业务和算法自身的资源要求，系统自动

完成异构资源调度。任务秒级调度，是业界最高密度GPU服务器。最大化利用计算资源，根据业务忙闲状态，灵活调配推理服务。能够帮助客户：

■ 提供人工审核废片的二次识别服务，降低废片率。

■ 降低人工审核工作量：提供违法图片的二次识别服务，降低人工审核工作量。

■ 降低总体IT成本：提供面向视频图像智能解析的异构资源与任务调度平台，打破传统上算法系统的烟囱架构，充分利用底层整合异构CPU\GPU计算资源，降低客户总体成本。

■ 算法应用快速上线：通过支持业界标准的算法仓，支持对不同厂商算法灵活地集成，解除厂商算法与硬件绑定，支持算法应用快速交付。

市场应用情况

通过视频、线圈、微波等多种方式，实时检测每个车道的车流信息，帮助交警第一时间获取完整的交通流量数据。多种检测交通流量的方案，克服地磁、线圈等方式易损坏、维护难的问题，同时检测算法可以快速升级，管理简单。综合检测方式的准确率达到95%以上。

经过对收集到的数据的多维度时空监控与分析，融合多源数据综合决策，拥堵得以被实时发现和主动疏导，基于人流、车流协同的智慧信号灯实时优化调整，重点路段车辆运行速度提高了9%~25%，原本需要多人现场保障的路口，几乎不再需要人工干预即可顺利度过高峰时段。

系统上线之前，开展一个专项活动需要 7 天的时间，进行数据资源准备、软件开发和数据分析，才能找到合理的数据。而通过城市交通大脑的大数据平台及交通分析建模引擎，创建“失驾”“毒驾”、多次违法等大数据分析模型，30min就能形成情报精准推送，开展数据打击专项行动，精准查处，定向清除。

城市交通大脑的人工智能平台实现了对卡口数据运算的秒级响应，基于对车辆外观特征识别的二次识别技术，日处理图片能力达到一亿张，对于违章图片的识别达到 95%以上。人工智能技术的投入使用，将违章图片识别效率提升了10倍。

在深圳市，经过一周实地试运行，电子警察查处大货车冲禁令违法的执法数据基本保持在195宗/天的基础上，初次运算推送数由实施前的16 888宗/天下降至1928宗/天，下降率88.6%。日均废片数由之前的16 696张/天，下降至1733张/天，下降率为89.6%。

目前，华为已获得多项安全领域认证，包括ITSS服务增强级认证、C-STAR认证、ISO27001、公安部等保三级认证、CSA STAR（云安全体系）金牌等多项全球权威安全认证，构建面向企业应用的全球安全合规体系。

华为云企业智能（Enterprise Intelligence, EI）是人工智能和大数据技术与企业业务场景的深度融合，当前已经在华为自身、金融行业、运营商有了广泛的商用。

目前华为云EI已经服务于55个国家，1000多客户，主要商业合作伙伴（解决方案伙伴+渠道伙伴）300多家。在中国平安城市建设中，30%的项目选择了华为云EI。

专家点评

深圳市拥有2200万人口、全市机动车保有量335万辆，人口密度和车辆密度非常高，人、车、路矛盾很突出。深圳交警与华为通过联合创新共建“城市交通大脑”，利用华为的AI智能调度平台和深度学习算法，对违章图片进行二次分析识别，日处理图片能力达到1000万张，识别达到95%以上，提升10倍的违章图片识别效率，确保了违章图片的闭环处理，大大节省了违章图片人工审核工作量，提升了交通违章执法率。

——席明贤　华为大数据与AI产品总监

火眼人脸大数据平台

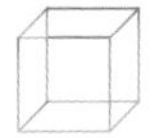

云从科技

智能产品领域>智能公共安全产品

什么是火眼人脸大数据平台

火眼人脸大数据平台是基于人脸识别及大数据分析技术，在深入理解公安业务实战需求基础上，结合ArcGIS等各类离线地图技术，通过接入监控摄像机、各类人证核验设备等，以精准检索、全城追踪、一键布控、重点人员管控等各类人脸公安战法为核心的公安智能化人脸识别业务实战系统。

技术突破

■ 双层异构深度神经网络

在异构深度神经网络基础上，云从科技创新性地提出了双层异构深度神经网络模型，利用两个深度神经网络，实现了双层网络之间的信息共享与刺激反馈，有效地将两个独立的网络进行有机结合，可实现不同图像空间到相同特征空间的映射。

■ 分层矢量化模型（人脸DNA）

为了解决深度神经网络需要大量数据的问题，云从科技提出了分层矢量化多媒体信息表达体系，最终的导向目标是形成人脸图像的特征向量——人脸DNA。人脸DNA特征能够很好地描述特定人脸的不变量，该特征对人脸光线、角度、表情以及各种图片噪声具有一定的抗干扰性，再由双层异构深

度神经网络进行优化与学习，人脸的区分性更强，识别效果更佳。

智能化设计程度

■ 平台架构先进

系统支持千路以上大规模视频接入，实现城市级应用，拥有完善的省、市、区（县）三级人脸公安业务联动实战架构，支持双网双平台，视频专网与公安网双网联动，根据不同业务等级进行协同作战。

■ 多业务场景应用

系统可以用于道路重点场所，监控重点人员布控、人员轨迹分析信息。系统也用于酒店、网吧、车站等旅客人证核验、身份确认场景，还可用于大规模住宅的人脸识别门禁智能化实有人口管控场景。

■ 结合公安业务实战

系统拥有挂图作战、人员属性分析、频次分析等多种实战研判模块。

专家点评

该平台基于人脸识别及大数据分析技术，整合为公安智能化人脸识别业务实战系统。该平台在全国多个省份上线来，为各级公安机关提供了新的实战业务思路和工具，深受公安好评。

——李继伟　云从科技研究院专家

基于机器视觉与深度学习的行人再识别分析系统

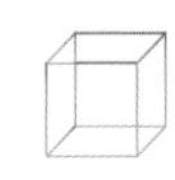

上海眼控科技

智能产品领域>智能公共安全产品

什么是基于机器视觉与深度学习的行人再识别分析系统

基于机器视觉与深度学习的行人再识别分析系统，以计算机视觉、深度卷积神经网络为基础，研发基于动态视频中的人体关键点特征技术，实现案件自动串并研判。

技术突破

该系统主要将动态视频中的图像场景与目标人物分离，将原始视频图像浅层提取、深层分析、高层挖掘、特征输出等主要过程，实现人体关键点检测、行人重识别分析和人脸识别，可以有效地将目标人体关键点、体态特征、人脸特征、衣服款式、衣服颜色、手持物品等属性进行分析、管理和挖掘，从而可形成跨场景（不同时间、不同地点）之间的多起以上案件串并关联。从而帮助民警进行时空研判、案件分类、案件自动查询，提供有效的打击鉴别手段，全面提升视频图像侦查的综合应用能力。

本系统利用计算机视觉、深度学习技术，实现对人体18个关键点的精确识别，再基于这些人体关键点的信息，将行人特征统一在一个标准尺度下，进而得到行人的属性和动态的混乱特征，最后与嫌疑人库中的对应属性和特征进行比对，确认嫌疑人。

系统的总体目标是解决人脸识别系统因为拍摄角度要求高（正脸）、环境适用性差（低照度、低分辨率）等引起的应用场景少、实战性差的问题，最终实现跨摄像机/跨场景的360°不同拍摄角度下的行人识别和匹配。

■ 人体关键点检测

基于人体关键点检测技术可以精确定位人体头颈部、手臂、躯干、腿部、脚部等部位特征、比例及摆幅等，在关键点精确定位的基础上实现衣服款式、颜色等属性识别，也就是可以精准判断衣服长短袖、颜色花纹等信息，通过人体骨骼关键点技术检测人体姿态及步态属性，能够提取全局特征及局部信息，再让神经网络自动去学习对齐，从而提高行人特性及运算性能。

■ 视频场景分割

将动态视频中的图像（视频截图、照片等）中人体进行语义化分割（按照一定原则进行分割，例如长袖短袖、长裤短裤、颜色、花纹、手持物品、背包、骑车等着装形体特征等），或者使用指定语言格式进行文字描述后，再对视频图像进行检索（例如，搜索穿红色短袖T恤、黑色短裤并且佩戴手表的男性），输出相应分类视频进行人物前景和背景的场景分割，为人体结构特征提取与特征对比提供过滤筛选。

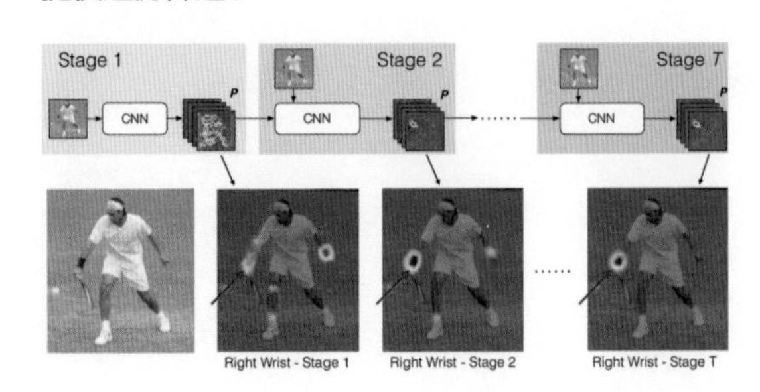

■ 人脸人形关联检索

通过输入或在视频截图中框选一幅人脸或人形图像（支持全身像和半身像），系统可在海量视频中进行搜索，返回输入图像所对应对象在视频中出现的人脸及人形所有记录的时间标签，即可直接调取时间标签对应的原始视频进行再次审查。

■ 人群聚集分析

基于人体关键点检测、人形姿态和人群特性的人群密度统计分析解决了传统图像模式在光照突变、背景复杂、人体部分遮挡等复杂场景下识别精度差，抗干扰能力弱等问题。系统采用在不同密度人群情况下采用不同的密度估计算法，对人流密度进行统计。系统还可以对视频混杂区域的行人进行检测和跟踪，分析每个人的运动轨迹，统计出上行和下行的人数，并计算出单位时间内上行和下行的人流量，可以满足客户对总人数统计，人流量压力统计的实际人群监测应用。系统适用于超大规模人群（上千人）场景下的人群分析。

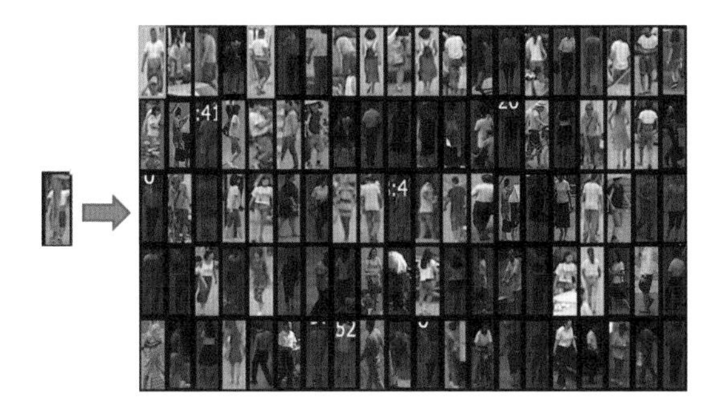

智能化设计程度

本项目系统优化了图侦传统的工作模式，实现以人体关键点识别分析之外的数据挖掘功能，丰富了图侦大数据价值，扩展了智能视频应用手段办案能力，能减少时机延误、办案失误，通过对人体关键点特征、作案手段、痕迹等智能分析，能够提高案件分析研判等环节发挥突出作用。

本项目以图侦实战需要为导向，研究基于动态视频中的人体关键点及特征处理技术自动串并相关案件。通过项目研究，在图侦内部打造业务精通、技术过硬的创新团队。通过技术研究，积累创新成果，建设基础创新技术平台，为后续的公安信息化发展提供可持续性发展的技术储备，提升公安自主创新水平，从而实现公安科技发展的良性循环。

通过联合上下游相关产业，实现产业化发展，可以积极带动和培育地方的计算机软件业、信息技术产业、人工智能等应用产业集群的发展。同时，以项目研发系统为基础平台，进一步面向公安应用开展基于动态视频的信号处理、大数据挖掘、电子信息系统、高速率数据通信、人工智能等领域的科学研究，以及专业化设备系统的研发与应用，促进面向科技强警的科学研究，具有强大的产业孵化能力。

市场应用情况

本项目在融合了多种实战功能的同时，着重兼容现有硬件设备，强化基于计算机软件的数据处理技术，后期将开展基于云计算的视频分析与处理技术，将极大提高系统延展性，减少了功能升级带来的设备更新换代、系统重复建设费用。同时，本项目有效提高了公安执法、办案效用和效率。

专家点评

人形识别技术利用行人的穿着、体态、发型等信息对人的身份进行识别，弥补了人脸识别技术对于清晰捕捉人脸照片要求的不足。目前“人脸识别”是进行人的身份验证的重要手段，但是该技术对于抓取照片的清晰度、分辨率、遮挡情况等均有很高的要求，特别是在刑侦领域，监控场景下抓取到清晰人脸的情况更少。而“人形识别技术”只需要根据人形便可以进行搜索定位，该技术可以作为人脸识别技术的重要补充，对于无法获取清晰人脸的场景进行行人的跨摄像头追踪，可以广泛应用于监控、安防、智能商业等场景。

——肖尧　眼控人工智能研究院专家

旷视科技端到端智能安防行业解决方案

旷视科技

智能产品领域>智能公共安全产品

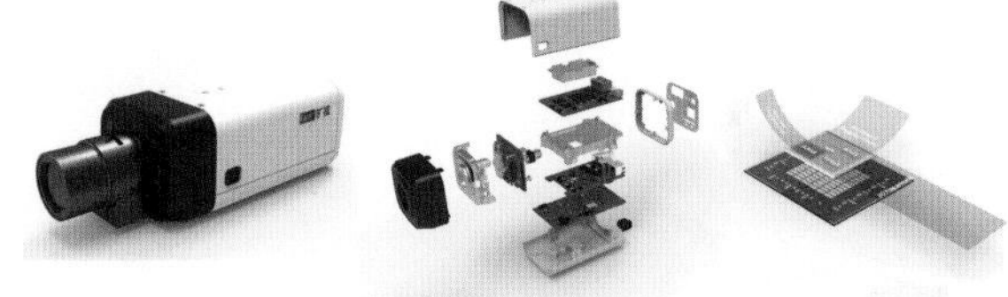

什么是旷视科技端到端智能安防行业解决方案

旷视科技结合公安行业的应用需求和场景，构建了‘云+端’架构的人脸识别服务矩阵型系列产品，并用深度学习和智能感知技术全面挖掘安防数据的价值，致力于为公共安防提供端到端的解决方案。

技术突破

旷视端到端智能安防解决方案核心算法主要涉及对人脸、人形和车辆三个安防关键要素的检测、跟踪、特征提取和属性分析。与基于CPU或者DSP通用编程平台的传统分析不同，该系统为公共安防提供的解决方案采用了由主流芯片企业提供智能加速引擎和GPU计算单元，系统稳定可靠，且能够节省大量计算资源。

针对安防业务特点、不同场景的人像图像特点，系统进行模型优化，使得各种业务都可针对查询人脸图片本身特点和业务入口智能切换不同的模型，从而实现最优搜索和匹配性能。

旷视科技自研的低功耗人脸检测和识别算法，优化的人脸识别模型可在普通手机ARM芯片上以超过每秒10张人脸的处理速度进行处理，从而实现了普通IPC+PC或者手机的业务部署模型，避免了普通人脸识别系统需要部署高性能服务器的局限。

该系统能够高效、精确地将视频中的行人和车辆信息进行结构化，包括行人位置和速度、年龄、性别、衣着、动作等特征，以及车辆的颜色型号，还有行人和车辆的智能跨摄像头跟踪等。系统能够实现任意监控摄像头角度下的车牌识别，针对雾霾等恶劣天气也能有良好适应性。

智能化设计程度

基于核心的算法和高性能的计算单元，旷视端到端智能安防行业解决方案单机在1500万底库情况下，查询返回时间通常小于0.5s。在1080P图像中进行目标检测和底库目标搜索的耗时通常不超过0.5s，而针对单个目标的所有属性分析和特征提取不会超过0.05s。

同时，系统支持任务堆叠，可线性缩短检索时间。此外，系统支持黑/白名单的自动报警功能，一旦发现目标可及时响应。

系统支持高并发人脸检测以及全帧率检测和识别，7~10m焦距范围内的人脸检测率超过99.9%，同时针对单个目标，系统每秒可抓取20~25帧人像数据，并自动提取质量最佳的图片来与关联数据库进行比对。

在目前已经上线的地方项目中，系统报警的首

位命中率达95%，前10位命中率为99%。

智能化的安防体系能为公安提供可靠的情报和决策建议，根据警情监测和大数据调整不同警务区域和不同时段的警力配置，实现有针对性和时效性的科学用警。

在产品设计上，旷视科技端到端智能安防行业解决方案采用分层结构和开放式设计。

而另一方面，从操作上看，智能安防的系统也更为灵活。通过智能感知和智能分析，算法可以让机器自动识别出监控画面中的人、车、物、案，并给这些特定事物贴上可视化的标签。

系统生成的标签和画像还能够对异常行为进行预防和预警。

市场应用情况

目前，旷视科技端到端智能安防行业解决方案已为全国32个省、自治区、直辖市公安机关提供人像识别和视频数据结构化能力。

2017年3月23~26日，博鳌亚洲论坛2017年年会在海南琼海博鳌顺利召开。作为大会主要智能视频技术应用解决方案提供商，旷视基于深度学习及计算机视觉技术，为大会安保建设动态人脸识别系统、天眼系统以及视频结构化系统。

专家点评

MegEye-C3S是业界第一款全帧率、全画幅（1080P）智能人像抓拍机。全帧率的意思是每秒30帧每帧都去抓取，在业界这个指标是最高的，每帧能够抓拍到100多张人脸。旷视推出的新款智能人像抓拍机MegEye-C3S有力改善了目前市场上流通的所有人像抓拍机存在的弊端，将以往费时费力的人工排查方式变为便捷高效的机器检索模式，大幅提高了安防工作效率。

——孙剑　旷视首席科学家

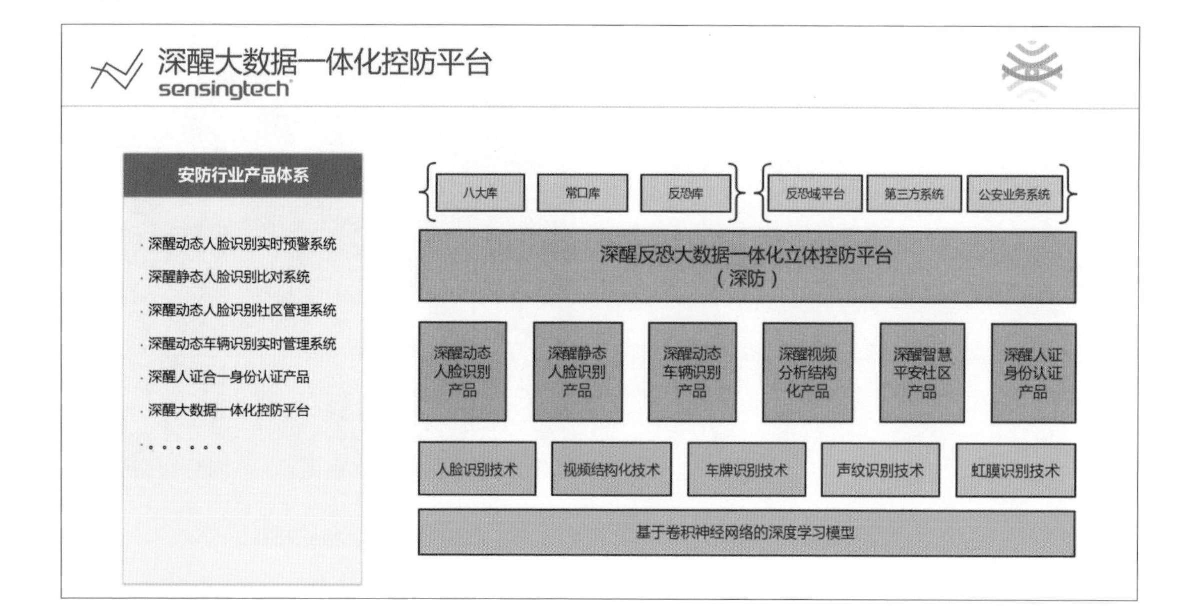

深醒公安大数据一体化防控平台

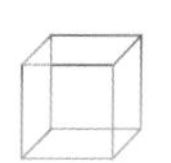

深醒科技

智能产品领域＞智能公共安全产品

什么是深醒公安大数据一体化防控平台

深醒公安大数据一体化防控平台基于云计算、大数据、人工智能等技术，采集社会各类前端感知设备数据，整合各部门各类信息系统（包括接警平台、动态人脸预警系统、平安社区、大情报库、视频共享平台等）的异构数据资源，形成“人、地、物、事、组织”等异构数据的集中管理。

技术突破

平台依托公安智能数据云大脑，以视频为主线，对视频中的人、车、物进行视频分析，同时融合声纹识别、虹膜识别等人工智能技术，结合公安业务和技战法需求，通过深度学习和挖掘有价值的目标对象轨迹，实现人员轨迹、车辆轨迹等动态轨迹时空融合碰撞，分别形成动态人脸识别、静态人脸识别、动态车牌识别、视频结构化、平安社区等产品线。

深醒科技动态人脸识别技术基于深度卷积神经网络的深度无监督学习模型，研发了具有自主知识产权的人脸检测、人脸识别、属性判断的算法，千万级人脸数据库的大数据训练，系统提供超过99%的人脸识别率，识别速度为1~2s。

该算法采用多视角人脸检测定位技术。在人流密集以及画面中同时出现多个人脸的场景中，系统

能够对移动中不配合的布控对象的人脸进行快速动态检测和定位。

针对实战应用中的各种极端情况，例如分辨率低、光照遮挡、数据噪声大等问题，系统通过模型、训练数据等方面结合提升算法性能。人脸数据模型经过了针对年龄、胖瘦等条件的分类器训练，可支持大年龄跨度、多种姿态、胖瘦变化下的识别。

面向用户开放的人脸识别SAAS服务，提供用户注册、人脸集合管理、人脸检测、特征提取、1：1比对、1：*N*比对服务。可实现面向业务的定制化开发，并提供私有化部署服务。

智能化设计程度

深度学习技术可以实现人脸检测、人脸关键点定位、身份证比对、聚类以及人脸属性、活体检测等功能。系统的人脸识别在lfw的测试上，算法的1：1识别准确率已经达到99.8%以上，远高于人类的97.52%。

实时动态多视角人脸检测定位，尤其适合人流密集区、快速移动人脸的精准定位。远距离、低分辨率依然精确匹配，支持各类配置的监控摄像机、人脸尺寸，最小支持30像素×30像素。准确识别超40种的人脸特征，包括性别、年龄、表情、戴眼镜、戴帽子、发型、胡须等，并且支持全人种识别。动态比对识别率达到99.99%，全面支持可见光和非可见光。

系统可以实时追踪与报警，实时轨迹追踪、区域快速布控、实时报警、警情联动推送。

大数据研判功能以人像为主线，具有机器学习能力。统计报表分析可以提供警情统计、报警统计、热力统计、重点人员统计等信息。布控管理能够完成精确布控、特征布控、区域布控。

市场应用情况

目前，该产品已部署到全国20多个城市公安机关，性能稳定可靠。

专家点评

深醒科技研发的人脸识别相关软件产品基于人工智能特征识别算法，针对图像中出现的局部遮盖、模糊、偏色、干扰等影响面部识别效率的特殊情况提出针对性技术解决方案，最大程度利用现有公安系统人脸数据库，在有限的计算资源下表达更加丰富的数据逻辑关系，从而更快速输出大数据分析结论，提高数据检索效率。产品在国内多个地方的公安系统上线以来已经协助公安机关抓获超过千名犯罪分子。

——李建民

清华大学计算机科学与技术系副研究员

任何技术都有它的使命，一定要能够落地并解决实际问题。深醒科技不断推进将合适的技术手段应用在合适的场景中，深醒人脸识别相关产品在国内多个地方的公安系统上线以来战果显著，针对安防定制化需求研发整体解决方案，和现有的技战法深度融合，在应用中不断迭代提升产品的实战效果。

——袁培江　北京深醒科技有限公司CTO

华为云EI智慧水务

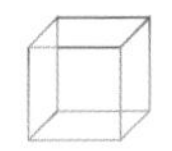

华为

智能产品领域>智慧城市

什么是华为云EI智慧水务

华为云EI智慧水务服务，利用人工智能技术，实现对污水处理企业的加氧及加药环节的最优投放量控制，从而达到提升能源效率、降低污水处理能耗的目标。

技术突破

城市生活每天都会产生大量的污水，这些污水的有效处理关系到千家万户的生活。我国2017年生活污水排放量接近600亿吨，工业污水约200亿吨。处理这些巨量的污水的物料成本\电力成本巨大。其中，生物池的细菌降解是一个关键环节，也是耗能的关键。

根据污水治理系统的流程，污水先经过粗格栅、提升泵后，测量污水流量（每小时流过的体积），再经细格栅后，测量水中生物需氧量和氨氮，然后经过沉沙池、生物池（包括厌氧、缺氧、好氧三部分）、二沉池、机械絮凝池、纤维转盘滤池和消毒渠后流出。

客户此前采用人工经验来控制污水处理生物池的鼓风机加氧数量和加药数量，控制规则比较粗放，为了水质达标，通常会保持一个比较高的溶解氧水平，从而造成很大的浪费。由于入水水质随着氨氮含量，活性污泥含量、进水量都在实时变化，难以动态设置合理的曝气水平，客户明确提出了精准曝气与精准加药需求。

华为云EI智慧水务服务，使用具备实时感知、实时决策、动态自适应能力的人工智能控制技术，实现对污水处理过程中曝气加氧、加药的最优投放量控制，保证水质达标、稳定，降低鼓风机能源消

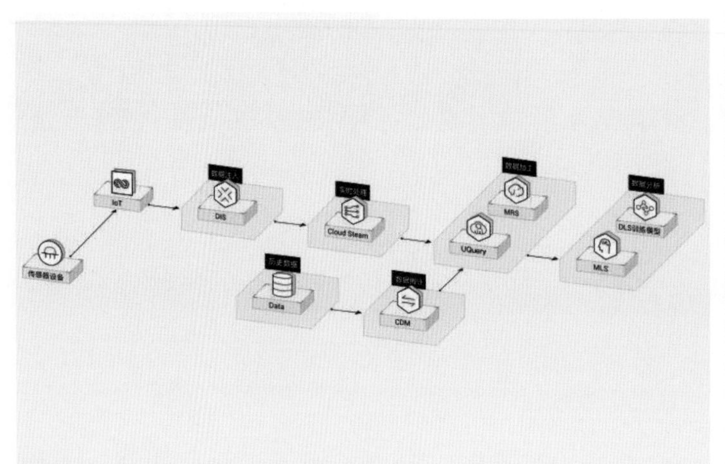

污水处理

根据污水数据，结合污水处理模型，实现精准加药和精准曝气，提升出水水质，降低污水处理系统的物耗和能耗

优势

精准加药

根据当前污水信息，构建污水处理自学习模型，提供出污水处理加药最优化方案

精准曝气

利用在线自适应调整技术，控制风机功率，实现污水处理时精准曝气

建议搭配使用

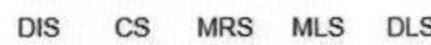

DIS CS MRS MLS DLS

耗，提升能源利用率。

智能化设计程度

■ 高准确性

智慧水务服务可以根据生物需氧量、氨氮含量、入水流量、温度、溶解氧含量、污泥活性、空气流量等数据，实施提供最优的曝气加氧、加药建议值，实现供投放量最优，电机能源消耗最低化。

■ 高适应性

国家对污水治理有统一的标准，但可能各地对水质的要求仍有不同的要求，智慧水务服务根据区域差异，调整出水水质的敏感系数，以适应各地的实际情况。

市场应用情况

华为云EI服务智慧水务已为国内某知名集中污水处理监控运营平台，及其运营管理的10余家水厂提供服务，实现业务应用，保证水质稳定达标，并节省人量能源消耗。

未来，华为云EI服务智慧水务在全国范围内的推广将为社会民生做出重大贡献，大幅降低污水处理的能耗。

专家点评

我国2017年生活污水排放量约600亿吨，工业污水约200亿吨。这些污水能否有效的处理，关系到千家万户的生活。污水处理厂的主要成本就来源于污水处理过程中的能耗。全国的污水处理厂，目前需要消耗全国电力的1%。华为云EI智慧水务产品能够降低污水处理能耗10%，因此将大幅降低污水处理成本，加速水资源的可持续利用，对建设资源节约型、环境友好型社会意义重大。

——席明贤　华为大数据与AI产品总监

面向智慧物联的核心视频平台产品

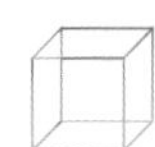

中国移动研究院

智能产品领域>智慧城市

什么是面向智慧物联的核心视频平台产品

面向智慧物联的核心视频平台产品针对物联网中关键视觉传感器以及大量视频数据，通过核心视频平台研发，实现视频设备互联、视频业务云化、视觉传感智能化。

技术突破

该平台的接入能力强，可接入物联网终端、GB28181采集设备、第三方平台。平台部署灵活，通用x86服务器部署，与专用硬件解耦，可根据需求弹性扩容，以及采用云/端/云+端方式部署。

架构设计上考虑了与物联网设备融合决策需求，以及工厂小区边缘推送MEC方案。人脸识别以深度学习技术为基础，在LFW人脸数据集可达99.6%准确率，单帧人脸识别对比时间小于300ms，人脸检测图像大小支持大于30像素×30像素，并针对监控领域可实现人脸图像自动分析、主动报警、保存异常场景，为智慧城市下的人员身份确认、重要客户识别提供有效支持。

物体场景识别支持200种目标检测和47种场景识别，平均处理速度为30~50f/s，识别准确率大于99.5%。事件监测支持实时视频检测，存量视频检测耗时与原时长之比为1：2，识别准确率大于90%。

智能化设计程度

该产品针对物联网中关键视觉传感器以及大量视频数据，完成视频基础处理能力软件模块、视频数据预处理及模型训练模块、视频数据在线智能分析模块，实现了端到端视频数据智能处理闭环。结合智慧城市的业务需求，整合了四大智能识别能力，即人脸识别、物品及场景识别、事件识别、视频质量检测，可对外提供平台能力及端到端的智能监控解决方案。

产品以视频联网为基础，以智能视频识别为核心，以实时画面监控、录像回看、设备管理、告警联动等多种业务功能为服务方式的端到端智能视频综合应用平台。

产品包括云监控、人脸识别、物品场景识别、事件识别以及视频质检等功能子系统，可满足各类民用、行业应用场景的需求，帮助各省市新建/升级智慧城市相关业务产品。

市场应用情况

产品已达到规模化商用水平，目前云平台的方式服务于卓望公司、物联网公司，以及江苏移动、新疆移动、辽宁移动、浙江移动等公司使用。

前期主要提供升级千里眼视频监控业务，同时正在开展面向家庭、行业的智能视频业务拓展，如基于人脸识别的景区人流监控，打造智慧旅游；基于工地人员的身份认证、安全帽识别、塔吊人员监测的智慧工地；结合物联网传感器和智能识别打造的智慧机房、智慧楼宇；基于火情、烟雾检测的智慧森林。市场应用场景广泛。

专家点评

视频是信息的主要载体，视频技术是信息技术的核心技术。当前视频产业中，需求最迫切的是安防监控，但传统监控仅仅是视频存储，通过录像查找进行事后追责。

而面向智慧物联的核心视频平台产品，能够做到智慧城市下的人员身份确认及追踪，火灾烟雾等自然灾害、区域入侵、人车流量超限等异常行为的实时预警。因此传统视频监控+人工智能可谓是1+1>2，带来的收益不可小觑。

产品创新性地支持云端部署，实现了端到端视频智能处理闭环，性能的提升有助于各行业快速上线智慧监控应用，同时视频数据的积累反哺核心能力研发。在万物互联的新时代，视频能力提升助力工业互联网、无人驾驶等领域快速发展。

——黄更生　中国移动技术咨询委员会业务领域专家委员、中国移动研究院业务所所长

熊猫电子面向的客户众多，我们强烈感受到用户对智慧城市、智能安防、视频大数据的强烈需求。面向智慧物联的核心视频平台产品正是紧密结合国家人工智能总体规划以及中国移动“视频+”战略，为我们补齐了智能识别能力方面的短板，满足各类民用、行业安防应用场景的需求，帮助我们快速升级智能化、定制化的ICT应用。

——郭旭周　南京熊猫电子股份有限公司机电仪技术公司副总经理

小i机器人城市管理自流程系统

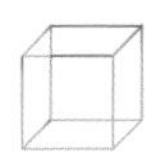

小i机器人

智能产品领域>智慧城市

什么是小i机器人城市管理自流程系统

该系统是小i机器人携手贵阳群众工作委员会共同打造的智慧的城市大脑（简称“12345自流程系统”），针对市民、网格员、电话坐席员等人员的报案信息（支持语音）进行整合与智能校对，基于报案描述，通过智能分析，进行语义匹配，在完善的城市工单（11大类、700多个小类和近1000个子类）分派模型中，将问题自动流转到负责处理部门进行处理并予以及时反馈。

技术突破

系统通过语义分析、分词处理技术，对事件信息进行提取、挖掘，形成案件向量，并从海量历史向量空间中进行匹配，实现精准派单。大大提升了案件处理的效率。同时，拥有自学习能力的系统在处理案情的过程中，准确度不断提升。

智能化设计程度

智能机器人技术让机器具备自然语言处理，可以像人一样“会思考、有问必答、能听会说”，实现各种渠道上人机间文字、语音、多媒体、体感等方式的沟通。打通各职能部门之间的信息孤岛，用人工智能技术为老百姓提供拟人化的咨询服务，并与各职能部门内部业务深度对接，改造工作流程，用人工智能技术重塑底层的业务模式。小i机器人城市管理自流程系统提高职能部门工作效率，改变政府职能部门的工作方式，提升政府治理能力。

市场应用情况

系统在贵阳市的应用取得了良好反馈，系统上线后，贵阳市群工委指挥中心的接单能力从原来人工接单近2000件/天上升到3000件/天，派单准确率则由60%上升到90%。

专家点评

小i机器人城市管理自流程系统打通政府部门的信息孤岛，利用人工智能中的自然语言处理、智能语音、智能大数据等核心技术，从底层对政府职能部门的业务流程进行改造，方便百姓生活，提升政府治理能力。

——夏道勋 贵州师范大学大数据与计算机科学学院大数据系主任

智慧城市标准化产品

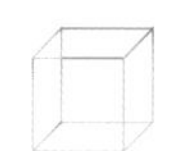

特斯联

智能产品领域>智慧城市

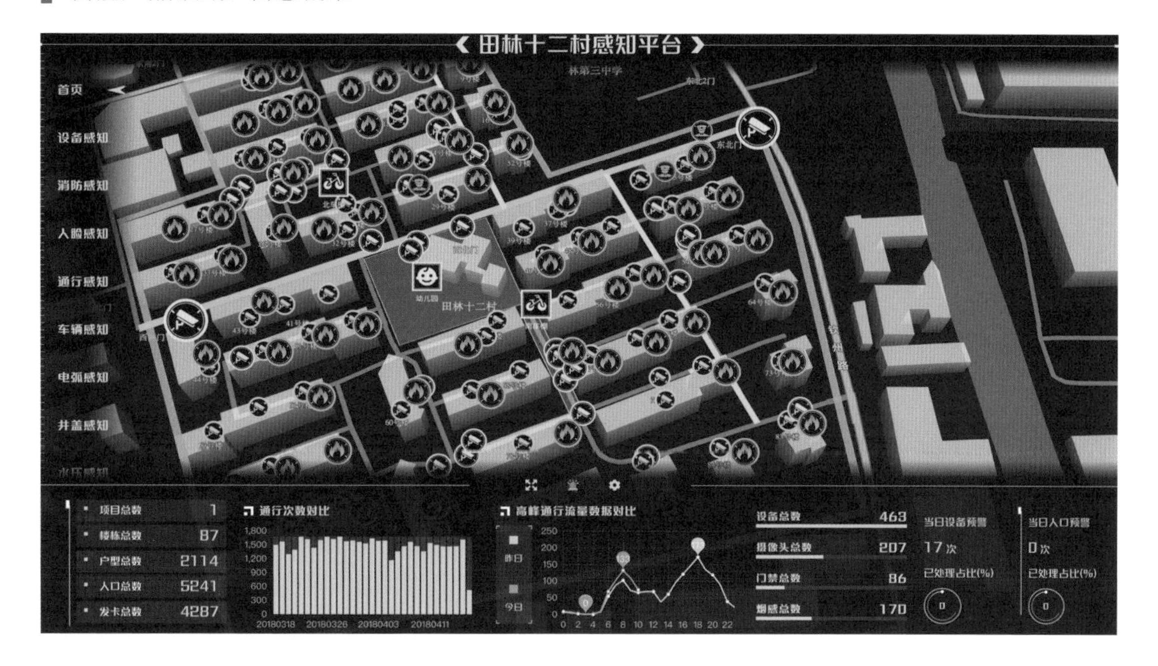

什么是智慧城市标准化产品

智慧城市标准化产品是特斯联公司自主研发的一整套物联网城市管理解决方案。其中‘人口管理’部分与目前人工智能领域较为成熟的人脸识别技术相结合，进行统一身份认证与管理、预警。

技术突破

智慧城市标准化产品分为硬件设备数据上报、人口信息采集存储、数据存储与分发、云平台数据处理、通行管理与预警安防五部分。

■ 硬件数据上报：包含了统一通行入口与权限，智能硬件通过物联网自组网技术对各个门禁进行统一组网，降低高昂的数据上传费用。如通过LoRa网络可以将每一台智能门禁机的位置信息、人员通行权限和硬件自身所产生的数据进行实时上报。

■ 人口信息采集存储：包含制卡的人口信息数据，通过智能发卡系统和智能管理系统，将所采集到的人员信息和制卡信息通过分布式存储、定时备份，将不同业务数据存储到对应的云服务器数据库当中，保证所有数据都不会被遗漏。

■ 数据存储与分发：系统采用分布式的存储架构方案，存储包括视频、图片、日志等文件数据，系统可平滑扩容，满足大规模的数据存储需求。同时，系统使用多重冗余存储方案，确保数据的安全性。

■ 云平台数据处理：包含智慧城市云计算平台依赖的整套PaaS方案，通过平台的大数据处理能力、实时计算能力，实现通行数据流处理、大数据分析统计、布控预警等数据的实时计算和一站式处理。

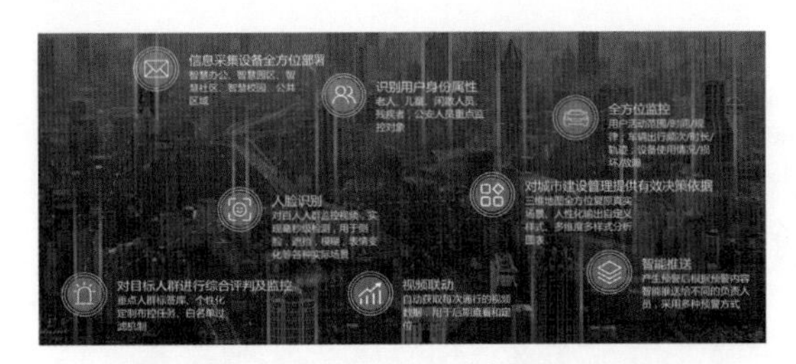

■ 通行管理与预警安防：城市管理者可以对布控下的所有人员查看通行数据，查看在全网下的通行轨迹与捕捉到的视频点位留下的痕迹。这些信息被可视化地反映在地图上。系统可对政府关注的特定人群进行自定义规则创建布控任务。对于老人长时间无通行等异常事件实时反馈，提示定向上门走访，有效保障居民人身、财产安全。

智慧城市标准化产品的业务核心包含人口信息采集、实时通行记录、特定人员标签管理、自定义任务布控、实时视频监控、人脸抓拍及识别比对、通行视频联动，时效信息推送、物业管理运营支撑，以及系统平台呈现。

■ 人口信息采集：通过发卡端和管理端对社区“常住”和“流动”人员的基础信息进行收集。

■ 实时通行记录：实时监控管辖区域内的人口通行情况，精确到秒的实时通行记录数据，并提供反向查询服务。

■ 特定人员标签管理：按照公安部标准的标签库对人口信息库中的特殊人群进行人员标签建立，从而实现对重点人口、关爱人口等人群的出入规律、行为特征、活动范围进行有效监控。

■ 自定义任务布控：特斯联独有的自主布控任务，可根据监控人员信息创建不同的布控规则，用户触发规则后系统会产生预警功能。

■ 实时视频监控：通过对管辖区内的社区、街道、校园等重点安防区域，进行人脸捕捉摄像头布点和视频采集，对出入口人员流动进行24小时实时监控。

■ 人脸抓拍及识别比对：通过人脸识别技术，对人脸实时捕捉记录，并与公安重点布防人脸库进行实时比对，发现高相似度可疑人员。

■ 通行视频联动：对布控人员的通行规律、通行前后30s视频、人脸抓拍记录可随时进行查看、调用和分析，为城市管理者查询信息提供视频依据。

■ 时效信息推送：管理员可设置预警发生时短信通知手机号，当触发布控任务后，如有重点人口通行，设备发现异常时会触发报警，并第一时间短信通知安防管理人员手机。

■ 物业管理运营支撑：特斯联物业采集管理系统，由多个不同的功能子模块构成，其中包含自定义楼宇信息管理、人口信息管理、智能电子公告发布、智能消息推送、设备设施管理及社区实时通行明细管理。

■ 系统平台呈现：信息展现在智慧城市安防预警系统，面向最终用户，可模块化初始，定制化支持。

智能化设计程度

智慧城市标准化产品由发卡系统、人口采集管理系统、物业管理系统、智慧城市系统平台、分布式云存储、智能云平台、大数据计算挖掘平台、三维可视化技术、安装终端应用、智能通行硬件集群等多因素构成。可独立支撑人口管理、安防预警和重大运动监控等多项任务，是可提高监管、服务、决策的智能化管理模式。

在平台能力、系统架构方面提供了完整的全线解决方案，由特斯联产品研发团队自主研发而成，从系统整体上能够做到绝对的可靠与可控，这对于需要长期运营的物联网应用系统而言，是尤为关键的。

智慧城市标准化产品采用了模块化的产品设计思路，将各城市对人口管理的需求进行整理分析，拆分出相对独立的多个功能子模块，各子模块间通过松耦合的方式进行关联。在面对不同业务场景时，能够依据个性化需求，灵活进行产品模块调配。

由于采用了整体规范化的数据接口，各子系统及其功能之间能够实现快速、无缝对接。初始化搭建智慧城市管理平台，某些产品模块是必备的，如实时通行日志管理、实时视频监控管理、标签人口管理、通行视频联动管理等，而某些功能模块则可根据业务需要灵活增删，如人脸识别对比功能，人脸抓拍功能等。使用者可以根据自身情况进行设计。

作为运营管控系统，该产品提供了强大的数据统计功能，不仅能够实时获取智能硬件的人口通行数据，还能够将历史数据进行多维度的分类汇总，形成统计报表。

为确保数据的安全性，特斯联与公安部第一研究所进行战略合作，数据在第一研究所进行全托管，既保证了数据安全，又提升了公安系统用户调取数据的速度。

市场应用情况

目前，智慧城市标准化产品已经在南京、上海、广州、北京等70多个城市落地，服务超过千万人口。客户包含戴德梁行、第一太平戴维斯、仲量联行、金茂物业等物业公司，英利集团、绿地集团、阳光100等优质开发商，还有上海徐汇区、长宁区、普陀区等13个辖区，以及南京建邺区、重庆渝中区、南岸区，还有北京市海淀区等区域，目前签约项目近300个。

■ 上海市长宁区：在使用该系统后，长宁区实有人口信息采集效能全面提升，小区治安状况明显改观。从源头上解决了社会管理的突出问题，深入推进社区治安防控体系建设。

■ 北京市海淀区：据北太平庄派出所统计，在该产品的帮助下，社区群众的安全感和满意度明显提升。

专家点评

平台依托特斯联物联网平台、特斯联物联网开发者平台以及特斯联达尔文平台三大核心平台，从云、物、大、智四个层面的技术深挖解决城市管理痛点，统一身份认证技术解决人口管理和身份鉴权的刚需，对于城市人口、安防、维稳、反恐等方面具有重要作用和意义。

智慧警务机器人平台，有警情和预警及时触发到相应民警，及时接警。通过物联网接入层，接入更多的传感器控制器，实现城市级万物互联，摄像头、烟感、消防、井盖、车辆、电弧等方面数据接入，实现智能感知及时预警。与线下工作流和事务处理流打通，直接针对多级负责人起到实时作战指挥的意义。

——李杨　特斯联副总裁

特斯联的AI+IOT产品与时俱进，在技术上快速融合人工智能、物联网技术，并在应用中深入市场需求，形成完善的产品体系。产品覆盖智慧城市的主要应用面，包括智能感知采集端、全智能通信模块、智慧AI平台等。该产品通过大规模落地应用和实战，已经能够动态支撑城市智慧城市的建设，目前在全国市场上有很强的技术标杆作用。特斯联的AI+IOT技术不断结合实际和技术发展趋势，充分发挥核心技术创新，形成有价值的产品和解决方案。

——鲍敏　特斯联未来城市事业部副总经理

特斯联人脸识别技术应用经过很多阶段，其技术特征深入算法层，通过场景化的视角进行技术创新。该产品与物联网结合，把安全防范、商业化应用进行集成，探索复合技术，难能可贵。

通过与实践结合，产品形成了智慧社区、智慧楼宇、智慧建筑等智慧深度学习模型，具有识别技术趋势性敏锐眼光，其结果值得推荐。

——刘同侃　上海政府采购专家
原上海市长宁区教育信息中心主任

ET城市大脑

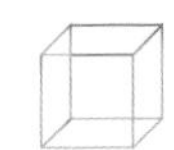

阿里巴巴

智能产品领域>智慧城市

什么是ET城市大脑

ET城市大脑依托阿里云大数据一体化计算平台，对企业数据、公安数据、政府数据、运营商等城市数据进行整合，借助机器学习和人工智能算法，是面向城市治理问题打造的数据智能产品。

ET城市大脑可以从全局、实时的角度发现城市的问题，并给出相应的优化处理方案，同时联动城市内各项资源调度，从而整体提升城市运行效率。

技术突破

城市大脑集合了多集群分布式架构、机器视觉技术、模糊认知反演算法、人工智能技术等关键技术，平台共分为四层：最下层为阿里云飞天一体化计算平台，第二层为城市全网数据资源平台，第三层为城市AI算法服务平台，最上层为城市大脑IT服务平台。

■ 一体化计算平台：为ET城市大脑提供足够的计算能力，支持全量城市数据的实时计算。具有EB级存储能力，日PB级处理能力，百万路级别视频实时分析能力。

■ 全网数据资源平台：实时汇聚全网数据，让数据真正成为资源。可以实现多个核心功能，包括多源海量数据规模化处理与实时分析计算能力，海量视频实时分析及交通事件自动巡检，首创落地的多体智能系统在交通中实现从单个点、单个路段到整个城市的交通优化控制。

■ AI算法服务平台：通过深度学习技术挖掘数据资源中的金矿，让城市具备“思考”的能力。

■ 城市大脑IT服务平台：通过数据资源的消耗换来自然资源的节约。平台上百TB级别数据实时采集能力、ZB级别海量数据存储能力、万亿级数据接入，使系统延迟时间低于100ms。

■ 海量视频数据处理分析能力：具有实时视频分析处理与离线视频分析处理能力，离线视觉大数据具备PB级别的计算处理能力，视频实时处理

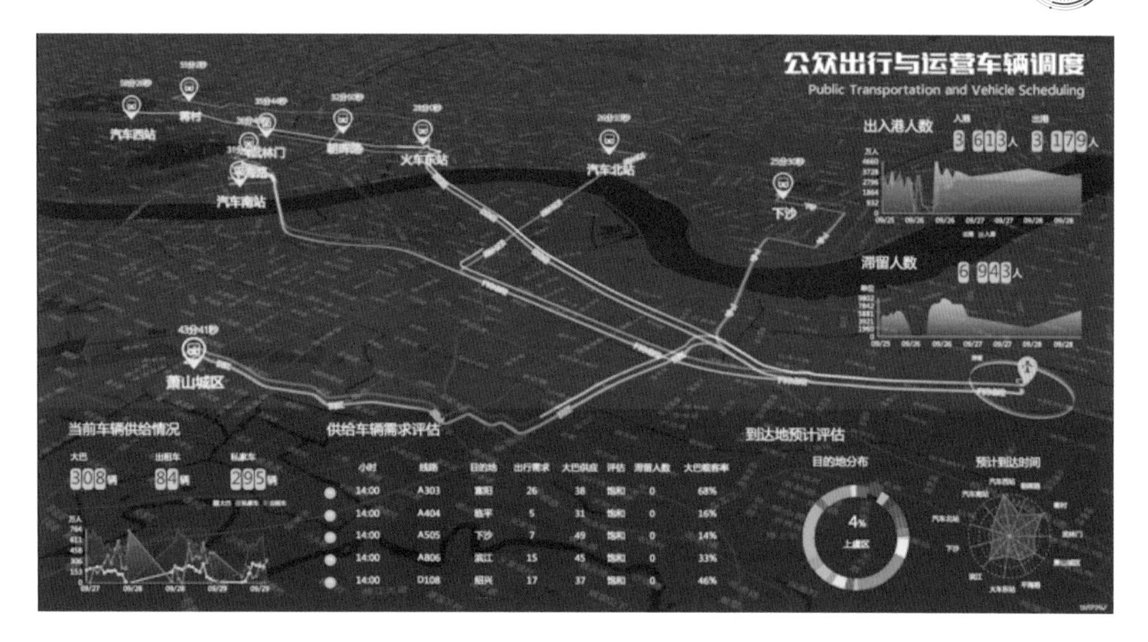

可达万级规模。视频实时处理支持单机GPU60路（CPU12路），视频压缩比高达1/15。

■ 实时视频数据分析能力：可实时识别车型、车牌、品牌、颜色等车辆属性及道路标识等，低分辨率车牌识别准确率高达91%；可识别未系安全带、驾驶员打手机、遮阳板、前排驾驶室人数、贴标、摆件、挂件等车辆驾驶室特征等。

■ 类脑神经元网络物理架构：ET城市大脑在百亿个节点万亿条边级别的网络上，处理EB级别数据，通过模糊认知反演算法，发现复杂场景背后的超时、超距弱关联。成功应用到道路交通、工业等领域。

ET城市大脑采用自主研发的大数据处理平台MaxCompute进行海量数据计算。2015世界Sort Benchmark排序比赛中，MaxCompute用377s完成100TB的数据排序，创造了4项世界纪录。2017年MaxCompute全球首次将BigBench数据规模扩展到100T。

智能化设计程度

ET城市大脑具有城市事件感知与智能处理能力，通过视频识别交通事故、拥堵状况，融合互联网数据及接警数据，及时、全面地对城市突发情况进行感知。结合智能车辆调度技术，对交警、消防、救护等各类车辆进行联合指挥调度，同时联动红绿灯，对紧急事件特种车辆进行优先通行控制。

在社会治理与公共安全方面，可以通过视频分析技术，对整个城市进行索引。通过一些片段的嫌疑描述线索，借助城市摄像头快速搜索到嫌疑人员行踪，提升追踪犯罪嫌疑人效率。对各类违规人员、车辆的特征进行深度学习，进行犯罪预测预警，防患于未然，保证城市的安全。

在处理交通拥堵方面，通过高德、交警微波、视频数据的融合，对高架和地面道路的交通现状做全面评价，精准分析和锁定拥堵原因，通过对红绿灯配时优化实时调控全城的信号灯，从而降低区域拥堵。

在公共出行当当运营车辆调度方面，通过视频、高德、Wi-Fi探针、运营商等数据，对人群密集区域进行有效的感知监控，测算所需要的公交运力。根据出行供需调整和规划公交车班次，接驳车路线，出租车调度指挥，将重点场馆与重要交通枢纽的滞留率降到最低。

市场应用情况

ET城市大脑于2016年10月在云栖大会正式

发布，在国内实现广泛应用，包括我国的杭州、苏州、澳门特别行政区，以及雄安新区。在海外于马来西亚吉隆坡也投入使用。ET城市大脑在城市治理产生巨大的社会和经济效益。

阿里云与杭州市开展合作，商用程度完善。在杭州主城区，视频巡检替代人工巡检，日报警量多达500次，识别准确率92%以上；中河-上塘路高架车辆道路通行时间缩短15.3%；莫干山路部分路段缩短8.5%。在杭州萧山区，信号灯自动配时路段的平均道路通行速度提升15%；平均通行时间缩短3min；应急车辆到达时间节省50%，救援时间缩短7min以上。

专家点评

世界上最遥远的距离是红绿灯跟交通监控摄像头的距离，它们都在一根杆子上，但是从来就没有通过数据被连接过。中国有的大城市有将近60万个摄像头，但数据得不到利用，因为如果不借助人工智能，需要120万人才能在当天把摄像头的数据看完。

杭州数据大脑第一次让摄像头的数据能够用来指挥交通信号灯，而交通治理只是个开始，更重要的是数据开始为社会产生价值。

“城市大脑”，是杭州代表中国的城市为世界在做一次探索，一次使用机器智能进行社会管理的前瞻性实践。我们不知道它最终会进化到什么程度，但这绝对是前所未有的。

——王坚　阿里云之父、阿里巴巴集团技术委员会主席

ET城市大脑的核心就是利用不断发展的AI技术和逐步增长的计算能力，来挖掘城市中大量异构数据不可替代的价值。这种不可替代的价值体现在，通过分析这些城市数据为城市的管理和服务进行全面、实时的优化，从而让整个城市的管理和服务更加便捷和灵活，同时对城市的安全管理也有很大帮助。

——华先胜 博士，阿里巴巴集团副总裁、达摩院机器智能实验室副主任

我们将在重庆打造一个“城市大脑”，将所有的摄像头、交通灯、人类出行数据等综合运用起来，到时候能够实现实时路线优化选择、站点设计优化等规划，对整个城市交通在运行中有问题的地方进行纠偏，保证能够非常顺畅地运行。

——陈斌　阿里云西南总部总经理

电力用户大数据智能画像技术及应用

中电普华

智能产品领域 > 智能电力

什么是电力用户大数据智能画像技术及应用

本产品在电力用户多模态大数据的数据分析与业务理解基础上，研究了数据抽象与标签提取方法，提出了电力用户大数据分类定级与隐私保护框架，实现了电力用户的全维度智能画像以及标签的可视化管理与快速定制。主要内容包括电力用户系统角色识别、电力用户大数据的抽象与用户标签抽取、电力用户全维度画像模型、基于客服/用户交互数据的电力用户信息分析。

技术突破

电力用户大数据处理与分析存在数据来源复杂、数据种类多、数据质量参差不齐、各系统间数据共享不畅以及数据利用率低等若干问题。针对上述问题，团队在电力用户多模态大数据的数据分析与业务理解基础上，研究了数据抽象与标签提取方法，提出了电力用户大数据分类定级与隐私保护框架，实现了电力用户的全维度智能画像以及标签的可视化管理与快速定制。全面支撑了电网公司深度挖掘数据资源、提高管理效率、优化客户服务、提升数据商用价值。

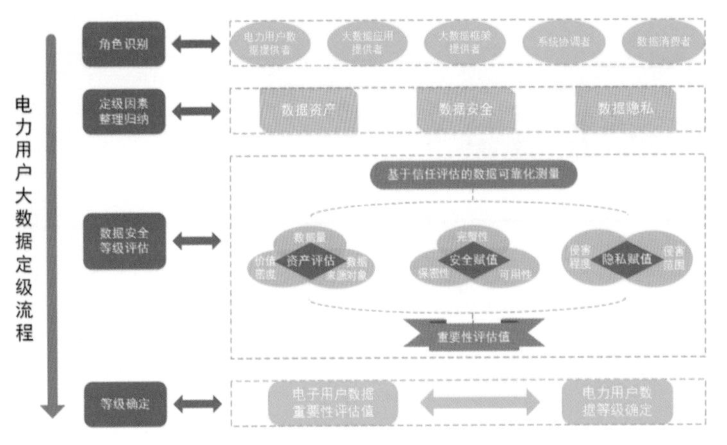

项目主要创新内容包括：研究了电力用户大数据的跨模态信息分析与提取方法及相关的系列算法，通过客服/用户交互数据的分析提取关键信息，并针对多源异构数据采用嵌入式特征表示学习的方法进行抽象和标签提取；提出了电力用户大数据分类定级与隐私保护框架，抽取关键影响因素，基于独立性权系数思想，形成了用户信息数据三维安全定级模型；提出了基于深度特征学习的个性化用户标签推荐算法和基于联合潜在因子模型的标签补全算法。

智能化设计程度

本产品实现电力用户大数据的深入挖掘，并在此基础上实现电力用户的增值，主要有以下特点。

■ 客户服务优化：提供个性化供电服务、用户投诉预警及有效应对、有序用电对象精准选择、供电质量提升等。

■ 管理效率提升：包括电费回收风险提示、配电网运行评价、防窃电分析、客户关系管理智能化、电网投资建议。

■ 数据价值商用：如电力DMP数据服务、电力用户征信数据、商业经营选址建议、企业投资风险评测。

■ 辅助政府决策：如政府产业布局规划、宏观经济形势分析、电价政策制定、节能减排效果分析。

市场应用情况

产品中涉及的理论和方法，根据新的数据进行调整和优化，可以在其他类型企业推广应用。

■ 某电力公司

通过采用电力用户大数据智能画像技术，系统对某电力公司的营销、用采、用电客户数据进行梳理，构建了电力数据资产全维度标签体系，实现了管理效率提升、生产成本降低、客户服务优化、辅助决策，充分发挥了数据资产价值。

■ 某电力公司

依托电力大数据平台，通过档案数据、用电行为数据、用户交互数据、设备运行数据，系统通过电力用户大数据智能画像构建了电力用户的全维度标签体系，立体化展现了电力用户的全维度画像，充分挖掘了数据资产价值，有效开展了电网用户信息大数据安全定级工作。通过整合电网运行数据资源，实现了该公司的集约化、精益化、标准化管理。

专家点评

数据驱动的用户智能画像技术是人工智能领域的重要研究方向。电力用户大数据智能画像技术及应用项目取得了一系列原创科技创新成果，提出了电力用户大数据的跨模态信息分析与提取方法及相关的系列算法，设计了电力用户大数据分类定级与隐私保护框架，提出了基于深度特征学习的个性化用户标签推荐算法和基于联合潜在因子模型的标签补全算法。

该项目在确保用户隐私与信息安全的基础上，实现了电力用户数据的深度挖掘、电力用户数据资产的高效利用，促进了电力行业的快速发展，产生良好的经济与社会效益。

——马占宇

北京邮电大学副教授、博士生导师

多网协作节能系统

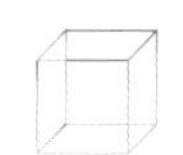

中国移动研究院

智能产品领域＞智能环保节能

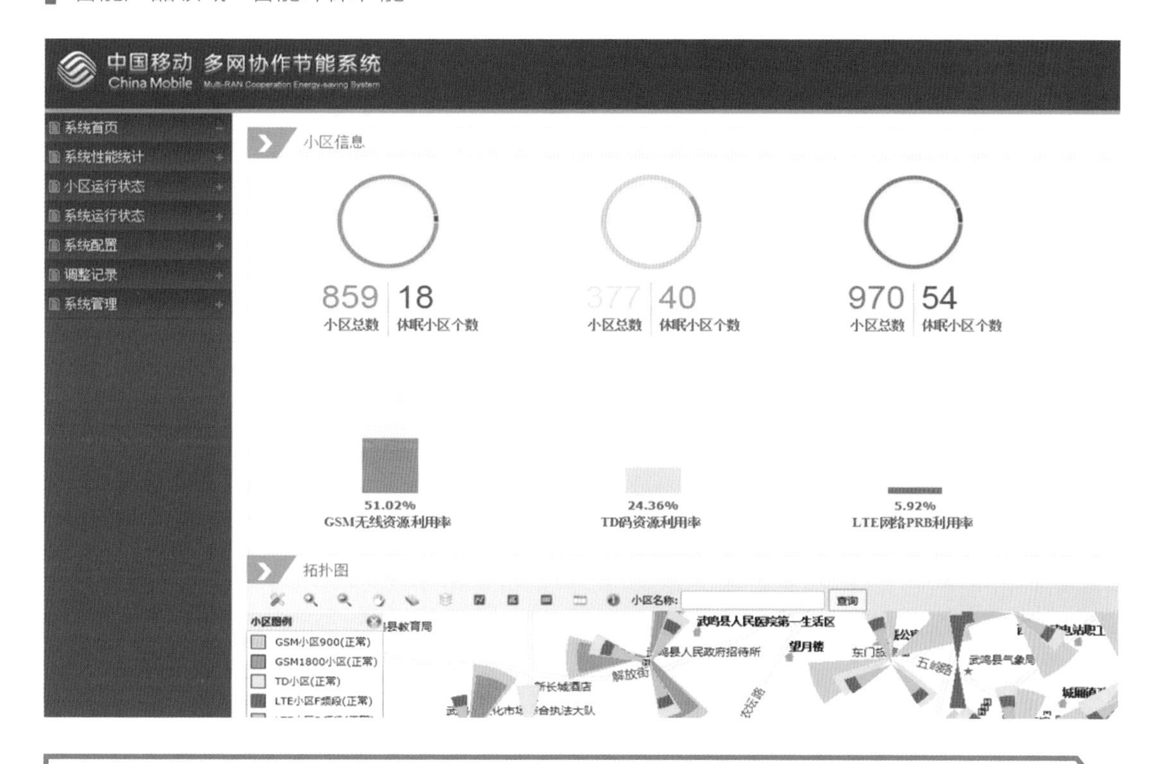

什么是多网协作节能系统

为了应对移动通信网络规模不断扩大带来的日益严峻的网络能耗问题，中国移动研究院绿色通信中心牵头，自主开发了利用人工智能提升网络能效的多网协作节能系统（以下简称为MCES系统）。MCES系统是一种基于与网络设备适时交互的系统，能同时支持多种主流厂商的设备。

技术突破

MCES系统能够在小区间重叠覆盖场景中进行智能筛选，适时关闭部分重叠覆盖小区以实现网络能耗的降低。通过分析海量测量报告信息和业务信息，MCES系统能通过机器学习算法发现网络中的节能小区及其补偿小区，并预测他们的业务变化趋势。同时，通过实时监控功能，MCES系统能够在业务尖峰到来时及时唤醒休眠的节能小区以保证网络质量。

MCES系统具有三大核心功能：

■ 基于大数据分析的网络级节能功能

传统的节能技术（如基于负荷的符号、通道、

载波关断）只局限在单网单基站场景，无法充分提升网络能效。多网协作节能系统以网络间小区重叠覆盖和业务负荷动态变化为研究基础，通过大数据平台的数据采集和聚类分析发现不同制式小区间的节能场景，并对主流无线设备厂商的测量报告进行解析，生成休眠/唤醒命令执行文件并与无线设备交互，实现了不同制式、厂商设备之间的协作节能。

■ 基于机器学习的节能小区发现功能

多网协作节能系统通过采集并解析全网小区的测量报告（MR），计算小区之间的覆盖相关度，并采用机器学习算法进行精准的网络业务预测，分析发现多网共存下的节能小区。算法通过对大量历史数据的分析，充分保证了小区休眠后相关区域的覆盖、容量，同时也保证用户需求。

■ 利用流数据处理实时休眠/唤醒功能

多网协作节能系统以现网可采集最小周期（15min）从OMC-R侧和基站控制器（BSC、RNC）侧采集网络性能指标，并基于节能算法实现15min粒度的小区休眠和唤醒。休眠状态的小区将彻底关闭射频器件以及部分基带器件，实现小区瞬时能耗降低60%。

智能化设计程度

本产品通过对网络及用户数据进行大数据采集分析，并结合机器学习算法，实现了网络运维的自动化、高能效调整，解决了传统移动通信网络优化依赖经验，人工投入大，响应周期长的问题。其智能化程度已经达到数据自动分析，算法自动生成，指令制动下达的智能网络运维水平。

市场应用情况

目前，该产品已入网实现商用超过一年，全国应用规模超过30万小区，实现年节电量1200万度，后期将继续扩大商用规模，预计可推广至全网375万小区，实现年节电近1.5亿度。

■ 中国移动广西公司评价

该产品节能功能开启后，试点区域业务量、流量保值稳定，节能的同时未影响网络业务吸收能力。对比全网节能开启前后，不同月份同一周话务与流量指标，基本上均保持一致，未出现因节能开启导致指标明显恶化或话务流量下降的问题。将三网话务量和流量叠加对比，节能功能开启前后均在正常波动范围内。

产品节能效果良好，节能小区日均节电约20%。该系统全面适配各厂家无线主设备，可通过测量报告、站址信息等数据智能筛选重叠覆盖小区，基于15min业务统计，通过网管适时关闭或及时唤醒低业务小区，并具备完善的安全机制，实时监控系统运行、操作结果和网络性能等情况。

应用多网协作节能系统后，日均可实现节能小区约4000个，日均节电量可达3515度，其中GSM节能小区日节电量约为1.67度，TD-SCDMA节能小区日均节电量约为0.48度，TD-LTE节能小区日均节电量约为0.6度。按照电费每度1元计算，南宁市每年可节约电费约128.33万元。

专家点评

随着移动互联网的爆发，运营商的网络规模快速扩张，如何应对随之而来的无线网高耗能问题成为整个产业关注的重点之一。多网协作节能系统的研发及部署基于数据科学通过智能化的算法，从能耗角度对网络进行了精细化运维。基于运营商网络海量的基础数据，结合实时的用户轨迹、业务预测，能够有效并安全地利用流量潮汐效应，在保证用户感受的基础上实现网络资源的动态分配。该系统为业界首创，充分体现了中国移动在无线智能化领域的创新思考及方案落地。

——易芝玲　中国移动通信研究院首席科学家

华为云EI智慧供暖

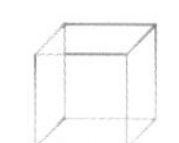

华为

智能产品领域>智能环保节能

什么是华为云EI智慧供暖

华为云EI智慧供暖服务，利用人工智能技术，实现对供暖企业供暖服务的最优热量控制，从而达到提升能源效率，降低能耗的目标。

技术突破

对于供暖企业而言，供暖的原理非常简单，就是通过热交换片把热源厂送过来的热量，交换到用户家中。

供暖企业的主要的工作方法就是根据供热侧的热水温度，以及室内温度和室外温度，动态调整供热阀门的开度，以确保热交换片交换到用户侧的热量能够满足用户的需求。

对于供热阀门的开度大小，以前一般是依靠工作人员的经验来进行设定。由于供热侧的热水温度、市内温度和室外温度是动态变化的，因此需要经常进行阀门调整。对工作人员的技能要求比较高，调整不准确或者不及时，都可能出现用户室内温度过高或者过低的现象，从而导致能源浪费或者用户投诉。

智慧供暖服务平台利用人工智能技术，实现对

用户供暖热量的最优化控制，从而实现在满足用户室内温度舒适度的前提下，降低能源损耗，提升能源利用效率的作用。

智慧供暖服务平台使用具备实时感知、实时决策、动态自适应能力的人工智能控制技术，实现对供暖热量的最优控制，从而达到降低能源消耗，提升用户满意度的目标。

智能化设计程度

■ 高准确性

智慧供暖服务可以根据供暖场所的室内室外温度以及供暖侧的水温等数据，提供最优的供暖热量建议值，实现供热效率最优。

■ 高实时性

可以根据供暖场所的室内室外温度以及供暖侧的水温等数据，实时调整供暖热量，实现用户体验最优。

■ 高灵活性

可以根据不同地域的用户室内温度体验习惯，调整供暖热量的最优建议值，实现用户体验最优和供暖效率最优。

市场应用情况

每年中国北方冬季供暖，需要消耗燃煤数亿吨，同时产生数亿吨的二氧化碳、二氧化硫、氮氧化物等污染气体。因此，如何提升冬季供暖的能源效率，降低能耗，是社会的一个重要课题。

华为云智慧供暖服务，能够在满足用户室内供暖舒适度的前提下，降低供暖企业10%的能源消耗。如果该技术能够推广到全国所有供暖企业，那么将可以减少冬季供暖燃煤消耗数千万吨，降低二氧化碳等废气排放近亿吨，具备极大的经济价值和社会环保价值。目前该技术已经在国内某供暖企业进行业务应用。

专家点评

中国北方城市每年冬季供暖需要消耗燃煤数亿吨，相应产生数亿吨的二氧化碳、二氧化硫、氮氧化物等污染气体。因此对于冬季北方的雾霾天气来说，供暖也是其中的一个重要因素。华为云EI智慧供暖产品能够在满足用户室内供暖舒适度的前提下，降低供暖企业10%的能耗。如果推广至全国，那么可以减少燃煤消耗和污染气体排放达数千万吨，对于中国的污染防治将起到重要的作用。

——席明贤　华为大数据与AI产品总监

查尔德智能投研系统

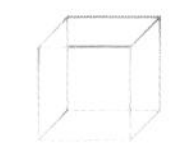

爱智慧科技

智能产品领域 > 其他类

什么是查尔德智能投研系统

查尔德（Chaorder）智能投研系统，是一款基于事件驱动理念的“实时金融投资研究系统”，对9万多个全球事件，超过650万个金融问题进行分析与解答。

主要涵盖事件驱动投资与投资图谱两大功能。

■ 事件驱动投资功能：将事件组进行归类，提供全市场收益分析。统计近18个月该事件发生的总数，上涨数、下跌数、停牌数，以曲线形式展现。近18个月所发生的该事件股票的当日、后一日、后三日、后七日相对平均涨跌幅，以曲线形式展现出来。

■ 投资图谱功能：对产业链上下游、行业板块、个股进行系统化检索，让AI能像行业专家那样推演事理。

技术突破

系统整合机器学习、自然语言理解、知识图谱三大AI技术，为投资机构提供投资研究辅助与决策支持系统。利用机器学习技术，系统地从海量金融大数据中发现模式特征与投资相关性，对趋势作出预判，进而支持投资决策。

产品率先构建了金融投资垂直领域的中文自然语言处理系统，赋予机器强大的文本解读能力，实时解读宏观经济、产业板块、上市公司基本面信息、生成量化投资信号。

该系统还是“中文开放知识图谱联盟”成员，可以将金融投资知识体系快速向专家系统迁移，让机器获得逻辑推演能力。本体（Ontology）节点多达1万个，借助NLP解析事件的能力，构建了一个能够自动扩展的知识图谱。事件中的新实体，可以自动通过谓词关系，粘附到知识图谱，从而使图谱的规模不断扩充。

智能化设计程度

用户界面友好的互动查询系统，能将复杂精妙的金融量化分析有效简化，与传统金融机构研究分析团队所需时间相比，该系统速度快到即查即得，可以做到“客观无立场”的分析。

SaaS产品在阿里云上运行。可在线注册，使用账户名、密码及手机验证码登录使用。

市场应用情况

以往，证券投资机构在投研、决策支持方面的信息化投入较少，主要依靠高薪人力。随着AI的认知智能迅猛提升，技术为辅助投研、决策带来全新能力。

从全球来看，人工智能在证券投资领域的运用加速扩展，全球最大的对冲基金桥水（Bridge Water）、最大的资管公司贝莱德（Black Rock）、最大的投资银行高盛（Goldman Sachs）都开始用人工智能来管理投资。

事件驱动的收益分析

全市场收益分析，统计近18个月该事件发生的总数、上涨数、下跌数、停牌数，以曲线展示。
近18个月所有发生该事件股票的当日、后一日、后三日、后七日相对平均涨跌幅，以曲线展示

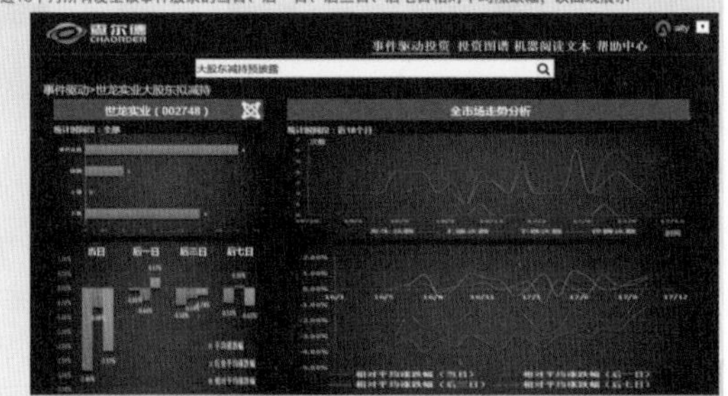

中国A股市场正在回归基本面分析、回归价值投资的本源。人工智能技术能够为证券投资提供新工具。量化投资、尤其是对基本面的量化，是大势所趋。

查尔德智能投研SaaS系统V3.0版本已上线，已于2018年面向市场销售。在证券投资行业市场之外，慎重选择了两个“数据密集”行业。为医疗的特定合作伙伴、为物流业的龙头企业顺丰，提供基于AI的专家系统和决策支持系统。

智能化投资研究系统，是企业信息化市场继“会计电算化”、ERP、云计算之后，新一代产品服务市场，市场空间巨大。

专家点评

查尔德智能投研系统是一款基于事件驱动理念的“实时金融投资研究系统”，中文自然语言处理（NLP）和投资知识图谱构建成了技术支撑，该系统填补了非结构化文本信息自动化处理的空白，将分析师研究员从繁琐重复的信息搜索整理工作中解放出来，解决了文本信息处理高成本低效率的痛点。正如查尔德的英文Chaorder之意，这款智能投研系统帮助用户从纷繁复杂、瞬息万变的金融信息中挖掘出清晰明了的规律，让投资者在交易中穿透迷雾、直达本质、占得先机。

——王雄 教授

深圳大学混沌量化投资中心主任

高等研究院博士后流动站导师

豆豆数学

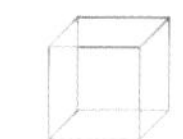

准星云学

智能产品领域 > 其他类

什么是豆豆数学

豆豆数学是一款人工智能教学服务平台，通过拍照作业采集学习行为数据＋人工智能精准分析模式，紧扣‘教学测评练管培估’八大环节达成闭环，形成针对师生的教学服务。

服务于教师的助教机器人，可以完成主观题自动批阅、班级错题本、班级学情报告、自动创建套题等功能。服务于学生的助学机器人，可以完成智能批阅作业、智能标注知识点、自动生成错题本、错题再练、个人知识图谱等功能。

通过人工智能技术，实现教师、学生和家长的多重减负增效、因材施教，为广大师生的精准教育与个性化学习提供服务。

技术突破

准星云学基于复杂逻辑推理、混合手写识别、自然语言理解、大数据处理等多项前沿技术的积累与沉淀，自主研发了数学高考解题机器人——准星AI-MATHS系统，研发人员参与国家“863”课题，取得了类人复杂推理智能技术的重大成就。

核心技术包括：自动推理解题技术 、自然语言理解与处理技术、文字混合识别技术、大数据平台分发、挖掘、传输技术、自动推理判卷技术。

准星AI-MATHS系统，即准星高考机器人，于2017年6月7日，在成都公开举行高考真题阶段性测试，系统在断网、断数据库的环境中，用时22min，完成了2017年高考全国数学卷答题，取得了105分的成绩。

这个成绩标志着中国人工智能技术已经引领世界先进水平。该活动获得国内外1000多家权威媒体36种语言的跟踪报道。在高考结束六周后的7月21日，准星AI-MATHS系统顺利将高考模拟试卷的解答成绩提高至123分，通过了国家“863”课题预验收。

智能化设计程度

教师普遍有三大工作压力：编写教案、批改作业、汇总学情。学生也有三大压力：提高成绩、书山题海、时间有限。家长的困惑是：半专职陪读、抄写错题、高价补课。

豆豆数学实现了智能批阅、智能生成教案、智能一题多解与变式变形、智能错题本等应用，使教与学的数据在全链条、多维度、精细化的基础上智能升级，为教师的三大工作节约时间2~4小时。

让学生从书山题海中解放出来，进而培养学习力。让家长同步得到孩子的学习数据，不再焦虑！

豆豆数学的智能化亮点包括：

■ **人工智能落地教育**：学习数据全程采集，精准提分事半功倍。

■ **作业拍照诊断**：任意作业整页拍照，诊断结果即时反馈。

■ **动画思路解析**：哪题不会点哪题，动画题目思路讲解，让学习更智能，更生动。

■ **错题即时订正**：作业错题日日清，周练月结循环练。

豆豆数学全国应用案例

北京师范大学附属中学
南京科利华中学
烟台祥和中学
清华大学附属中学
成都七中育才学道分校
广西柳州文华学校
北京101中学
南京师范大学附属中学
长春市第五十三中学
长春第一外国语中学
成都树德实验中学
徐州树人中学
成都七中嘉祥外国语学校
湖南郴州第六中学
武汉市卓刀泉小学
北京小学
成都棕北中学

（截止2018.3，已有100万家庭选择豆豆数学）

清华大学附属中学

北京101中学

成都七中学道分校

成都棕北中学

徐州市树人中学

南京科利华中学

■ **智能终身错题本**：按知识点、错误类型、题目难度等分类统计、智能分析，让复习有的放矢。

■ **动态知识图谱**：精准记录知识点掌握情况，直观生动的图谱展示，实时更新进步过程。

■ **学情深度反馈**：作业报告、考试报告、专属套题报告等全方位深度学情反馈，查漏补缺更精准。

市场应用情况

准星产品豆豆数学自2017年9月上线以来，经过超千万人次的中小学用户使用验证，与全国40多所中学达成合作协议，包括清华大学附属中学、北京101中学、成都七中学道分校等名校。目前已在清华大学附属中学、成都七中学道分校等重点中学完成了完整的试点应用，验收结果显示减负增效效果明显。

豆豆数学产品内容紧密契合教学大纲，不超纲、不超限，融入教与学的全过程。每天每学生只需花费2~3元就可得到批阅、分析、推荐等服务，仅为人工成本的百分之几，可将教师的工作效率提高数十倍。

专家点评

豆豆数学可以及时反馈学生的问题，有效地为老师和学生减负，豆豆数学的出现让自适应预习、翻转课堂、分层教学等过程更具针对性，更加有效。它的引入，必将让我们的数学教育发生意想不到的可喜变化。

——杨芙蓉　成都七中学道分校特级教师

批阅、统计、诊断，豆豆数学都能自动完成，人工智能技术助力智慧校园建设，有望成为教育信息活动改革的重要突破。

——丁世明　成都棕北中学校长

豆豆数学人工智能教育产品为老师减负，为学生增效。

——李鹏程　成都棕北中学副校长

豆豆数学可以及时反馈作业结果，还能主动生成学习情况，让学生知道自己做的题目错在哪儿，为什么错。

——陈昊冰　央视记者

花伴侣

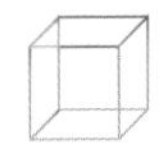

鲁朗软件

智能产品领域>其他类

花伴侣

人工智能植物识别专家

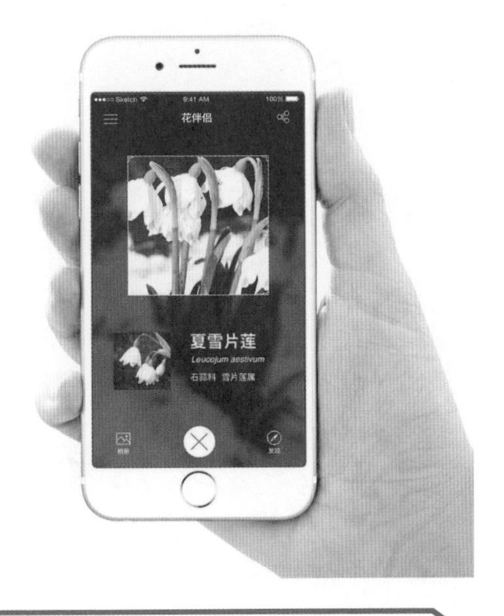

什么是花伴侣

花伴侣是一款基于深度学习技术及海量植物图库打造的植物识别手机APP。系统提供拍照识别、植物百科及分类树、物种分布、知识问答、社交分享等功能，解决一般市民及专业植物工作者的多方位需求。

系统包含以下几部分：

- 植物识别手机应用程序（安卓系统版、苹果系统版手机APP、微信小程序）
- 植物识别引擎（基于卷积神经网络的通用图像识别引擎）
- 专业植物数据库（1500万植物分类图库，近2万种植物百科）
- 基于GIS的大数据统计分析系统（用户及植物物种的地理分布分析）

技术突破

花伴侣建立了海量植物分类图库。团队利用人工智能技术训练、优化出高精度植物识别引擎，并开发了花伴侣手机APP和微信小程序。花伴侣大大提高了植物识别和植物知识获取的效率，提供了对植物物种及分布进行社会化观测的全新思路。

花伴侣基于深度学习技术框架，采用卷积神经网络并基于Inception V4及ResNet对资源进行整合，在Inception TOWER结构中参考ResNet中的残差机制，将残差计算融合至多层TOWER中，并结合了非对称卷积、语义分解等国际最新研究成果。团队研发出了细粒度图像分类识别引擎，成功解决了分类多、差异小的图像识别难题。

花伴侣解决了识别种类超过1000个时，识别

智能识别

拍摄植物花、果、叶等特征部位，即可识别。识别国内常见植物3000属，近11000种，识别准确率超过80%。支持相似图，自动展现与拍摄对象最相似的图片，方便比对。

植物数据

近2万种的专业植物信息库，包括属种、特征、习性、分布、用途、养护等信息。1500万高质量植物分类图库。遍布全国的150万用户，每日数十万次识别，构建植物大数据。

开放接口

阿里云上提供植物识别能力开放API，可直接购买使用。
自定义识别引擎：可结合行业图库训练针对行业需求的图像识别模型，满足用户个性化需求。

精度会大幅下降的问题。通过模型－产品－数据的正循环，用机器训练机器的方法不断提高识别模型的准确度。

花伴侣达到了业内最高识别水平：

- 查准率（Top1 Precision）：80.3%
- 召回率（Top5 Recall）：96.1%
- F值（F-Meature）：0.44

智能化设计程度

■ 识别种类多且准确率高

可识别常见植物3000属，近11 000种，识别准确率超过80%，达到国际先进水平。

■ 专业植物信息库

近2万种的专业植物信息库，包括属种、特征、习性、分布等专业信息。1500万植物分类图库。

■ 离线识别

花伴侣离线版支持离线识别，可以在无网络环境使用，是野外物种资源调查和科学考察的好帮手。

■ 弹性架构

系统架构采用负载均衡框架，使用一至两个负载均衡放置于系统接入端，为用户提供接入服务。在必要情况下，可以采用双活机制。

■ 人工辅助鉴别

当机器识别结果与实际不符时，用户还可申请人工鉴别，将照片上传到社区并和众多植物专家及爱好者在线交流。

市场应用情况

2016年10月，花伴侣1.0发布，广受关注和好评，至今已拥有数百万注册用户，累计完成上亿次鉴定。

2017年7月，花伴侣推出国际版，正式推向海外市场。

2017年9月，花伴侣植物识别API在阿里云市场上线，为众多客户提供在线植物识别服务。

2017年10月，花伴侣和中国农业大学植保学院合作研发植物病虫害合识别和防治系统“植保家”。

2018年1月，花伴侣为多家知名手机厂商提供植物识别服务。

专家点评

花伴侣是一款基于深度学习技术及海量植物图库研发的植物识别软件。它解决了只能通过用名称或特征描述这种传统方法检索植物的问题，用户仅需通过手机拍照，即可识别中国地区的11 000种植物。花伴侣建立了海量的植物图库和专业植物信息库，并支持离线识别和轨迹定位，解决了野外无网环境中植物资源调查的难题。

随着人工智能技术和行业的深度融合，植物识别还将广泛应用于防治病虫害、识别中草药、保护珍稀物种、预防外来物种入侵等领域。相信在不久的将来，植物识别技术将对传统农业林业产生巨大影响。

——智亮　北京智强时代科技有限公司CEO

华为云EI智能装车服务

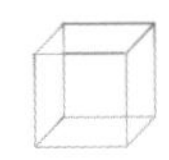

华为

智能产品领域>其他类

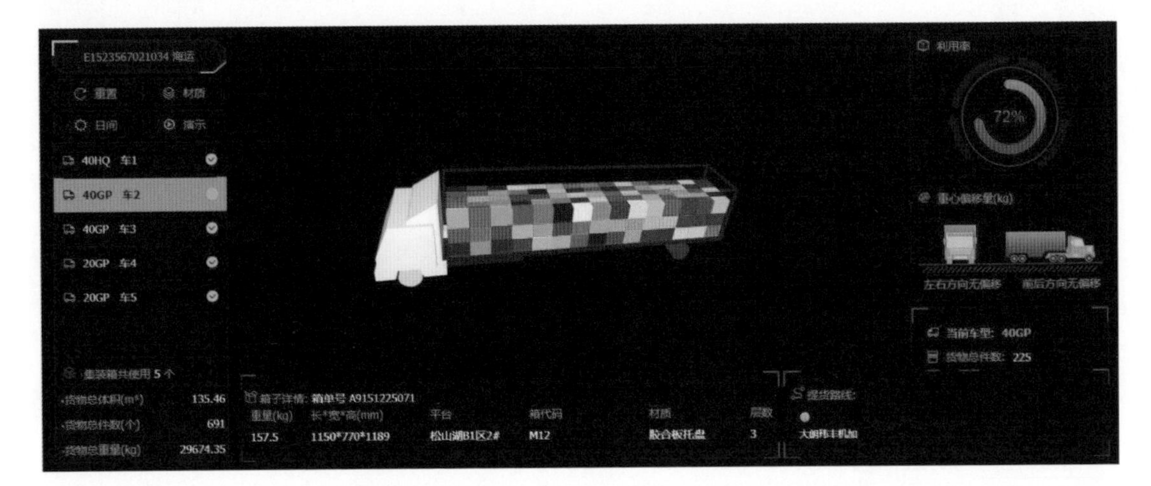

什么是华为云EI智能装车服务

华为云EI智能装车服务，可根据用户发货的箱单数据，以及装运车辆的信息，通过优化算法计算货物的最优摆放方法，并在保证装箱安全的前提下，提高车辆的空间利用率，减少空间浪费。

技术突破

物流运输装车时，需要考虑运输货物的质量、体积、材质、提货点、卸货点、包装等多种因素来统一进行装车预估。以前这种预估主要依靠装箱工程师的经验来进行，这会导致在货物装车过程中经常出现装车利用率低、装车耗费时间长等问题。

华为云EI智能装车服务，使用智能优化算法，实现在站点-订单-货柜多对多复杂映射下，支持对30多种业务约束条件下的装箱最优化问题求解，并根据最优求解结果，自动化完成装车预估，输出装车方案，指导物流仓库进行最优装箱发车，提高装车利用率和装车效率。

智能化设计程度

■ 装车利用率高

在原有装箱利用率基础上提升6%~10%的装箱利用率，大幅降低物流费用。

■ 装车预估时间短

2min完成装车预估，大幅缩短装车规划时间。

■ 支持约束条件多

支持包括货物质量、体积、材质、提货点、卸货点、不规则包装、装车重心等30多种复杂约束

条件下的最优装车预估和合理路径规划，场景适应性强。

市场应用情况

物流行业是目前国内非常重要的服务行业。2016年，全国社会物流总额达到了229.7万亿元，对国家经济发展起到了非常重要的作用。

但是物流行业在发展过程中也遇到了很多问题：有管理上的问题，如丢货、少货等；也有物流技术上的问题，如物流装车不合理，运输路径不合理等。

华为云EI智能装车服务，能够最大化提升物流企业的车辆利用率，从而降低物流成本，提升企业竞争力，使企业在竞争中占得先机。

专家点评

物流在国计民生中正承担着越来越重要的作用，提升物流效率，不管是对于物流企业，还是对社会，都有着非常重要的价值。华为云EI智能装车服务，能够非常便捷、有效地提升物流行业的装车效率和车辆空间利用率，对于降低物流成本、提升物流效率具有非常重要的价值和意义。

——席明贤　华为大数据与AI产品总监

该平台已经在华为供应链和九州通的物流系统中实现商用，有效提升了这两个企业的物流装车效率，产生了很好的经济效益，每年为企业节省物流费用上千万元。

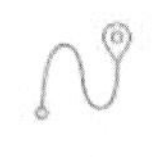

运输路径规划

智能装车

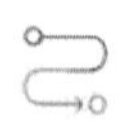

出库拣货路径规划

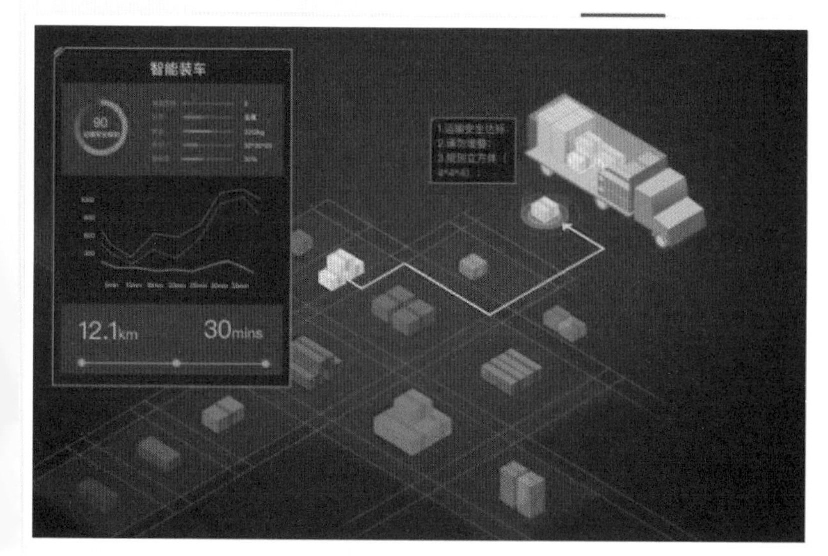

智能装车：

提供发货之前的箱单预估：可根据用户的箱单数据，通过优化算法计算最优摆放，减少空间浪费，保证装箱安全

优势

装车效果优

装车率较人工经验平均提升20%

支持复杂的限制条件

支持安全运输、堆叠限制、重量、体积、重叠率、材质、形状等30多项限制条件

建议搭配使用

OBS

平安脑智能引擎

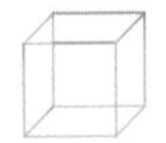

平安科技

智能产品领域 > 其他类

什么是平安脑智能引擎

平安脑智能引擎是由平安科技（深圳）有限公司倾力打造的人工智能技术深度集成平台。平安脑智能引擎全面整合了平安科技储备的金融领域和健康领域高质量数据，结合深度学习与人工智能技术，推出了多样化的智能产品，其中包括：医疗影像辅助诊断系统、平安声纹、智慧海关解决方案、金融风险预警系统、智能推荐系统、智能车辆定损系统、平安众包、智能硬件机器人等。

■ 医疗影像辅助诊断系统

医学影像识别模型可辅助临床影像科医生识别可能病灶，减少漏诊误诊率。

目前医学影像识别模型可识别包括CT、X光、病理切片等多种介质医学影像结果，可为4大临床科室特定检查影像需求提供服务。

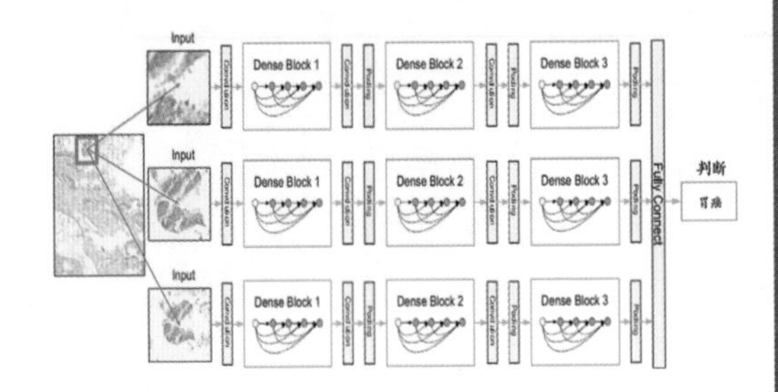

■ 平安声纹

针对金融业务中欺诈犯罪风险高、电话业务核身过程冗长、鉴定验证设备昂贵等多个‘痛点’，平安脑智能引擎开发团队利用亿小时级语音数据训练，自主研发了平安声纹生物特征识别产品，独创融合算法模型，可精准识别说话人声纹特征，防止录音合成，降低金融欺诈风险。

APP端拥有声纹登录、密码修改、声纹支付等功能，可以代替原有账户密码和短信验证码功能。

PC端主要功能包括内部员工管理、销售人员及客服人员登录操作系统，可防止身份盗用。

客服中心应用场景有客户身份核实功能，在客户无感的情况下通过自然对话判断其身份，代替原有的冗长的安全核验问题。

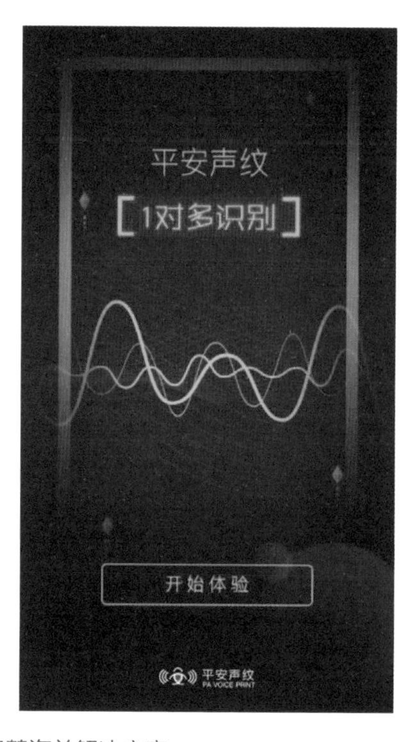

■ 智慧海关解决方案

平安脑智能引擎，以决策树模型、关联分析识别同行群体、高频通关分析等手段，为国内某海关提供了量化预测出入境人员和物品风险概率的解决方案。

智慧海关解决方案首创采用智能决策+关联分析+多维画像组合模型技术，有效提升对高风险人员的识别效率。

智能决策部分运用决策树分析模型，从时间、频率（日频率、周频率、月频率等）、人口属性（性别、年龄段）、历史查验结果等维度构建模型，有效识别风险人员特征。

关联分析部分运用关系网络模型，从同行人员、关联频率、时间间隔等方面，有效识别高风险人员的高关联度人员，有效锁定关系网络，辅助判断高风险团伙人员构成。

多维画像分析功能，提取与高风险人员相关的特征和数据，精确给出个体的综合风险评分。

平安大数据技术整合海关内外部数据，建立企业、货物、人、运输工具等主体的网络关系，将高风险人员清晰分析出来，发现以前无法发现的问题。

■ 金融风控与企业知识图谱

平安脑智能引擎基于先进的自然语言处理和图分析技术，推出‘欧拉图谱’企业知识图谱，囊括了企业、事件、人物、行业四大关联类型，拥有亿级实体规模的图数据库，能够生成数亿级关系链以及约20种关系类型。

同时，平安脑智能引擎还推出了智能风险预警系统。智能风险预警系统接入300多个第三方个人征信数据源，上亿个人欺诈风险评分，利用4000多万企业关系图谱，7×24小时自主学习并校准风控模型，可帮助金融企业提前6个月预警风险，降低75%风险漏报、误报率。

■ 智能推荐系统

智能推荐系统基于平安集团金融、健康、汽车、房产相关大数据，通过刻画用户基本属性、行为、相关APP使用情况等，从客户最主要的产品需求出发，进行客户、产品分群匹配，并加入业务规则与关联性分析，进行客户产品购买能力评级和购买意愿评分，可输出用户五大行为属性，分析用户行为因子，真正帮助金融企业进行精准营销。针对目标人群，与业务单位配合通过APP等线上或线下渠道等营销手段进行精准营销，同时建立了毫秒级实时推荐结果接口供业务单位实时调用。

■ 智能车辆定损系统

智能车辆定损系统是集图片识别定损技术、底层基础数据、定损逻辑规则为一体的智能车辆损失自助定损方案。

智能车辆定损系统可识别车辆外观部位15种，已实现的车型图像识别、纯油漆图像识别、修换图像识别，准确率均已达到85%以上。

■ 平安众包

平安众包首创OCR光学识别+众包的方式，通过OCR识别、图片切割、众包质检、数据合成的流程，使99%以上的单据报告数字化成为现实。

利用精准的图像校正、目标检测以及模板自生成泛化技术，可在0.3s内完成一张票据的自动识别，准确率高达99%。同时，通过众包平台完成人工校验和质检，形成了完整的电子化解决方案，高效、智能地完成图片转文字的录入工作。

■ 智能硬件机器人

智能金融硬件机器人——安博士与在线客服机器人成为了金融服务业的‘智能新员工’。

安博士以平安自主研发的移动型机器人软硬件平台为载体，依托平安海量的数据积累和智能引擎技术，具有迎宾分流、业务办理、咨询引导、智能推荐、客户关爱、集中管控等功能。

在线客服机器人借助平安声纹生物特征识别技术，实现了语音交互式互助，降低客户在线核身难度。”

技术突破

平安脑智能引擎在数据处理、算法模型、应用场景上均有独特的创新之处：

■ 数据积累大，数据类型多元

平安脑智能引擎用于6大服务集成模块，进行数据分析和深度学习，数据体量庞大、类型复杂，包括金融用户数据、车险图像数据、客服录音数据库、企业工商数据等多种类型的数据积累。面对庞大的数据运算要求，平安脑智能引擎加大算力建设，目前深度学习集群运算能力达到180TFLOPS，数据处理能力位居世界前列。

■ 算法模型种类多样

平安脑智能引擎开发了多样的算法模型，可针对不同服务模块，满足不同的服务内容以及业务需求。

在精准营销方面，平安脑智能引擎掌握了基于用户画像特征向量随机森林和MCMC的用户偏好推荐方法、社交网络中基于扩散能力的推荐机制、基于动态用户画像的互联网产品推荐算法、基于地理位置数据的用户生活习惯人群分类方法等核心技术。

在金融风控方面，平安脑智能引擎掌握了基于关系网络的社保欺诈行为识别技术、基于上市公司新闻报道的情感分析方法、事件概念识别、企业/人物实体发现、属性预测、知识演化建模和关系挖掘、连续型反欺诈模型等核心技术。

在智慧运营方面，平安脑智能引擎掌握了智能车险定损理赔提醒控制系统、基于多张图片一致性检验实现车险反欺诈的方法及系统、基于卷积神经

网络（CNN）的深度学习算法而研发的图片自动定损技术、利用双声道分离技术提取客户有效语音并提取语音特征进行对比、适用于复杂规则的人工审核辅助决策模型、基于深度学习的图像篡改检测等核心技术、基于眼底照相进行糖尿病性视网膜病变检测模型、基于目标检测的心血管OCT易损斑块识别技术、利用医学影像进行肺部结节探测技术等。

在服务模块，平安脑智能引擎采用了以多引擎语音方案为主的人机交互技术，设计了语音+触屏相结合的交互方式；重点攻关多传感器联动交互技术，可自动判断机器人所处环境与应用场景；不断优化室内定位技术，达到厘米级精度。配合动态的3D路径规划系统，使机器人可安全流畅地在预设区域巡航。

智能化设计程度

作为综合性的人工智能服务平台，平安脑智能引擎集中了数据挖掘、深度学习、图像处理、计算机视觉等主流人工智能先进技术，可以模拟人脑决策流程，通过“感知”数据信息，“认知”数据信息之间的关系，同时不断改善算法性能，最后实现智能化“决策辅助”。

感知阶段：在经过数据接入、数据采集以及数据整合之后，平安脑智能引擎根据不同的数据类型，模仿人类“看”“听”“读”的信息处理方式，采用国际领先的深度学习技术框架，利用数据挖掘、深度学习、文本分析、自然语言处理、语音识别与图像识别等先进人工智能技术，从海量的结构化数据与非结构化数据中搜索、辨识、定位关键信息。

认知阶段：通过对信息进行关联、归纳、推理与引导，对数据特征进行提取、选择以及回归分类，发现其中的相关性。然后对数据进行聚类分群与关联规则分析，通过专家系统进行推理引导，找到数据背后隐藏的联系。

决策辅助阶段：通过对信息的“感知”与“认知”的智能处理之后，平安脑智能引擎通过时间序列分析、关系网络分析、情感分析、热点挖掘、关键决策因子分析、逻辑规则模型等大数据挖掘以及深度人工智能技术，可监控异常信号，预测未来趋势，优化决策组合，最后利用智能交互等技术对决策辅助结果进行可视化呈现。

作为综合性人工智能技术深度集成平台，平安脑在产品模式、技术结构以及产品类型上均有不同程度上的创新：

■ 模式创新

将实际业务需要糅合于具体平台产品中，既可以为客户提供的单独的、标准化的智能化产品和解决方案，亦可根据客户的需求，为客户提供个性化数据与人工智能产品和分析咨询服务，形成了覆盖全业务链的开放性平台产品模式。

■ 技术创新

在文本分析与自然语言处理技术上，智能关系推断模型精度已经达到91%以上，语义情感分析模型精度达到93%以上，实体识别模型精度达到96%以上。

在生物特征识别与图像识别的技术领域，平安声纹独创融合算法模型，声纹识别技术精度已可达99%，核心指标EER<0.3%。

首创OCR光学识别+众包的方式，使99%以上的单据报告数字化成为现实，同时图像识别技术精度也已达到99%以上，其中用于医学影像识别的肺结节识别模型检出率高达95%，在国际医学影像领域的权威评测LUNA排行榜上，分别以95.1%和96.8%的精度刷新了“肺结节检测”和“假阳性筛查”的世界纪录。

■ 产品类型创新

平安脑智能引擎为传统金融、互联网金融、保险以及医疗健康等行业提供基于大数据与人工智能技术的产品与解决方案，产品形态从商务智能数据分析延伸至健康医疗领域，充分利用平安现有数据储备开发以及升级智能产品，具有完善的服务周期和广泛的服务对象。

市场应用情况

平安脑智能引擎已拥有400多项专利技术，各大服务集成模块均有创新的数据模型以及核心技术。

平安脑智能引擎的6大服务集成模块，几乎覆盖金融业务全流程，拥有400多个人工智能落地使用场景，包括服务于保险、银行、投资、风控、医疗健康、公共安全、智慧城市等领域的多种实体场景以及线上业务场景。

平安声纹已经在9家平安集团业务公司的10余个应用场景上投入使用，应用场景涵盖声纹登录、声纹支付、远程贷款审批、远程核身等，注册使用用户数量超过150万人，可节省90%的金融核验身份时间，拦截90%的欺诈进线，降低99%的信息泄露风险，已实际运用在10余家业务子公司与集团外部客户将近100多个业务场景中，显著提升客户体验。

智慧海关解决方案在运行的两个月时间内，走私查获率从原来的7%提升至27%，大幅提升海关风险管控和走私稽查能力。

金融风控与企业知识图谱首期主要应用在平安集团20家业务条线的风控和投资领域；截至目前实体规模为1.1亿，关系链规模2.3亿，其中覆盖企业实体约5000万个，高管关系链4600万对，诉讼关系链4100万对。

智能推荐系统已开始在平安集团十余家业务公司不同金融营销场景中运用，促进各业务点击率平均提升100%以上，转化率平均提升50%以上，覆盖用户量额外提升2~3倍，客群定位时间缩短至原来的10%，提升金融放款金额以及保险续保率。

智能车辆定损系统在平安集团理赔系统内上线使用，预计可提升30%理赔时效，日节省20万元理赔款。智能闪赔产品已正式召开发布会对外发布，将以技术为传统保险业赋能。

平安众包已经上线手机应用APP投入使用，为多家公司解决了单据录入问题，大大提升了运营工作效率。

2017年上半年至今，安博士服务于平安寿险门店及集团外客户泰隆银行，并参加乌镇互联网大会、平安寿险高峰会、金融壹账通金洽会、平安养老险年中会、深圳国际金融博览会和中国国际高新技术成果交易会等各类展会20余场。在线客服机器人达到了95%以上的业务问答准确率，提升在线自助客服覆盖率至75%，客户获得服务时长降低20%。

对于实时更新的业务需求，平安脑智能引擎均能迅速捕捉，支持人工智能技术在多种商业模式、多种业务场景中的延伸应用。

专家点评

■ 平安脑智能引擎

作为AI综合服务平台，平安脑智能引擎能够提供从基础AI技术到业务应用的全栈服务，形成了一个良好的技术应用循环。在做好底层的数据清洗、整合、存储、安全的工作后，平安脑综合深度学习、数据挖掘、生物特征识别等先进AI技术，结合平安丰富的、多元化的业务经验，可提供10余种成熟的AI产品以及综合技术方案。

自2016年开发并投入使用至今，平安脑已服务于平安产险、寿险、陆金所等内部客户，并与重庆市卫计委等权威机构开展合作。2017年，平安脑智能引擎获得国际知名数据公司International Data Corporation颁布的“数字化转型综合领军者”奖项，得到国际权威机构的认可和行业肯定。未来，平安脑在扩大应用场景的同时，将坚持以业务需求和社会需求为基本，更好地促进大数据和人工智能技术的应用价值体现。

——肖京　平安集团首席科学家

国家“千人计划”特聘专家

■ 医疗影像辅助诊断系统

平安从医疗影像识别模型出发，致力打造一个开放、全面的智能影像组学辅助诊断平台，以平安领先的智能医疗影像技术为核心，平安云为载体，整合医疗相关硬、软件服务商，为政府、医疗机构提供一站式解决方案。

目前，医学影像识别模型可服务于4大临床科室特定检查影像需求，其中肺结节识别模型检出率可达95%以上，在国际医学影像领域的权威评测LUNA中刷新了“肺结节检测”和“假阳性筛查”的世界纪录。

未来，平安将在医学影像领域持续发力，增加医疗影像质量控制等服务，协助医疗机构提升放射、病理影像诊疗效率，提升整体医疗品质。

——高孟轩

平安集团CIO办公室首席战略总监

人工智能在医疗领域主要有两大突破点：一是健康管理的大数据平台；二是医疗影像。目前人工智能的图像识别技术愈发成熟，加上云技术和数字胶片的普及，产生了AI影像辅助诊断发展的契机。平安推出医疗影像识别模型以及平安影像AI平台，无疑会降低医院的管理成本，对规避风险有很大帮助，帮助医院从烦琐的诊断枷锁中解放出来，更专注于未知、创新领域的研究。

——胡伟国　瑞金医院副院长

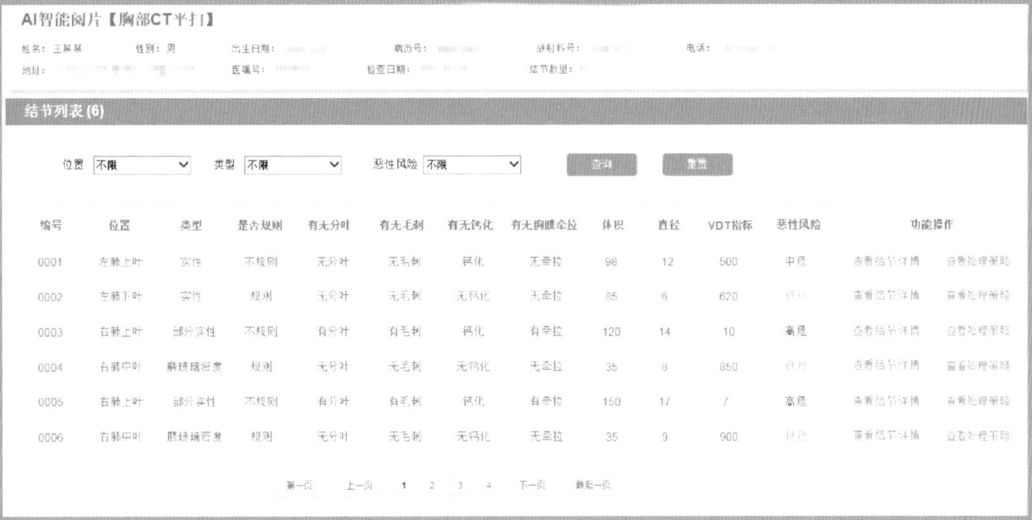

AI智能阅片【胸部CT平扫】

姓名：王某某　性别：男　出生日期：　病历号：　放射科号：　电话：

地址：　医嘱号：　检查日期：　结节数量：

结节列表(6)

位置 不限　类型 不限　恶性风险 不限　查询　重置

编号	位置	类型	是否规则	有无分叶	有无毛刺	有无钙化	有无胸膜牵拉	体积	直径	VDT指标	恶性风险	功能操作	
0001	左肺上叶	实性	不规则	无分叶	无毛刺	钙化	无牵拉	98	12	500	中危	查看结节详情	查看处理策略
0002	左肺下叶	实性	规则	无分叶	无毛刺	无钙化	无牵拉	85	6	620	低危	查看结节详情	查看处理策略
0003	右肺上叶	部分实性	不规则	有分叶	有毛刺	钙化	有牵拉	120	14	10	高危	查看结节详情	查看处理策略
0004	右肺中叶	磨玻璃密度	规则	无分叶	无毛刺	无钙化	无牵拉	35	8	850	低危	查看结节详情	查看处理策略
0005	右肺上叶	部分实性	不规则	有分叶	有毛刺	钙化	有牵拉	150	17	7	高危	查看结节详情	查看处理策略
0006	右肺中叶	磨玻璃密度	规则	无分叶	无毛刺	无钙化	无牵拉	35	9	900	低危	查看结节详情	查看处理策略

第一页　上一页　1　2　3　4　下一页　最后一页

■ 平安声纹

目前在声纹识别领域，行业关注的一个重点是如何降低声纹验证时长的问题，这对提升用户体验相当重要。平安声纹现在能够将声纹验证时长降低到5秒以下，识别准确率达到99.8%，极大扩展了声纹在金融领域的应用范围，在许多业务场景下，用户甚至根本没有察觉在办理业务的过程中，自己的身份在后台就通过了声纹验证。

平安声纹目前有三大应用形式：声纹锁登录、平安黑名单与平安电话中心。声纹锁登录用声纹密码代替或辅助传统的字符密码与手势密码，缩短了登录时间，降低了信息泄露的风险。平安黑名单旨在用声纹建立信用欺诈的黑名单库，从而精准拦截二次欺诈。平安电话中心则能用声纹验证提升电话客服用户体验，仅需要8s时间即可确定客户的身份，节约营运成本，提升客户体验度。

——王健宗　平安科技高级产品总监

平安寿险自2017年与平安声纹合作了新渠道座席声纹的项目以后，寿险新渠道内部用户对声纹坐席登录评价很高。声纹坐席登录上线寿险新渠道后，成功解决了密码过长、输入烦琐、忘记密码重新找回、冒名顶替登录等问题，用户在办公场景下只需读出指定文本即可解锁登录，操作十分便捷，同时也提升了寿险新渠道办公的科技体验感。

在技术方面，平安声纹的产品科技含量高，产品体验好。用户反映声纹坐席登录识别准确率高，能够实现精准解锁。同时声纹锁登录的安全性也非常高，其支持活体检测与反录音合成技术，只有注册者本人验证才能通过。自声纹坐席登录上线寿险新渠道以来，可从数据统计看出每日使用坐席登录的用户呈增长趋势，这也从用户角度反映出对声纹坐席登录的认可。

——朱峰

中国平安人寿保险股份有限公司

新渠道销售支持部系统规划室副经理

■ 智慧海关解决方案

智慧海关解决方案通过平安大数据技术整合海关内外部数据，建立企业、货物、人、运输工具等主体的网络关系，使风险分析人员能够清晰分析风险所在。

从智慧安防领域层面出发，切实提升了口岸安防风控效率，获得海关的高度评价与实际业务上的认可，也为全国范围内其他亟待解决的智慧风控问题提供了可参考的解决方案。

——徐亮　平安科技高级产品总监

全国公路货运人工智能调度系统

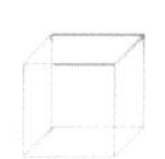

运满满

智能产品领域＞其他类

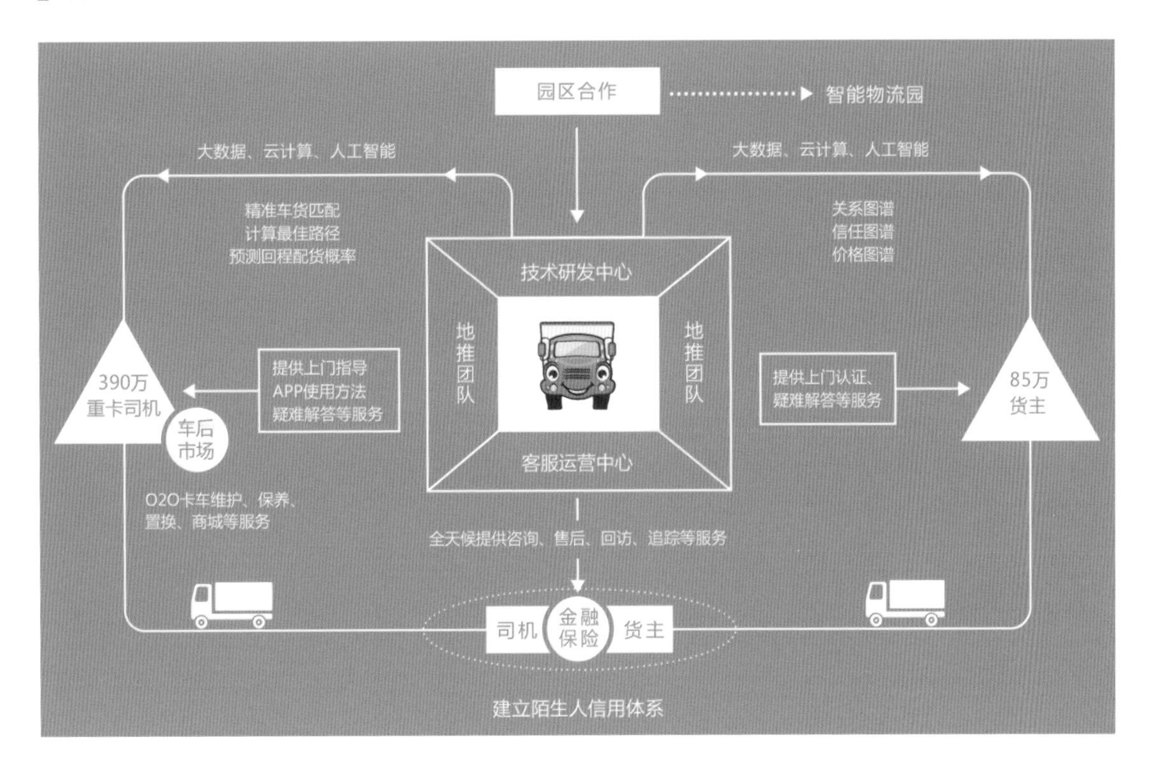

什么是全国公路货运人工智能调度系统

该系统是基于云计算、大数据和人工智能，以复杂事件检测分析和处理技术、大数据智能分析决策技术和征信信用应用为核心的全国公路货运人工智能调度系统。

技术突破

运满满全国公路货运人工智能调度系统依托中国公路干线物流最大的数据库，与全球顶级人工智能研究机构和科学家的合作，以复杂事件检测分析和处理技术、大数据智能分析决策技术创新为重点，运用最先进算法模型，基于嵌入式与定位追踪的智能调度平台，能够实现服务车主与货主的智能车货匹配、智能实时调度、智能标准报价，对物流信息全程追踪和可视化，显著提升了公路干线物流货源、车辆、路线、价格匹配速度、精准度和运输组织效率。

运满满全国干线物流智能调度系统百万量级的

活跃用户和交易每日产生T级别大数据，拥有中国公路物流最大、最完善的整车运输大数据库，结合各种不同实时交易场景，以事件为中心的复杂事件检测方法对数据源进行建模和匹配处理，获取复杂事件并不断完善算法模型，基于嵌入式与定位追踪的智能调度平台，以及应用事件处理语言，实现最精准化匹配和智能化标准报价，突破了传统公路物流领域信息不对称下的效率丢失，形成大空间尺度下的车货路径优化和调度，对整个运输链条进行重构，使干线物流空驶率大幅降低10%，运输组织效率大幅提升。

运满满实现由货主、司机交易关系图谱形成的国内唯一的信用等级权重评分系统，应用信用评分模型构建了一套整体信用平台，突破了传统公路物流信用把控手段缺乏的现状，平台内纠纷率（万分之三以内）仅为行业的五分之一，领先同行业指标。

智能化设计程度

运满满作为中国最大的干线物流智能调度平台，基于分享经济理念，组建互联网大车队，使全国原本无组织的松散公路物流运力聚合到平台上，用科技实现货物与运力的高效、精准对接。

运满满目前拥有两款移动APP产品，分为司机版和货主版。司机版APP通过直击货运物流“空返率”高、运力利用率低的痛点，构造人、车、货物流生态圈，为司机提供高效智能配货服务，帮助司机在全国范围内随时随地手机配货，降低车辆空驶。过去卡车司机平均找货等待时间要超过两天，现在等待时间只需0.38天。货主版APP构建精准的车货匹配系统，为货主提供高效、精准、安全的发货服务，同时配备了动态、可视化的跟踪功能以及行车评价服务，全面保证货物安全。

运满满以移动互联网技术与货运物流行业深度融合，推动无车承运人新的先进经营模式，成为中国最大的无车承运人。运满满依托移动互联网等技术搭建智能物流信息平台，能够有效提升运输组织效率，优化物流市场格局，有效解决了传统公路货运物流行业宏观监管和微观运输组织难题，得到了国家公路运输主管部门的大力支持，参与了行业试点、管理政策调研、物流监测、信用体系、运输价格形成等多方面工作。

运满满依托该平台发布的“全国货运物流指数”，全面体现大数据为物流现代化带来的变革，据此宏观分析全国公路物流健康状况，被誉为“中国公路干线物流的晴雨表”。此外，平台所服务的公路物流是3万亿~4万亿元的市场，通过平台应用，培育形成新的用户习惯和新的行业交易模式，在油料、车后服务等增值服务方面，市场前景十分巨大。

市场应用情况

目前，运满满已经发展为中国乃至全球最大

的整车运力调度平台，汇聚了全国95%的货物信息和80%的重卡司机。平台实名注册重卡司机约520万、货主约125万，日信息发布600万单，成交运单25万单，日撮合交易额约17亿元。平台上司机的月行驶里数由9000公里提高到13 500公里，平均找货时间从2.27天降低为0.38天，节省柴油费用1300亿元，减少碳排放量7000万吨，降低物流运价5%~10%，实现了降本增效的经济效益和节能减排的社会效益的双丰收。

专家点评

运满满作为智慧物流行业的领军企业将人工智能定义为了企业的立足之本。目前人工智能在运满满的应用领域主要为人货匹配、路线规划、货源定价、运力预期、货主智能发货、个性化广告投放与风险控制。

运满满针对以上各种场景合理应用人工智能技术，通过司机与货源的多维度个性化匹配提高了找货效率；通过智能调度降低了司机空驶时间；通过供需关系预测给出了合理的定价以减少运费纠纷；通过自动补全及语音语义识别提高了货主发货效率；通过司机行为分析并指导了购车、贷款、购油广告的精确推送；通过分析APP端探针检测了分布式爬虫。

物流是国家经济发展的核心产业，运满满将人工智能应用到物流行业的各个领域，提高了效率、降低了成本。未来运满满会一直将人工智能作为公司发展的核心，在各领域继续做深、做细，让公路物流变得更美好。

——耿直 运满满研发部高级技术专家

森亿健康医疗大数据治理与应用解决方案

森亿医疗

智能产品领域>其他类

什么是森亿健康医疗大数据治理与应用解决方案

本方案使用自然语言处理和机器学习等人工智能技术，对以非结构化、非标准化为代表特征的医疗数据进行有效治理，基于治理的结果，构建智能化的临床、科研、第三方等AI应用平台，平台架构包含数据汇集、数据治理、数据应用三大基础模块。本方案分别实现数据从各地、各医院进行整合，整合后数据进行标准化、结构化治理，以及治理后的优质数据进行合法、合规地应用的全过程。

技术突破

在医学文本的分词精度、命名实体识别、医学语义依存分析综合准确率等技术方面，森亿健康医疗大数据治理与应用解决方案（森亿智能）均已处在行业领先。

在医学文本分词方面，目前已积累了百万数量级别的医学相关词表，对医学文本的分词精度可达97%左右；在病历文本的命名实体识别方面，借鉴SNOMED_CT积累了数十万的中文医学术语以及数万术语关联。目前针对全科室病历、检验报告、病历报告等文本的命名实体识别（NER）系统综合准确率在92%左右，可以识别83类临床变量。

在医学文本语义依存分析方面，针对各种规范医学文本的行文方式建立语言学模型，并以树结构

完整描述语言所含信息。目前针对全科室病历、检验报告、病历报告等文本的医学语义依存分析系统综合准确率在96%左右，可以识别64类语义依存关系。同时，森亿智能与上海交通大学计算机学院的相关合作，使该系统在医疗文本的迁移学习上取得了突破，一定程度上解决了稀疏数据的机器学习问题，相关科研成果已发表数篇文献。

数据整合层包含传统的数据整合工作（ETL）与系统对接的能力，实现不同医院、不同系统之间的数据从时间、空间、维度的全量打通。本方案的数据汇集框架将实现多源数据的全量、实时汇集，将各维度数据按病人进行深度整合。

数据治理层与机器学习AI算法、知识图谱等技术紧密相关，在自然语言处理、机器学习和知识图谱技术基础之上，本项目研发医疗人工智能软件通用构件——数据治理构件和AI场景构件，支持基于构件的模块化软件产品研发。该研发不仅可以支持自研业务软件产品，也可以支持独立第三方研发业务软件产品，如语音病历录入系统、实体导诊机器人等。

数据治理构件，将先进的人工智能技术整合到数据治理框架中，实现对各类临床数据的规范化治理。治理主要包括采用文本后结构化构件对以文本为主的非结构化数据（主诉、现病史、既往史、手术记录和检查报告等）进行后结构化；采用术语映射引擎构件对结构化数据（药品信息、检验报告、诊断和体征等）进行术语映射实现编码标准化和归一化；同时，其采用数据质量探针构件对各类数据进行正确性、完整性、自洽性、合理性和时效性监测。

在数据整合与数据治理的基础上，本方案构建通用的数据展示与应用窗口。可以让各方在医疗数据脱敏及伦理审核通过的前提下进行数据的分析、挖掘。本系统考虑到了数据的详细分级与权限管理，且在应用过程中考虑到了支持多线程并行查询的高效大数据框架。

数据治理，借助人工智能尤其是自然语言处理技术，全面治理现有医疗数据，尤其是帮助解决当前积累的不同历史时期医疗数据的非结构化和非标准化问题，从而大大提升医疗数据的价值和可用性。为下游的行业应用打下良好的基础。

例如，医院要实现更精细化的管理，势必需要对数据进行更加全面、更有深度、更细颗粒度的解析和利用，而这皆依赖于对数据的结构化与标准化治理。同时，基于自然语言处理的结构化和标准化技术，也减少了当前推行前结构化电子病历给医生带来的录入压力和时间浪费，也使医生能够相对自由、相对符合其临床工作习惯地进行数据录入。最后，数据治理的成果，亦将进一步推进智能保险理赔、智能化药物安全性监控、智能化精准医疗、智能化药品研发的发展。

智能化设计程度

本方案最核心目的在于将更多不可用的数据转化为人工智能模型可以利用的数据，尤其是手术记录、现病史、既往史、病程记录等信息丰富但难以

被利用的医疗数据，以达到更充分、更有效、更准确地利用原始数据中所蕴含的信息的初衷。

森亿医疗团队依托于医院内部的海量语料数据，结合医学团队对语料的标注和医学知识图谱，使用条件随机场、Gradient boosting、DNN、lstm等机器学习算法建立了一整套针对中文医学文本的自然语言处理系统，具有完全自主知识产权，能够智能化解析、“理解”与“校正”积压的病历、报告等院内医疗数据，完成对非结构化医疗数据的有效治理。

例如，针对同一种疾病“2型糖尿病”，医生可有“T2DM”“Type 2 DM”“II型糖尿病”等多种用法。而针对阴性症状的描述，则可能有“否认某症状”“无某症状”“某症状（-）”“未触及某症状”等多种用法。类似的用法可随个人习惯的改变而改变，因此有着难以穷尽和枚举的特点。所以，传统的收集词典或内码库的方法难以有效解决这类问题。

本方案运用医学自然语言处理这一核心技术，更加智能化的、根据上下文的语义去解析该类不标准、不规范用法，并根据上下文实体之间的语义关联，消解病历中所出现的歧义。同时，将病历中的内容进行有效抓取后，映射到国家或国际标准的术语体系之上，从而完成对一段病历的结构化、标准化解析。

市场应用情况

森亿医疗自主研发的智能问答算法、临床科研一体化智能平台等产品目前也已被近十家国内（北京、上海）一流三甲医院，及中电数据服务有限公司、平安健康、中电科软等大型企业采用。目前，森亿医疗拥有软件著作权8件，专利4件。

森亿医疗目前是中电数据服务有限公司的核心数据治理和AI技术供应商，负责区域医疗数据的治理、结构化处理和挖掘，助力“国家东南大数据中心（福州）”人工智能落地。

专家点评

森亿健康医疗大数据治理与应用解决方案以数据治理为理念，使用自然语言处理和机器学习技术，对海量的以非结构化、非标准化为代表特征的医疗数据进行有效治理，释放、挖掘医疗数据核心价值，构建智能化的临床、科研等应用。该方案突破了当前医疗数据互联互通、共享利用方面的障碍，实现不同医院、不同系统之间的数据从时间、空间、维度的全量打通，对于推动我国健康医疗大数据服务落地和产业化发展具有切实有效的意义。

——李世锋　中电数据服务有限公司董事长

中国卫生信息与健康医疗大数据学会健康医疗大数据产业发展与信息安全专业委员会秘书长

搜狗明医

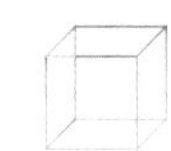

搜狗

智能产品领域 > 其他类

什么是搜狗明医

搜狗明医为搜狗搜索旗下的医疗专业垂直搜索产品，旨在把权威、真实有效的医疗信息提供给用户。搜狗明医频道聚合了权威的知识、医疗、学术网站，为用户提供包括维基百科、知乎问答、国际前沿学术论文等在内的专业内容。

技术突破

搜狗明医作为搜狗垂直搜索产品，基于AI技术和医学知识图谱，通过海量病例数据分析，可识别用户身体不适，针对用户常见症状进行智能分诊。通过人机对话描述获悉用户主要症状，结合个人信息，系统给出建议就诊科室。如果用户想进一步获得建议，还可以通过多轮对话系统交流，得到可能患病的范围、概率等附加信息。如此一来，AI技术辅助用户进行了完整的诊前自诊、分诊过程。此外，搜狗明医还细分推出了中医智能辅助诊断系统，并具备找医院、找医生、健康工具、医生工具等功能。

搜狗明医应用了深度学习算法、知识图谱、知识推理、语义分析、图像识别等多项技术。其中，智能分诊系统结合了深度学习、专家知识图谱和图像识别技术。特别是图像识别皮肤病为国内首创，满足用户使用场景的同时，体现了技术创新性。作为数据基础，搜狗明医和卫计委权威科普网站百科名医网合作，收集了1万多种疾病、600多种症状、2万多种药品、300多种检查、500多种手术、1万多个医院及科室、55万个医生数据，搭建了专业的底层知识图谱。搜狗明医获得了互联网医疗健康行业“墨提斯”奖。

市场应用情况

在医疗类搜索行为中，用户描述身体不适的症状类搜索行为占比很大，智能分诊功能承接了这部分需求。通过用户的描述，系统可以告知用户就诊科室建议以及可能所患的疾病。

目前，搜狗明医主要应用情况如下：

中医智能辅助诊断系统，已在700家线下中医实体诊所中落地使用；同时，与协和医院专家教授合作的医生工具功能中的随访工具，已经上线商用并应用于协和胰腺病日常门诊；另外，系统已在医护到家等网站和应用接入上线；系统还与北京东区

儿童医院、崔玉涛育学园等机构签订合作协议，后续将会在合作机构的产品中接入搜狗明医。未来搜狗明医会接入更多诊前的关键路径，为用户提供方便，为相关机构节省医疗资源。

搜狗每日医疗类搜索请求超2000万次。在过去的一年，搜索端医疗健康类流量增长迅猛达到3000万。在移动搜索里，医疗健康类查询词页面浏览量由2016年12月的7.4%上升到2017年12月的8.48%，效果指标大幅度提升并超越竞品。搜狗明医还引进有卫计委支持的权威内容，与竞品差异化，权威内容覆盖度超过检索词的65%。

搜狗明医上线了智能自诊分诊系统，并独创性地支持拍照识别皮肤病，自诊效果指标领先所有竞品，中国再保险集团、医护到家已接入该系统。并且搜狗明医与北京东区儿童医院、崔玉涛育学园在儿科领域深度合作，效果得到专业医疗机构认可。

专家点评

搜狗明医是搜狗公司运用AI技术在医疗领域的创新应用，具有智能分诊、找医院、找医生、健康工具、医生工具等功能。搜狗明医聚合权威的知识、医疗、学术信息，为广大用户提供权威、真实的医疗健康内容，并通过大数据和深度学习算法构建模型，使用专家知识库进行决策辅助，以结果为导向优化算法和策略，充分发挥了AI技术优势。希望搜狗明医可以为提升用户就医体验、缓解医疗资源紧缺贡献力量，助力分级诊疗和家庭医生制度落实。

——黄晓烽　搜狗搜索事业部总监

智能运维

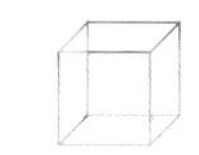

中移（苏州）软件技术有限公司

智能产品领域＞其他类

什么是智能运维

智能运维将大数据自动化运维和知识库以及人工智能算法相结合，通过健康检测、资源预测、作业优化、数据多维分析、日志关联分析等多种功能，打通运维过程中的故障发现、故障定位、根因分析、故障解决、故障规避的全流程，旨在辅助运维人员解决实际问题。

技术突破

■ 健康检测

智能运维通过调取大数据集群中的监控和告警数据，对集群当前的服务、主机和集群整体情况进行综合评价，并根据每条检测项的权重分值，计算集群当前的健康得分。对于检测过程中的异常检测项，系统会结合知识库给出对应的解决方案供用户参考。

■ 数据分析

一方面，智能运维基于统计学分析算法，对大数据（Hadoop）系统的资源利用、作业执行等相关数据，提供不同类型的专题分析，如历史数据分

析、资源同比/环比分析、数据异常率分析等。另一方面，智能运维基于人工智能算法，对集群中的运维数据进行趋势预测，并提供集群资源和故障预警功能。

■ 作业优化

智能运维内置数十种作业分析算法，提供对MR和Spark作业的优化功能，平台定期从YARN中获取作业执行情况，并执行对应算法进行分析，分析结果表明每个作业严重程度，同时提供启发式说明，供用户参考优化。

■ 日志分析

智能运维提供日志分析模块，完成对非结构化日志的采集、分析，从而为开发/运维人员提供日志过滤、精准检索、日志告警、多维度图表展示、多日志窗口查看、日志关联分析等功能。同时基于不同组件的运维特点，提供对应组件的专项日志分析能力。

■ 智能问答

智能运维提供基于运维知识库的互动问答、问题搜索、知识库分析、知识库运营等功能，辅助运维人员对常见问题可直接查询相关解决方案，大幅度提高运维人员解决故障的效率。

智能化设计程度

智能运维结合知识库提供智能问答功能，模块成熟，稳定性高，并能够通过知识库的持续运营和优化，不断提升知识库能力。

智能运维通过引入机器学习和深度学习算法，对大数据集群的运维参数和日志信息进行预测和分析，模块智能化程度高，应用效果良好。

市场应用情况

该产品已在中国移动上海公司进行试点，应用在大数据统一聚合平台上，集群节点数超过180个，平均日处理作业数达到2000余个。

专家点评

目前，传统的运维工具在面对大数据系统节点数量众多、日志数据繁杂、组件种类多样等特点时，难以有效地保障系统的稳定运行。

Hadoop智能运维系统的出现，大大缓解了集群维护工作对于运维人员的高度依赖，并有效缩短了集群故障排查和处理的耗时。它使得运维人员在面对复杂的系统故障时，能够利用人工智能技术对监控指标、日志数据进行多维分析，准确定位故障发生的原因，并且根据知识库的反馈，快速找到解决问题的办法，甚至自动完成故障的排查和处理。

——齐骥

中移（苏州）软件技术有限公司

大数据产品部总经理助理

中国移动推荐系统

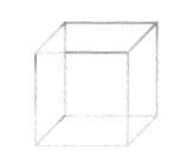

中国移动北京公司

智能产品领域 > 其他类

什么是中国移动推荐系统

本项目为中国移动北京公司运用大数据与机器学习建立推荐系统的探索，实现北京地面渠道对新用户购买产品的推荐，协助实体店面提升营销水平和效率，同时实现了国内移动行业领先推荐系统的应用，支撑多产品、多用户场景下的推荐。

技术突破

在架构上，本项目基于中国移动北京公司大数据平台现有的数据湖架构，综合应用MPP、MySQL、Solr、Kafka、Codis、Spark、Python等集群、数据库与机器学习技术。在方案上，本项目采用了业界先进的离线、近线、在线融合三层系统设计。在模型上，本项目开发多个机器学习模型，综合应用RBDT、LR、RF等算法，并采用Voting多模型融合算法。

本项目基于中国移动北京公司大数据平台现有的数据湖架构，使用HBASE+Solr集群处理文本数据、使用MPP+MySQL集群处理账务及订购等日月粒度数据、使用Python+Spark+Codis集群处理机器学习程序、使用Kafka+Spark集群处理实时数据、使用WAS集群处理APP前台访问与数据接口。

智能化设计程度

在当前各大互联网公司主流的推荐系统中，推荐系统需要面对的应用场景往往存在非常大的差异，不存在一个推荐算法在所有情况下都满足的场景。公司往往采用多模型融合算法，充分运用不同模型的优势，取长补短，组合成为一个强大的推荐架构。

在本项目里，中国移动北京公司参考主流推荐系统方案，设计了实时多模型融合推荐方案：

本项目根据LARS建立数据的区域分解金字塔结构，对北京市区域内12个分公司、40个区域中心和276个街道网格在地图上进行划分，并且将用户数据按照网格结构进行地域分配。

本项目离线推荐模型的机器学习模型——集成训练网络结构，使用GBDT、RF和LR模型，能够每月自动根据推荐记录和客户实际消费，进行模型的参数调整，目前查准率为82.17%。

本项目基于机器学习的在线推荐与融合服务，离线部分用月数据预测客户下个月将购买什么；近线部分用日数据预测客户明天将购买什么；在线部分用实时数据预测客户下一刻将购买什么；最后，通过Voting融合综合最终推荐排序。

市场应用情况

自推荐系统投入使用后，根据2017年8月的

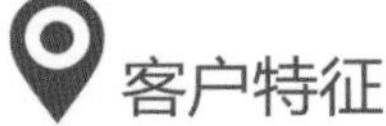

模型数据，推荐价值已经非常接近用户的实际价值，明显提升了公司的盈利能力，3月试运行和7月、8月集中推广以来，18元以上统一套餐占比增速明显上升。精确对接用户需求，社会渠道入网客户后续更换套餐比例趋势性降低，表明经过推荐后用户获得了更符合自身需求的产品。

据易办公侧统计，截至2017年8月31日，系统正式上线仅4个月，透镜使用人次为18 347，PV为104 497。据大数据侧统计，截至8月31日总UV为825人，套餐推荐5367人次。

主动问卷调查得到客户高满意度和高参与度，2017年9月27—30日，在透镜微信公众号进行了用户问卷调查。3日内回收问卷150份，回收率超过66%，平均完成时间2分24秒，经过统计，用户满意度为95%，提供产品建议超过100条。

专家点评

推荐系统对每个有着丰富产品线的公司来说都是至关重要的。特别是在这个主动需求消失的时代，必须要能够结合用户的长期需求倾向、短期购买意愿和即时操作，发现和激发客户隐含的购买意愿，实时为用户进行业务或者产品推荐。而这个过程涉及海量数据和策略选择，使用人工智能可以大幅度提升准确度和效率。

中国移动正在面临互联网打入通信市场的竞争，而互联网企业的传统打法就是利用数据优势，在边际新增市场，进行市场再细分，在细分市场运用产品海的方式建立优势。面对客户的消费升级，仅仅依靠降价效果非常有限。

其次，对客户需求的传统假设可能是错误的，我们原来认为用户的需求是明确的、稳定的、理性的，但实际上，用户需求经常是模糊的、易变的、冲动的。通过大数据和人工智能算法发掘客户这种需求，并及时做出推荐，能够很大程度引导客户购买行为。

中国移动北京公司还面临着超大型城市如何有效地进行新增市场管理的问题。地域差异也是实际销售过程中存在的现实情况，例如一个北四环奥运村区域大型超市门口的店面，和一个北二环积水潭区域胡同的店面在销售模式上会有差异问题。2012年美国明尼苏达大学和微软实验室的关于LARS的论文提供了一种方向，需要进一步地落实到中国移动北京公司的实际中。

结合了超大城市地域特色、机器学习和推荐系统，中国移动北京公司进行了建立三层推荐和融合系统的尝试和探索，试图解决在城市不同区域如何根据区域特征、客户特征和店面特征进行新增客户推荐的问题，并取得了初步的成果。

——杨明哲　中国移动北京公司大数据及机器学习专家

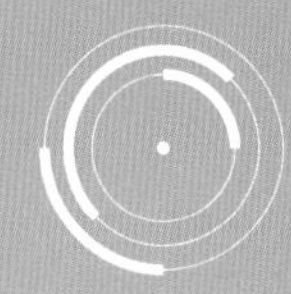

CHAPTER 2

第2章　核心基础领域

CI1006芯片

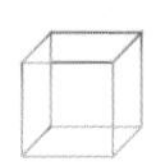

启英泰伦

核心基础领域>神经网络芯片

什么是CI1006芯片

CI1006芯片是行业首颗专用的人工智能深度神经网络语音识别SoC芯片。该芯片可实现全离线大词汇量高精度语音识别功能，相较于传统的AP芯片方案具有低功耗、高性能、高性价比、高可靠性等优势，可应用于智慧家居、智慧照明、智慧汽车、智慧玩具、机器人等领域。

技术突破

启英泰伦首次提出将麦阵降噪处理硬件引擎和DNN同时集成到芯片中，CI1006芯片是行业首款专用的智能语音识别单芯片。内置的拥有自主知识产权的BNPU脑神经单元，支持64个神经元节点的并行计算及本地语音数据采集、计算和决策，极大提高了语音识别速度。

CI1006芯片在应用上以单芯片方案替换原有的降噪芯片+通用AP芯片方案，具备外围器件少，成本低等优势，可应用于照明、玩具等对成本要求较高的产品领域，且方案板体积大大缩小，可应用于体积较小的智能硬件产品。

CI1006芯片采用特色低功耗设计，使功耗仅为同类多核应用处理器芯片的十分之一。内置ARM Cortex-M4F MCU内核及IIC、SPI、UART、PWM等各类通用控制接口，并可外接Wi-Fi达到本地智能与云端智能无缝配合，在用户知晓情况下连接网络，最大限度地保护用户隐私。

CI1006芯片采用Nor Flash存储固件，可靠性高，是该细分领域首个达到工业级温度标准的专业智能语音芯片及方案。

智能化设计程度

■ 匹配终端产品硬性指标

针对家电严苛的能效标准，启英泰伦采用VAD（语音活动检测）技术及特色低功耗设计，使得芯片最低功耗仅为0.1W，可以全面适应国家一级能效标准。

■ 适应复杂环境

由于家居等环境受到各种各样的环境噪声、人声、混响等干扰，会严重影响语音识别的准确性。CI1006芯片通过启英泰伦自主研发的处理技术，降低了噪声对语音识别的不利影响，以确保语音识别、语音控制的准确性。

■ 提升用户体验

在应用环境中时常会出现无网络、网络延迟、断网等情况，如果采用普遍的云端智能，会极大地降低产品使用体验，且面临着泄露用户隐私的安全隐患。启英泰伦推出了本地解决方案及“本地+云端”解决方案。当有云端诉求时才在用户知晓的情况下连接网络，最大限度保护了用户隐私和解决了网络束缚。

■ 降低开发门槛

人工智能行业门槛较高，启英泰伦通过为客户提供软硬一体化解决方案来降低开发门槛，客户只需将方案和原有系统对接即可。

市场应用情况

目前，CI1006芯片已应用于众多产品领域，包括智能家电、智能遥控器、智能中控、智能台灯、智能报警系统等，几乎涵盖了家居环境所有电子产品消费需求。

■ 美的智能语音微波炉小薇

小薇由美的集团发布，采用CI1006芯片，支持上百条本地语音命令词条，包含60道美食菜谱，以及加热、解冻等数十条常用功能设置，支持家居环境10m远距语音识别。

■ 智能语音家居中控小艾A1

小艾A1由深圳永顺智信息科技有限公司发布，是一款针对家庭用户的智能家居中控。即插即用，不分电器型号，不用加装、改装原有家用电器，通过CI1006芯片即可对灯具、电视机、空调、风扇、

扫地机、窗帘和插座等设备进行本地语音控制。

■ 智能语音遥控器声达小宝

声达小宝由四川声达创新科技有限公司发布，是一款专门针对空调的智能语音遥控器。采用CI1006芯片，无需连网，无需APP，即插即用，可语音控制市场上主流品牌空调。

■ 智能应急呼救系统易安心

易安心由北京易能智达电子有限公司发布，内置CI1006芯片，是一款专门服务于老年人的智能应急呼救系统。该产品可随时监测老人在家中的语音活动情况，无需唤醒，老人说出求救指令就会立刻启动报警系统，保障老人的生命安全。

专家点评

随着人工智能的快速发展，语音、语言凭借其自然、方便的特性成为了人与设备、人与环境的最佳交互方式，同时也是应用服务、内容服务、商品服务的最大流量入口。CI1006芯片作为行业首款人工智能语音芯片，采用DNN处理器和ARM双核架构，可完成10m左右的高精度语音识别，识别率可达到95%以上，推动了家电及各种智能终端设备的智能化升级。

未来，我们还要通过芯片的不断迭代和技术的不断提升，使终端设备运用人工智能技术的成本和功耗不断下降，让人工智能设备走进千家万户。

——何云鹏　启英泰伦创始人兼董事长

目前市面上的通用嵌入式芯片虽然功能丰富，但是包含诸多与语音处理无关的部件，影响产品成本、体积，功耗降低产品体验感。CI1006作为行业内首颗量产落地的语音专用芯片，可作主芯片用，不只含有DNN阵列运算，更包含全套的语音处理技术及MCU相关的接口控制，具有低功耗、低成本、响应快以及稳定性好的优点。

——Roobo

家电行业一直在追求智能化的趋势，人工智能AI芯片CI1006给了我很大的惊喜和期待。5~10m范围识别率达到98%，体验感非常好。本地语音识别方式让我对隐私问题不用再担忧。最大的优势应该就是成本了，期待启英泰伦明天更美好。

——招商局信息科技有限公司

PowerVR Series 2NX NNA 神经网络加速器

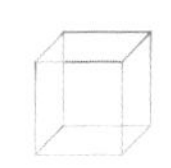

颖脉信息技术（上海）有限公司

核心基础领域 > 神经网络芯片

什么是PowerVR Series 2NX NNA神经网络加速器

PowerVR Series 2NX NNA神经网络加速器是由颖脉信息技术（上海）有限公司（Imagination Technologies）推出的第二代完整的、独立式系统性硬件神经网络处理器IP，通过针对神经网络（NN）处理特性全新设计的专用架构实现，可提供业界顶级的性能、功耗和成本的综合效率。这是一个从软件、硬件到工具的全套神经网络系统解决方案，同时具备4位到16位的高灵活度位宽调整能力。其架构可支持多种操作系统，包括Linux和Android等。

技术突破

Imagination Technologies同时为开发人员提供所有必要的工具（PowerVR NX Tools），让他们能快速、轻松地启用和执行其神经网络，并确保运算带宽能与准确度完美平衡。PowerVR 2NX的开发资源包括映射（mapping）和微调工具、样本网络、评估工具与文件。

完整的PowerVR NX Mapping Tools能在业界标准的机器学习框架——包括Caffe和TensorFlow内进行轻松转换。高级的网络设计人员将能在2NX NNA上设计与构建神经网络，以充分发挥其硬件特性。PowerVR 2NX NNA同时提供对移动Android领域的完整支持，可实现最高效的解决方案，该产品采用了全新设计的架构，可提供：

- 业界单位功耗推理数量（inference/mW）最高的IP内核，以提供最低的功耗；
- 业界单位面积推理数量（inference/mm^2）最高的IP内核，可实现最具成本效益的解决方案；
- 业界最低带宽的解决方案——支持权重与数据的高灵活度位宽，包括低至4位的低带宽模式；
- 业界领先的性能，单一内核为每时钟周期2048 MAC，并可采用多核设计进一步提升性能；
- 在硬件架构的基础上提供了最全面的系统级的神经网络解决方案。

智能化设计程度

随着神经网络日益普及，2NX NNA这样的专

PowerVR by Imagination Series2NX Neural Network Accelerator

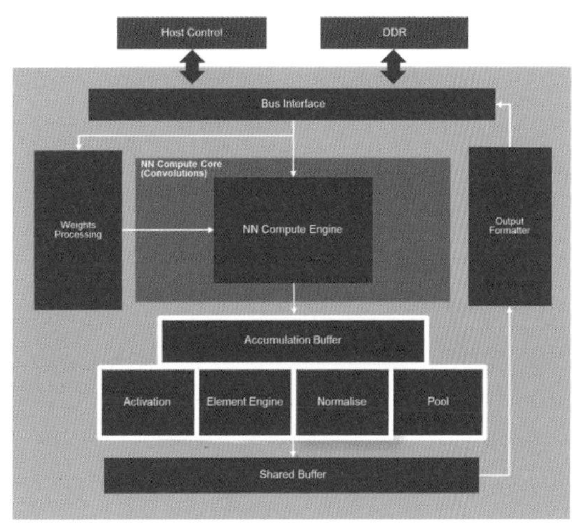

用硬件解决方案，与单纯的DSP解决方案相比，有高达8倍的性能密度提升，并且能以最低的功耗与成本达到最高的性能。

此外，一直以来，神经网络非常耗费带宽，因此内存的带宽需求会随着神经网络模型规模的增长而增加。为了满足NNA所需的带宽，SoC设计人员和OEM公司在设计系统时会遇到巨大的挑战。

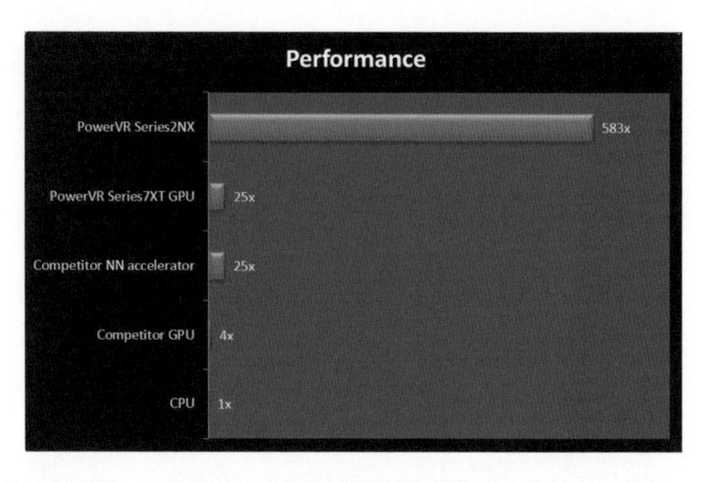

PowerVR 2NX的高灵活性位宽特性和对应的架构设计能最小化外部DDR内存的带宽需求，确保系统的性能不会受到带宽的限制。Power VR 2NX NNA专用硬件和完整解决方案的普及应用，将能推动各种基于神经网络技术的应用程序进一步发展。

专家点评

众多的系统和应用程序开发人员正在采用深度神经网络算法为其产品带来新的感知能力。在许多情况下，一个关键的挑战是为这些要求苛刻的算法提供足够的处理性能，同时满足严格的产品成本和功耗限制。PowerVR Series2NX NNA等专用处理器专为神经网络算法而设计，可以在许多新应用中部署这些强大的算法。

——杰夫·比尔　嵌入式视觉联盟创始人

神经网络加速专用硬件将成为未来SoC的标准IP模块，就像CPU和GPU一样。我们很高兴能够向市场推出第一个完整的硬件加速器，以完全支持灵活的精确方法，使神经网络能够以最低的功耗和带宽达到最佳性能，同时提供每平方毫米的绝对性能，超过竞争解决方案。我们提供的工具将使开发人员能够快速启动并运行他们的网络，从而实现快速营收。

——Chris Longstaff　颖脉科技PowerVR产品和技术营销高级总监

工业互联网平台人工智能开放引擎

北京航天智造科技发展有限公司

核心基础领域 > 开源开放平台

什么是工业互联网平台人工智能开放引擎

工业互联网平台人工智能开放引擎包括PaaS服务和SaaS服务两部分，提供基于TensorFlow、Caffe、PaddlePaddle的开放人工智能引擎，以及开放的通用类人工智能算法和面向工业智能分析的工业人工智能算法，利用INDICS平台为企业提供工业人工智能服务与应用，以云服务的形式支持企业智能化改造，实现流程优化，提升自动化、智能化水平，促进商业模式创新。

技术突破

依托INDICS平台IaaS层的计算资源、存储资源、网络资源等基础设施环境，以及DaaS层的数据存储、数据管理等工具，引擎在PaaS层和SaaS层提供数据智能服务，实现了工业数据采集、存储、计算分析、管理等全链条服务。

PaaS服务提供开放的人工智能引擎、人工智能开发工具及组件、通用类人工智能模型、面向工业智能分析的工业人工智能模型以及相关的人工智能API。

■ 人工智能引擎：基于TensorFlow、Caffe、PaddlePaddle等开源人工智能框架，建设人工智能引擎，提供统一的人工智能算法运行环境，支持分布式计算、图式计算、CPU+GPU混合计算等计算模型。

■ 人工智能开发工具及组件：提供人工智能开发环境与开发框架以及可视化建模工具，支撑工业人工智能模型的快速搭建与应用的便捷开发。

■ 人工智能模型：除了提供通用人工智能模型支撑分类、回归、推荐、跨媒体识别等应用外，还提供面向工业人工智能分析的工业模型，有效支撑生产过程资源智能调度、设备故障预测、精密加工检测。

■ 人工智能API：通过API提供人工智能算法服务，包括数据存储、查询、分发、清洗等数据类API，通用模型算法、工业模型算法等模型类API以及安全类API。

SaaS服务提供生产资源智能调度、虚拟工厂、设备故障预测、精密加工检测等人工智能服务，支撑工业人工智能应用开发与实施。

■ 生产资源智能调度服务：将资源智能调度算法应用于企业生产制造环节（启发式解空间搜索优化算法、遗传算法、模拟退火算法等），构建资源优化配置模型，形成生产资源智能调度服务。根据制造过程的生产资源信息，分析和挖掘生产中的要点，考虑关键设备的能力需求及平衡各生产单位的产能，进行排产信息的智能推送，优化排产计划；对资源能力匹配的监测数据进行深度学习，对制造资源调度形成有效预案。

■ 设备故障预测服务：将引擎提供的故障预

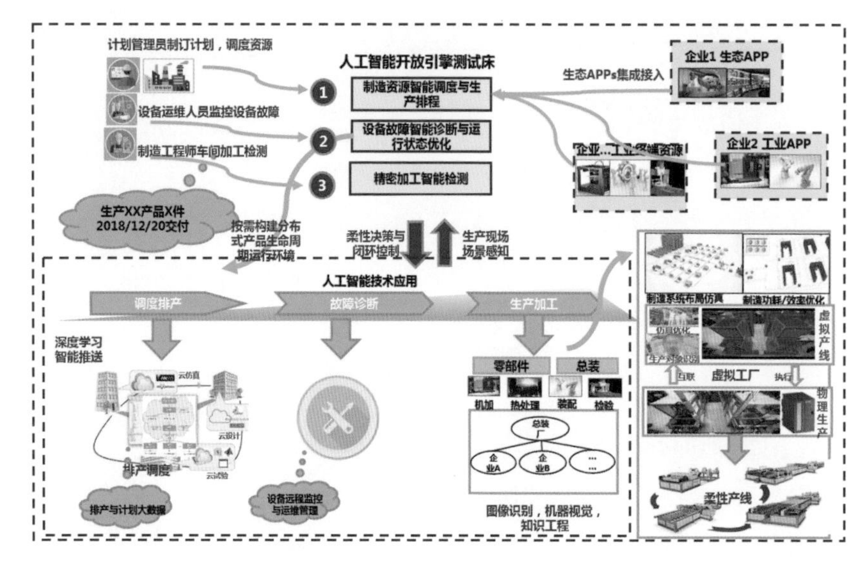

测算法应用于设备故障监测和诊断（Softmax回归算法、CNN分类算法、GDRT决策树算法等），预测设备的稳定运行状态、故障发生概率和原因，分析影响设备故障的关键因素，优化设备运行模式和状态参量。

■ 精密加工检测服务：将引擎提供的精密加工检测算法应用于产品质量检测环节（CNN对象识别算法、PCA特征提取算法、Meanshift聚类跟踪算法等），形成精密加工检测服务。采用视频图像识别方法自动监控加工过程，采用基于知识库的专家系统，选用最佳加工条件组合来进行加工，在线自动监测、调整加工过程，实现加工检测过程的最优化控制。

智能化设计程度

基于INDICS平台的工业互联网平台人工智能开放引擎，提供工业设备数据采集、存储和分析的一体化服务；提供制造资源智能调度与生产排程、设备故障智能诊断与运行状态优化、精密加工智能检测等面向工业智能分析的模型、算法和SaaS服务与应用，优化企业生产、制造、维修、检测等过程。

基于人工智能引擎以及开发工具、通用类模型、工业类模型、API等开放的PaaS服务接口，支持工业智能应用的快速开发与迭代，形成涵盖智能研发、智能生产、智能服务等全产业链服务的人工智能应用生态。

基于INDICS平台提供的容器隔离、数据加密、数据审计、API访问控制、安全通信网络等全层次安全体系技术，保证工业互联网平台人工智能开放引擎产品的安全合规。

市场应用情况

工业互联网人工智能开放引擎应用于航空、航天、能源、高端装备、汽车、家具、模具等多个制造行业，为应用企业提供涵盖研发、生产、服务等全产业链的人工智能服务、应用和解决方案，提高应用企业生产排产效率30%，降低企业设备故障率30%，提升检测效率30%。

专家点评

工业互联网平台人工智能开放引擎可有效支撑新一代人工智能工业应用开发，打造涵盖制造全产业链人工智能服务的应用生态体系。基于人工智能开放引擎测试床提供的开放PaaS服务接口，支持工业智能应用的快速开发与迭代，形成涵盖智能研发、智能生产、智能服务等全产业链服务的人工智能应用生态。产品技术先进，智能化程度高，应用效果良好，有效支撑基于新一代人工智能技术的智能化改造、协同制造和云制造等新型制造模式。

——邹萍

北京航天智造科技发展有限公司研发部部长

工业互联网产业联盟边缘计算特设组副组长

九天人工智能平台

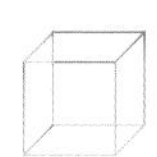

中国移动

核心基础领域>其他

什么是九天人工智能平台

九天人工智能平台是中国移动于2017年发布的首款人工智能平台，由国家千人计划专家、中国移动研究院首席科学家冯俊兰博士带领的人工智能专业团队，历经4年自主研发，孕育而成。'九天'二字源于名句'飞流直下三千尺，疑是银河落九天'。九天人工智能平台的愿景是AI能够如流水般润物无声地渗入行业、改变行业，进而改变人类未来生活和社会的方方面面。它寄托了中国移动将AI赋能电信行业，实现万物智连的崇高使命和情怀。

技术突破

九天人工智能平台聚焦电信场景，从基础平台到核心能力，开放AI服务。按照场景驱动模式构建，自底向上分为三个层次，底层基础服务层提供深度学习硬件平台和算法框架的基础服务；中间核心能力层开放智能语音、自然语言理解、图像识别、数据分析等AI功能；上层应用产品层提供面向智慧运营、智慧连接、智慧服务等领域的端到端解决方案和产品。

■ 基础服务层

九天深度学习平台作为移动首款基于GPU的多租户深度学习平台，构成了九天人工智能平台的AI基础设施。

九天深度学习平台具有三大技术优势：一、支持底层GPU和CPU的混合异构计算；二、支持多训练任务在多GPU节点和多GPU卡上的智能调度；三、搭载多款主流深度学习框架，如TensorFlow、Kaldi、Caffe等。

在用户体验方面，平台同样具有三大优势：一、操作模式便捷，用户只需要通过WEB界面上传数据、提交代码、下载模型这三步即可完成模型训练；二、支持多租户模式，租户间资源和数据隔离，安全性高；三、支持对已有模型的迭代训练，提高训练效率。

■ 核心能力层

核心能力层按照所处理的输入数据的类型分为三大类：第一类是语音语言类型，包括智能语音分析以及自然语言理解；第二类是图像视频类，如人脸识别、物体识别；第三类是结构化数据，如针对网络、市场、客服和IT产生的大规模数据，对它们进行深层次的分析，提供网维、网优、用户画像、推荐等智能化建模、数据可视化功能等。平台可以通过云服务API接口或者面向场景定制的SDK的形式对外开放人工智能核心功能。

■ 应用产品层

围绕运营、连接、服务等运营商核心业务领域，平台提供智能营销、智能决策、智慧网络、智能物联、智能客服、智能家庭、互动娱乐等智能化产品和服务。服务于中国移动集团公司“大连接”和“四轮驱动”战略，与省公司和专业公司深度合作，创造了多个最佳实践和规模化应用效果。

智能化设计程度

面向“AI+通信”，九天人工智能平台深入电信行业，聚焦运营商的市场运营、网络和服务等应用领域，并面向垂直行业，以应用场景驱动的方式提供端到端的AI应用解决方案和实施策略。同时，该平台对AI应用研发人员和企业开放AI功能，用户可以通过远程API的形式使用服务，也可以通过本地部署SDK方式使用AI功能。

市场应用情况

九天人工智能平台在现网有多个具有代表性的应用成果，如智能客服、网络智能化、营销智能化。

智能客服是一种人机交互系统，通过电话、短信、飞信等多渠道为中国移动用户提供服务，方便用户查询、办理、咨询各类移动业务。智能客服利用文本检索、知识图谱和深度学习等技术实现上下文理解功能，对客户的问题实现精准回答并对客户的需求进行智能推荐，让客户拥有愉快的聊天体验。研发团队历时4年自主研发的智能客服，已在中移在线“移娃”自服务机器人中使用，截至目前，已在33个全国渠道、174个省渠道上线，内含18万条知识，日均服务量700万，累计服务量20多亿，成为全球服务量最大的智能交互系统，极大地降低了人工客服成本，提高了用户响应效率。

网络智能化利用人工智能技术加持通信网络，通过打造“智慧网络”，为广大客户提供更加智能、高效、动态的网络服务功能，如移动上网、家庭光宽带、话音服务等。该应用聚合中国移动强大的服务类数据和网络类数据进行多源、多维的综合分析，利用九天人工智能平台的核心算法、关键技术、深度分析能力，从网络规划、网络运维、网络优化、网络智能调度等四个方面全面提升网络的智能化程度。如大气波导批量投诉预测、网络自服务机器人等应用，打破传统依靠经验的人工排查方式，实现从投诉到网络故障的自动定位，提升投诉排障效率10倍以上，大幅提升客户体验。

营销智能化产品以电信大数据和人工智能技术为基础，研发数据管理平台，实现填补应用和大数据平台之间的断层，促进从数据到价值的转变。创建全新360°客户视图，打通自有渠道触点，构建以数据为驱动的闭环营销，采用人工智能技术打造智能投放、智能推荐双引擎，通过融合多源数据构建数据基础平台、统一账号体系、智慧内容画像等服务，更好地满足用户个性化需求，提升业务的推广效率。

专家点评

九天人工智能平台是中国移动全力打造的人工智能平台，服务于中国移动在网络、市场、服务、安全等业务方向对人工智能技术的需求，进而服务于全国8亿多客户。平台目前已在多个大规模全国业务中使用，为公司带来了显著的经济效益，同时提升了客户的体验和服务的效率，是人工智能回归商业本质的一个典型案例。

——肖仰华　复旦大学计算机学院教授

大数据平台Hadoop集群智能运维

中国移动陕西公司

核心基础领域>开源开放平台

什么是大数据平台Hadoop集群智能运维

该产品是陕西移动企业级的大数据平台，可以帮助客户快速地建立离线的、实时的大数据分析应用，实时监控集群资源情况、负载现状和趋势，及时对集群参数设置等提出调整建议，在满足业务要求SLA的同时提升集群资源的使用率。

技术突破

深度学习框架主要使用Docker技术对TensorFlow、MxNet、Caffe和Torch等主流深度学习框架进行封装，可以有效地简化配置、隔离应用、提高开发效率。

训练算法方面，主要是用各种高性能计算库和通信库提升各种网络结构——如DNN、CNN、RNN/LSTM等的训练效率，使用的高性能计算库包括CuDNN、CuBLAS、MKL等，使用的高

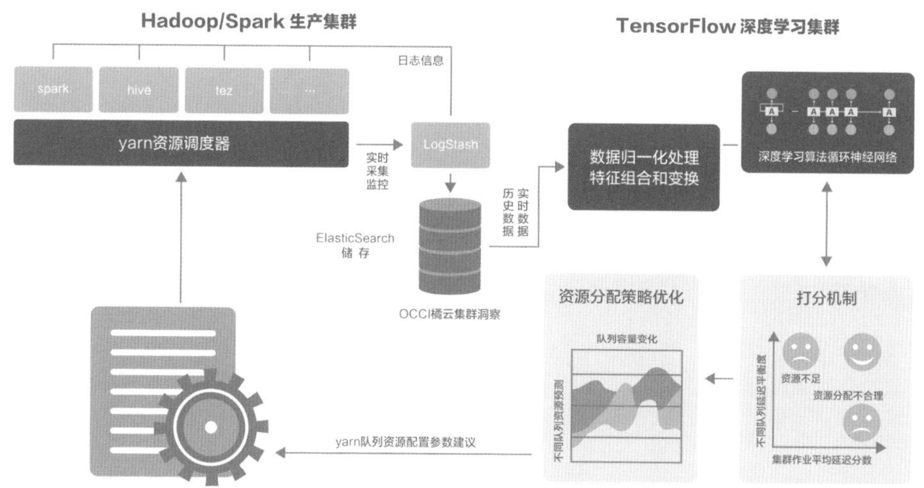

性能通信库包括MPI和ZeroMQ。其中CuDNN、CuBLAS和MKL可以充分发挥硬件资源的计算能力，而MPI和ZeroMQ的使用可以使训练算法高效地扩展到更多的节点上。

Collector定期收集运行时的资源使用与作业运行情况，为集群对业务SLA的满足程度、资源使用率以及不同队列的公平性打分，利用训练好的深度学习模型，预测未来集群内队列的负载情况。根据预测结果，提供未来一段时间内yarn capacity scheduler的优化分配策略，为集群重新打分，分别对业务SLA满足度和公平性两方面进行优化策略评估。

智能化设计程度

该产品提供的大数据平台集群运行健康状况的独特打分机制，可以检测当前集群问题、提供优化策略，并在优化后再次打分，不断迭代循环，最终达到集群运行的最佳状态。

打分服务输出的4个指标：

■ avgPending：集群队列平均pending取值范围[0, ∞]

■ avgMemUsage：集群资源利用率取值范围[0, 1]

■ pendingDevision：各队列pending方差取值范围[0, ∞]

■ memUsageDevision：各队列资源利用率方差取值范围[0, 1]

集群作业平均延迟是对整个集群作业SLA的度量。分数低，说明集群资源不足，或者某些队列的资源分配不足。队列作业平均延迟平衡度中，对不同队列作业SLA进行度量，分数低，说明队列资源分配不合理。

专家点评

随着大数据技术的发展与成熟，人工智能迎来了新的突破。近两年来，诸多国内外人工智能项目先后开展起来，但是这些案例多集中在图像、语音分析、智能推荐等领域。本项目运用了深度神经网络算法切中大数据运维领域中的诸多痛点，在智能化集群资源调优、故障自动定位与分类等方面具有指导性意义，是一次有价值的人工智能方法结合集群运维领域的实践。

——赵懿敏　南京大数据产业协会理事长
亚信大数据研发中心总经理

讯飞开放平台

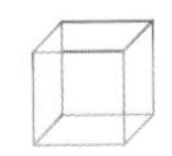

科大讯飞

核心基础领域>开源开放平台

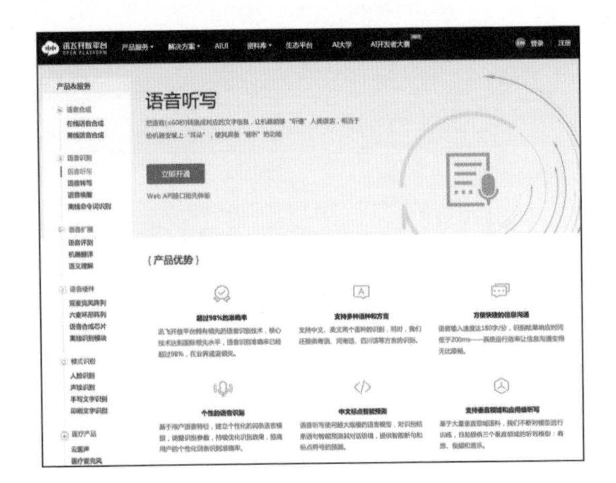

什么是讯飞开放平台

讯飞开放平台起始于2010年，是全球首个智能语音交互的语音云交互服务平台，为各类移动互联网创业者和创新型企业提供低门槛、高质量的语音交互服务。

讯飞开放平台将科大讯飞拥有自主知识产权的智能语音技术及人工智能技术开放给全国各地的开发者团队使用。包括在线/离线语音合成、语音识别、语音听写、语音转写、语音评测、声纹识别、大数据分析等技术。

开发者团队可以使用该平台，结合自己的开发能力以及对市场和用户需求的理解，自行开发手机APP、智能机器人、智能家居、智能家电、穿戴式设备、智能汽车应用等软硬件产品和服务。

技术突破

讯飞开放平台目前规划存储容量为64PB，处理能力约为58万亿次/s，是全球最大规模的人工智能公有云之一。

在语音识别率方面，科大讯飞公司主导编制了《中文语音识别、合成互联网服务接口规范》等标准。平台的中英文语音识别准确率≥95%，中英文语音合成自然度≥4.5分。

在打电话、地图导航、发短信、股票、航班、酒店、火车、天气、笑话、音乐这10个日常用语语义场景下，日常用语理解正确率≥90%。3G无线通信网络≤1.5s，2G无线通信网络≤2.5s。

智能化设计程度

该平台提供世界领先的语音合成、语音识别、语义理解等技术，开发者可以同时获得所需的多项服务能力，一站式获取以往需要从不同技术供应商获取的服务。

平台支持所有主流的操作系统接入，Android、iOS、Java、Windows、Linux等平台SDK。还支持跨平台的Web API接口接入。同时支持多类型终端，如智能手机、智能家电、车载、PC、可穿戴设备等，保证了用户可以在任何地点以任何方式通过平台获得智能人机交互服务。

平台配备了完善的基于B/S架构的管理平台，按照权限登录，可实时监视开放平台服务状态；自动化监控、自动化部署以及自动化测试等平台为该开放平台的稳定运行全程护航；利用云计算、大数据等相关技术处理完备的日志记录，为服务性能的提升、优化提供支持。

开放平台在线开发接口可供任何团队和个人免费使用；提供可视化控件以及demo程序和源码；支持自定义界面、音频保存类型以及个性化语音功能。

开放平台向开发者开放了数据分析平台——讯飞开放统计，让开发者随时随地了解应用发展趋势，全面倾听用户“心声”，助力精细化运营，辅助决策，明晰产品迭代方向。

市场应用情况

讯飞开放平台的海量数据沉淀为讯飞AI营销云实现广告投放效果的提升提供了数据支持。基于讯飞开放平台全面开放的AI能力，讯飞AI营销云打造出了创新多样的广告产品和营销解决方案，帮助客户全面提升广告营销效果。

基于人工智能技术和人机协同反作弊系统，每天可以为广告平台过滤异常流量20%左右，开放平台营业收入同比增长317.71%，毛利同比增长1880.77%，毛利率增长33.47%。

截至2018年6月30日，讯飞开放平台开发者团队已突破88万，覆盖终端19亿，日均交互服务46亿次。

上线各种应用产品突破40万套，为通信、金融、教育、社交、电商、游戏、新媒体等数十个行业提供了海量的优质智能语音和人工智能核心处理技术、资源和服务。

扶持和孵化了一批典型人工智能生态企业，创造了一大批优秀的产品和应用，初步建成健康、可持续、加速发展的中国人工智能产业生态圈。

建成了一批人工智能创业孵化基地，为产业升级提供了有力支撑。在安徽合肥的自有双创基地已经孵化出“晓曼”智能客服机器人、合肥淘云、咪鼠科技等优秀团队。

专家点评

在国家《新一代人工智能发展规划》政策引领下，人工智能技术逐渐成为越来越多行业发展与转型的新动能。讯飞开放平台是基于科大讯飞国际领先的人工智能技术能力与大数据运营能力建设的人工智能技术服务平台，以云服务方式提供人机交互相关的技术和垂直场景解决方案，以数据连通厂商、B端用户与C端消费者，以技术联结产业上下游资源合作伙伴。具备开放，合作，生态，共享的发展理念，我非常期待它逐步建设成为最优秀的融汇人工智能开发者、研究者、学习者、使用者的AI生态服务平台。

——胡郁　科大讯飞执行总裁

基于图像识别技术的电信基站天线资产管理

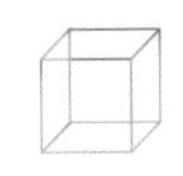

中移信息技术

核心基础领域＞深度学习计算平台

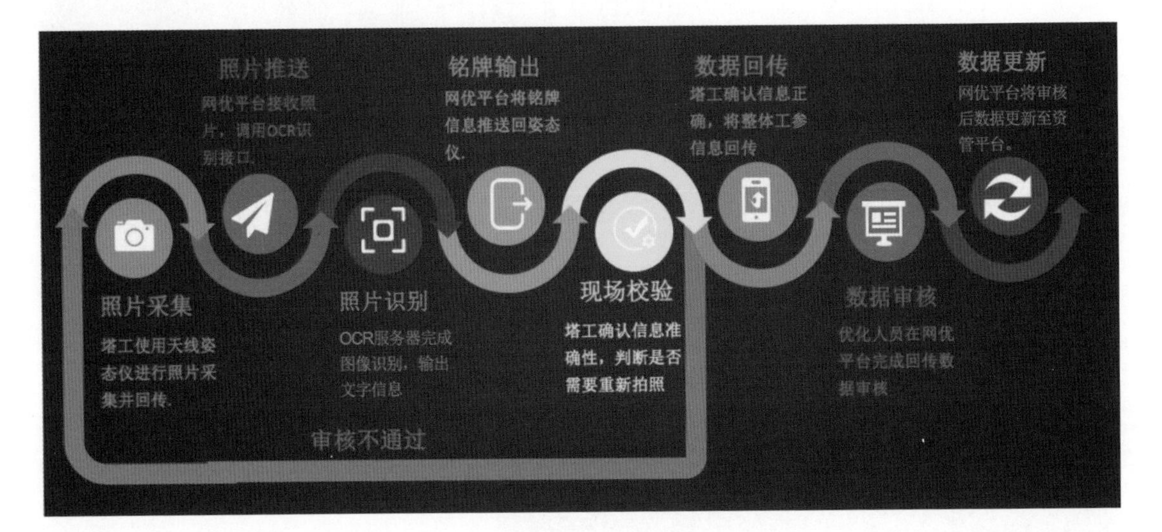

什么是基于图像识别技术的电信基站天线资产管理

基于图像识别的基站天线资产管理系统可实现基站天线信息标准化采集、自动化识别和比对、一键数据入库的数字化全流程管控，大大地提高了数据的准确性，减轻了网优工作量。

技术突破

■ 多技术手段增强图像质量

由于天线铭牌拍摄环境复杂多变，存在拍摄模糊、主体倾斜、强光反射等情况。同时铭牌一直暴露在自然环境当中，部分铭牌的墨迹已经模糊。而此系统采用了直方图均衡化、逆滤波、高斯滤波器、仿射变换等图像处理技术增强图像质量。

■ 图像质量判断引导拍摄规范

由于存在质量问题的天线铭牌的训练数据过少，直接使用深度学习会出现过拟合的情况。为了解决这一问题，系统采用迁移学习的方法来提取图像特征，并构造分类器对“过小”“过斜”“过糊”等问题图片进行分类。

■ EAST网络完成有效文本区域定位

EAST网络是一个高效的文本区域定位网络，并且在一定程度上可以克服文本处于不同旋转角度上的影响，定位效果良好。

■ LSTM+CTC实现文本识别

通过使用LSTM网络可以解决字符间的长程依赖问题，CTC是优化LSTM模型的一种技术，适合于输入特征和输出标签之间对齐关系不明确的时间序列问题，并自动端到端地优化模型参数和对齐切分的边界，对于不定长度的OCR识别问题，CTC能发挥很好的效果。

■ 型号矫正提高识别准确率

将识别结果与铭牌型号库中型号进行编辑距离计算，取型号库中编辑距离最小的型号作为最终输出，同时给出置信度，辅助审核人员判别准确性。

智能化设计程度

目前，中国移动拥有基站总数超300万个，各省每年新增天线数量上万，如浙江省新增天线数年均6万以上，月均维护量超过1.5万副。基站天线数量巨大，型号种类繁多、字体多样，在采集信息的过程中，容易产生人工读取差异大、人工输入有差错等问题，严重影响工参数据的准确性，进而影响相关维护优化工作。同时，在信息录入和审核时也需要花费巨大的人工和时间成本。

该服务优化集中工参各管理模块支撑技术落地，使基站天线资产管理服务有效地支撑了一线工作，并针对天线姿态仪、集中工参管理平台、及各串接接口进行优化升级。

■ 天线姿态仪

铭牌照片采集后实现一键后台回传，并将识别结果回显给塔工确认，同时提示照片存在的质量问题，对于存在问题的照片，塔工可进行二次拍摄，提升照片质量，实现照片质量的闭环管理。

■ 集中工参管理平台

完成与天线姿态仪、OCR识别服务器接口优化工作，实现数据透传和结果接收。同时针对数据审核界面进行改造，实现铭牌读取信息的自动回填和审核后数据一键更新。

市场应用情况

该服务于2017年11月6日率先在浙江省正式上线，服务覆盖浙江省所有地市，目前总调用次数为31 356次，成功调用次数为30 174次，服务调用成功率达到96.2%。经统计分析，在实际的使用过程中，识别成功率达到52.2%，理论条件下可以同等省去相应的审核劳力。

专家点评

天线设备作为移动公司最重要的核心资产之一，需要得到妥善的维护和管理。因而对于核心资产的维护管理也是移动公司的重要工作。在对此种资产管理过程中，移动公司每年需要投入大量的人力资源完成设备的信息采集、核对、入库、校正等工作。

近年来，深度学习技术得到了长足的发展，无论是学界还是业界，在这项技术的研究和应用落地方面都做了很多尝试，并在图像、语音、文本等多个领域取得了极佳的成果。

移动公司基于图像识别的基站天线资产管理解决方案很好地节省了设备维护管理过程中的人力投入，并极大地规避了人工核查的不确定风险等传统解决方案的痛点，提升了效率。此解决方案是将前沿技术引入生产过程的一个成功的技术转化为生产力的尝试，很好地体现了技术改变人们生活工作的能力。

——王晓征　浙江移动信息技术部副总经理

京东深度学习计算平台

京东

核心基础领域 > 深度学习计算平台

什么是京东深度学习计算平台

京东深度学习计算平台是京东AI平台与研究部开发的深度学习模型训练和预测的环境，主要面向公司的内部业务方和外部合作伙伴，充分发挥京东的AI技术和计算能力，为用户提供方便易用的模型训练和在线服务环境。

技术突破

京东深度学习计算平台包括两个部分：

离线训练平台部分功能有异构计算集群及动态资源调度，全面支持TensorFlow、Caffe、PyTorch、MXNet、Spark等深度学习框架，内置Notebook算法开发环境，支持自动模型选择及超参数调优。

在线服务平台部分提供计算机视觉、语音交互、自然语言处理等多个领域的几十个API，针对部分领域提供完整的解决方案。

智能化设计程度

京东深度学习计算平台面向多种神经网络及深度学习算法的训练库，支持海量数据智能分析处理。支持包括图像识别、语音识别、自然语言理解等典型人工智能应用技术。

面向用户的应用支撑环境，支持配置管理、算法引擎接口、标注数据服务等，提供灵活可变的数据接口和模型配置接口，支持可视化的算法指标显示，方便用户进行多种模型的开发和评估。

深度学习平台支持可视化的拖曳布局，组合各

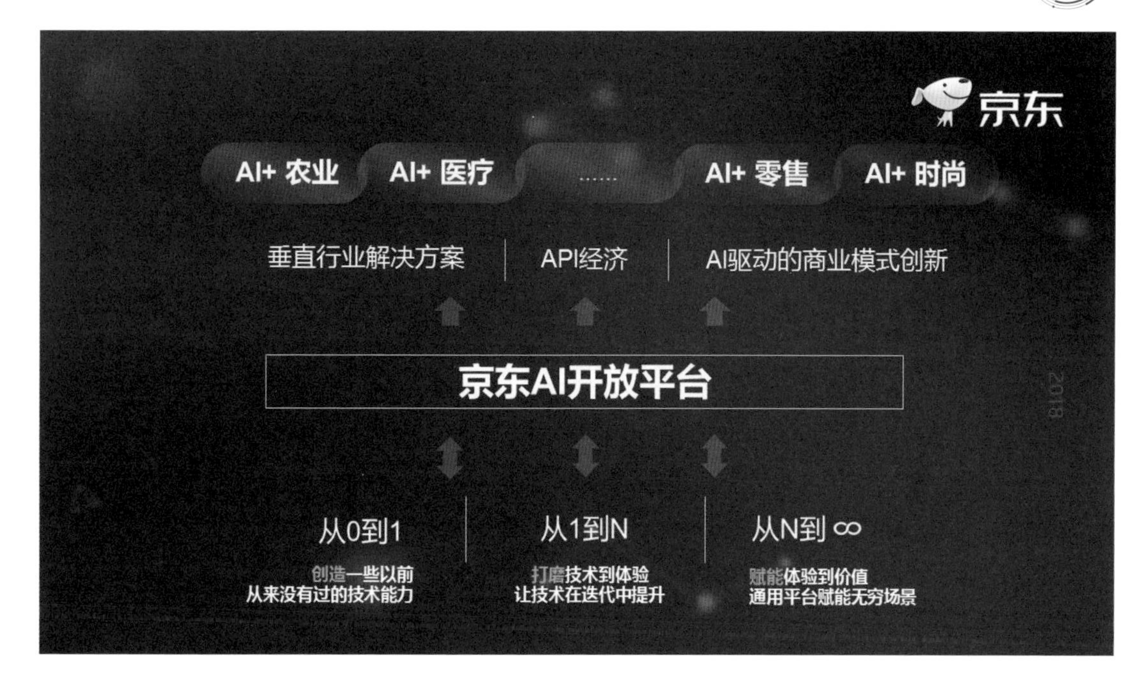

种数据源、组件、算法、模型和评估模块，让算法工程师和数据科学家在其之上，方便地进行模型训练、评估及预测。

市场应用情况

京东深度学习计算平台从2017年年初已经在内部开始应用，支持了商品推荐、订单预测、用户画像、搜索列表页排序等多个电商传统重要场景，同时也支持了创新型应用例如无界零售、无人车、无人机等场景下的深度学习模型。

对外已经与业界零售商例如冯氏集团签订战略合作，使用该平台的能力对其供应链进行赋能支持。

京东深度学习计算平台，既是一个通用的算法开发环境，也有针对电商场景下的多种解决方案，如销量预测、智能补货等，相比业界其他深度学习平台，具有更强的应用价值。

专家点评

京东AI开放平台将通过建立算法技术、应用场景、数据链间的连接，构建京东AI发展全价值链，实现AI能力平台化，以更多的数据和更好的算法打造更优质的产品，从而服务于更多用户。NeuHub平台将标志着京东AI研发开始从应用型向核心技术研发和输出方面发力。

——周伯文 京东集团副总裁
AI平台与研究部负责人

AI是行业发展的新动力，AI平台则是这个动力的源泉。京东的NeuHub平台依托于顶尖的AI人才团队，把先进的AI算法以API，微服务和解决方案的形式赋能给内外部的客户，还提供了根据场景数据对模型算法不断迭代的一整套开发流程和运行环境，在京东内部有非常高的应用价值，对外开放后也将对全行业产生巨大的推动作用。

——何云龙
京东AI平台与研究部
AI基础平台部架构师

七牛机器学习云

上海七牛

核心基础领域>深度学习计算平台

什么是七牛机器学习云

七牛机器学习云致力于打造以数据为核心的场景化PaaS服务，专注于以数据管理为中心的云计算业务研发和运营，先后推出了对象存储、融合CDN加速、数据通用处理、内容反垃圾、直播云、容器计算平台、机器视觉智能应用等服务。

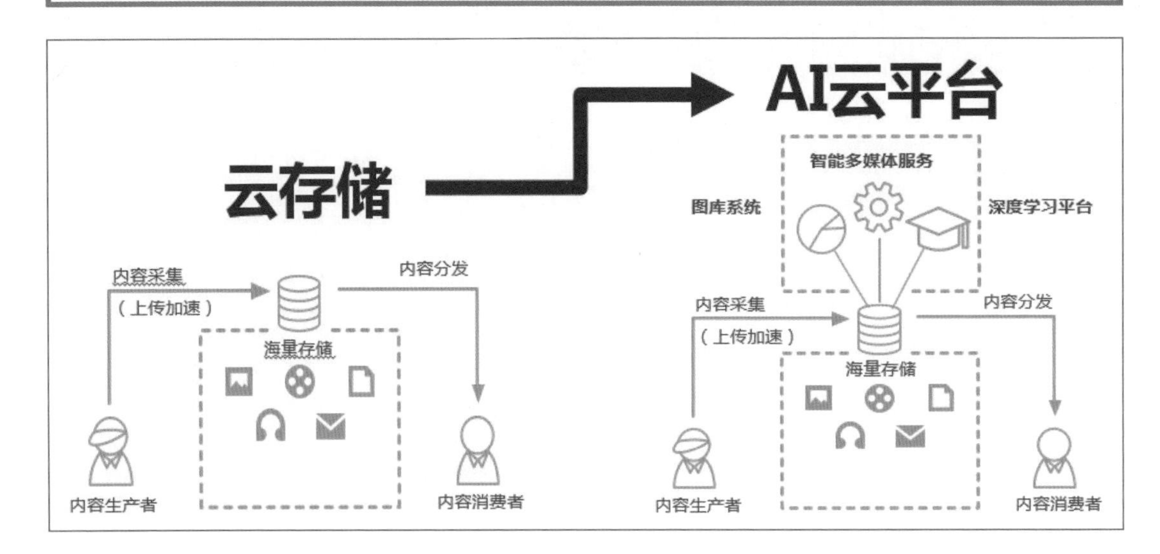

技术突破

平台对于训练的支持体现在几个方面：

首先，基础设施的支持，不仅需要支持海量的数据，还需要对计算力资源能做到弹性地调度和利用。以七牛在视频领域竞赛的平台为例，很好地实现了平台资源的充分利用，提升了资源使用率。

其次，支持模型和框架的选择，算法工程师可以选择合适的模型和框架来进行训练。

再次，训练调优工程中有各项指标的监控和多样比较功能来提升模型评价的效率。

最后，模型在应用到各个业务场景的领域时进行优化，考虑场景要求、物理约束、成本来进行权衡。

模型研发后需要提供具有负载均衡大规模的服务能力。七牛的平台通过对AI服务进行原子服务和中间服务的分层实现模型服务的一键发布。另外，通过分布式log的收集，大数据分析，实现推理结果的反馈，不断迭代模型，完成模型流程的闭环。

■ 公有云AI API服务

七牛在线上提供一系列的通用AI API服务，包括内容审核、通用场景识别、通用物体识别、OCR识别、燃气电表识别、人脸识别等。

内容审核主要包括色情内容识别、暴力恐怖物

品和场景的识别、敏感人物和敏感图片的识别。在此基础之上，提供图片内容的通用物品和场景识别。

OCR可识别的范围包括身份证、银行卡、银行回单、增值税发票、增值税销货清单、定额发票、卷式发票、机打发票等。

燃气电表识别支持在线学习新表、支持进位识别、支持液晶数字和罗盘等多种电表、燃气表。

通过人脸检测、人脸相似度比对、人脸聚类、人脸特征提取、人脸检索等一系列过程，人脸识别的功能即可实现。

■ AI私有化案例

结合垂直行业的需求和AI技术，七牛提供丰富的私有化服务。通过分析客户的业务场景，结合AI的最新技术，助力客户拓展更加创新的服务，提升用户体验和降低成本。

智能化设计程度

七牛积累了丰富的图片、视频素材，除此之外，增量数据可以通过网络获取、应用收集、公开数据集以及行业积累进行获取，还有推理的结果反馈也可以作为数据集的来源。另外，管理好数据要通过标签分类管理和用户间分享。数据的质量一个重要的环节就是数据的标注，做好这件事表现在几个方面：团体的协同效率、标注任务的效率、标签的有效性、支持标的丰富性。

2017年，在国际计算机视觉大赛ACM Multi-media大规模视频分类挑战赛（LSVC 2017）中，由七牛云人工智能实验室AtLab和中科院上海高等研究院信息技术中心视觉数据智能分析实验室组成的联合团队SARI&QINIU荣获亚军。

针对本次挑战赛对海量视频数据进行处理的特点，团队自主研发设计了流式数据处理系统（ESSP）。ESSP系统充分考虑了视频分析处理中空间和时序特征的存取需求，可以灵活地进行服务部署、维护及扩展。在算法层面，团队研究了一种紧凑高效的视频帧特征表示方法，利用该方法可以减小模型规模、并极大地提升模型训练速度。团队最终取得了87.05%的准确率，位居亚军。

市场应用情况

该产品有超过万类的通用物体识别、数千类的物体检测和场景识别功能，准确率大于95%，达到业界领先水平。同时，产品可定制化完成场景、物体的检测与识别，可应用于多种场景的图片打标签、场景化的广告营销和特定物体的识别与检索等场景。系统能够完成图片鉴黄、鉴暴恐、政治人物识别等功能，可实现高效精准识别图片及视频中的违规内容，准确率高达99.95%，可替代80%以上的人工审核，帮助企业节省人力成本。

七牛云人工智能实验室在人工智能领域深耕多年，在内容审核领域深入研发，对政府类的审核需求有高度的敏感和理解，现累积识别图片数量已超过4000亿张、审核视频数量超过80亿个。

单张图片响应时间小于0.1s、准确率超过99.5%、7×24小时全天候的内容审核涉稳安全服务。

同时，它还支撑熊猫直播、faceU、淡蓝、平安银行、新华社、中央人民广播电台、北京网信办等数千家互联网企业和政企机构。

专家点评

在人工智能再一次兴起的浪潮中，机器对图像及视频理解的应用占据了先锋的位置。七牛机器学习云平台提供了海量数据管理到深度计算平台整套基础架构，极大提升了图像视频理解算法的研发速度。同时，基于七牛机器学习云平台上丰富的智能算法API，大大降低了企业利用人工智能技术的门槛，为不同行业赋能，帮助企业提升工作效率。

——叶浩

中国科学院上海高等研究院副研究员

图像AI智能分析能力平台

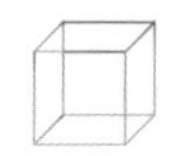

中移物联网/移动研究院美研所

核心基础领域>深度学习计算平台

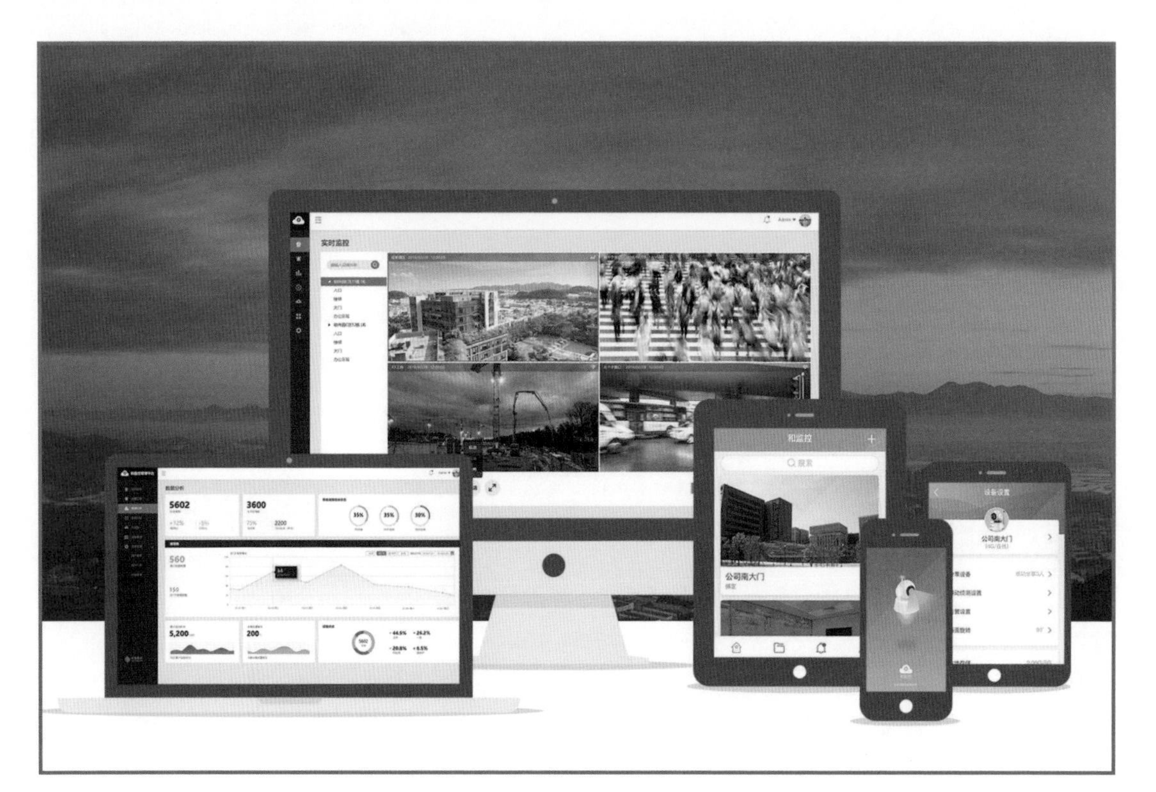

什么是图像AI智能分析能力平台

图像AI智能分析能力平台及配套自研软硬件产品是以视频为核心构建的大数据分析与人工智能行业解决方案产品。以平台能力作为服务，硬件设备作为载体逐步为人脸识别、物体识别、视频结构化分析、字符识别、自动驾驶、智慧安防等各类场景提供图像AI能力。图像AI智能分析能力平台采用中国移动研究院美研所自研的人工智能视频分析技术，配套设备及终端硬件是采用中移物联网公司自研技术。

技术突破

图像AI智能分析平台采用中国移动研究院美研所自研的人工智能图像识别、人脸识别和物体识别算法，针对移动物联网智能终端设备进行优化，提供可靠的软硬件体验。而且，终端设备接入中移物联网OneNET平台，能够应对超大设备接入量，处理高并发的图像存储、转码、识别等服务请求。

平台支持中心化部署、云端集中存储与管理。无需本地采购存储设备与服务器设备，可快速搭建，并支持监控视频远程播放。

智能化设计程度

平台支持PC端、移动端、专业设备大屏等多设备展示，满足多场景使用。可搭配中移物联网自研4G摄像机与AI系列产品。

视频类产品能实现低延迟、超实时、高精度，并支持百万级数据库查询。平台安全、合规，已通过360网页安全认证。

市场应用情况

平台可满足商场监控、物流/工厂、智能库房、农业、交通行业、客户关系管理、金融行业、户外等需要视频监控、视频处理能力以及视频图像智能分析领域。

目前平台正在四川移动进行试点工作，即将为中移物联网4G摄像头与智能猫眼提供技术支持。

专家点评

图像AI智能分析能力平台以平台能力作为服务，硬件设备作为载体为智慧安防、智慧城市和自动驾驶等应用场景提供AI能力服务。

——冯俊兰　博士

国家“千人计划”专家

中国移动通信研究院首席科学家（大数据与AI）

BigQuant

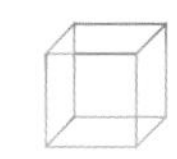

宽邦科技

核心基础领域>深度学习计算平台

什么是BigQuant

BigQuant通过机器学习等人工智能技术，实现人工智能量化投资，提升投资效率，同时为用户提供新型的量化大数据和智能技术服务。

技术突破

BigQuant是大规模分布式机器学习平台，全面支持主流机器学习和深度学习框架，采取CPU+GPU异构计算集群，支持大数据流，同时提供多租户、弹性任务调度功能，满足计算资源集约化管理要求。

其最核心的价值在于，普通交易员可以无门槛地使用人工智能技术做量化投资，而不需要学习大量艰深的编程和算法知识。

智能化设计程度

BigQuant是行业内第一个将人工智能与量化投资相结合的平台，不同于传统量化平台，BigQuant拥有以下众多产品特点，如可视化AI建模、特征引擎+特征工程、大规模超参优化、大规模集群调度和计算优化、金融大数据+海量弱特征数据、自定义模型扩展、自定义数据扩展，以上众多产品的特点帮助BigQuant在众多量化平台种脱颖而出，为人工智能以及量化投资均开拓了全新的领域。

BigQuant可同时满足所有用户的安全私密需求，进行私有化部署，也能够选择快速便捷的公有云部署。BigQuant为用户分配安全独立的策略开发环境和通过专属加密通道传输，确保用户的隐私和交易状态不受其他用户的侵扰。BigQuant采用云灾难备份与快速恢复方案，最大限度上保障用户研究策略数据不丢失。

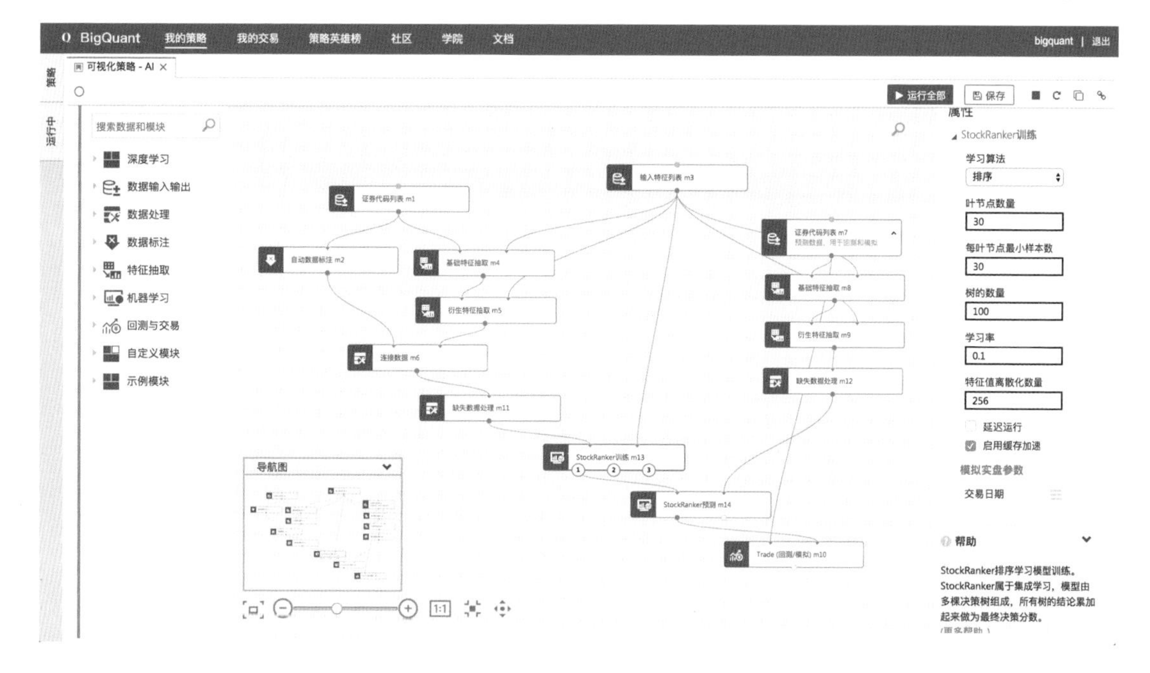

市场应用情况

近年来，海外的对冲基金和投资银行已经在人工智能上进行了布局。Citadel、Two Sigma、桥水基金、文艺复兴基金等公司都建立自己的人工智能团队，国内领先的量化机构也在布局人工智能。

金融市场的数据量越来越多，每个交易日就会产生两千多万个新的数据样本，此外，新闻、舆情、文本等非标准化数据也逐渐为策略研究人员使用。

传统的量化模型通常囿于表达能力不强的问题，不能充分利用海量数据的信息，不支持多机多GPU卡分布式并行计算来处理海量数据和计算任务，大多为传统量化选股、择时策略，传统数据建模算法对数据之间的非线性关系挖掘有限。而现在机器学习和深度学习算法使得我们可以开发出这样一个产品，有效解决这些行业痛点。

2017年12月，BigQuant和浙江某高校技术学院开展合作。2018年1月，BigQuant与Top 2券商中信证券和国泰君安达成服务合作协议。

截止至今，BigQuant已经与数10家券商和私募机构达成合作，为10 000余个量化投资者和数10家券商、基金、高校等机构提供服务。

专家点评

BigQuant通过机器学习等人工智能技术，实现人工智能量化投资，提升投资效率，同时为用户提供新型的量化大数据和智能技术服务，其最核心的价值在于让金融工程师、普通交易员甚至业务人员都可以无门槛地使用人工智能技术做量化投资，而不需要学习大量艰深的编程和算法知识。

——胡振宁　中信证券科技部专家

我们是一家人工智能技术和服务提供商，致力于AI赋能。我们率先推出了面向量化投资的人工智能平台BigQuant，并在这个别具挑战的领域做到绝对领先，已有数十家行业知名券商、基金在使用BigQuant，并提升了策略研发效率和效果。同时，BigQuant的基础设施、人工智能赋能平台BigAICloud也帮助客户从云平台、大数据平台升级到人工智能平台，实现和落地更多的人工智能场景。

——梁举　成都宽邦科技有限公司CEO

Deep Learning Service

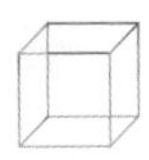

华为

核心基础领域 > 深度学习计算平台

什么是Deep Learning Service

Deep Learning Service(DLS)是基于华为云强大高性能计算提供的一站式深度学习平台服务，内置大量优化的网络模型算法，帮助用户轻松使用深度学习技术，通过灵活调度按需服务化方式提供模型训练、评估与预测。

技术突破

目前，客户在深度学习集群构建和使用中存在不少痛点。客户需要自购GPU，初始成本大。当前GPU更新换代快，私有集群难以跟上步伐。未经优化的深度学习引擎在大规模训练时，收敛速度开始明显下降。业务用到的算法需要改造为分布式代码，成本高，并且性能难以保证。同时，缺少企业级深度学习平台的任务/资源管理。

通过Deep Learning Service（DLS）的支持，可以解决以上问题。技术优势包括：

■ 一站式平台，企业级平台，让使用者专注业务应用，无需感知集群。

■ 支持多种深度学习框架，包括TensorFlow，MXNet等。

■ 训练/预测作业实例按需、按秒计费，降低用户投入成本。

■ 大规模集群，分布式训练加速比>0.8，训练从周级降低到小时级。

■ 打通数据快递服务/数据标注服务，给用户物美价廉的体验。

■ 预置高效的领域模型库，方便用户使用。

智能化设计程度

■ 按需付费使用

基于秒级的容器启动，底层共享计算资源，可以按照业务实际所需来分配资源。按需计费，精确到秒，成本更低。提供1000+ GPU节点规模训练，可将训练时长从周降低到小时。

■ 易用的操作平台

基于UI的一站式深度学习平台，一个平台搞定调测、训练和推理。支持Jupyter Notebook等环境，支持在线的模型代码开发和调试。支持TensorBoard等可视化工具，便于查看训练过程等。支持参数配置自动管理，简化作业启动时繁琐参数配置。拥有高效的MoXing库，包括比开源更加丰富的模型、丰富的优化器和加速器、单机/分布式同一套代码。

■ 模型选择自动化，无需代码即可训练

包含自动模型选择、参数自动选择。

市场应用情况

基于华为深度学习平台，Deep Learning Service已经开发出了包括视觉认知、语音语义识

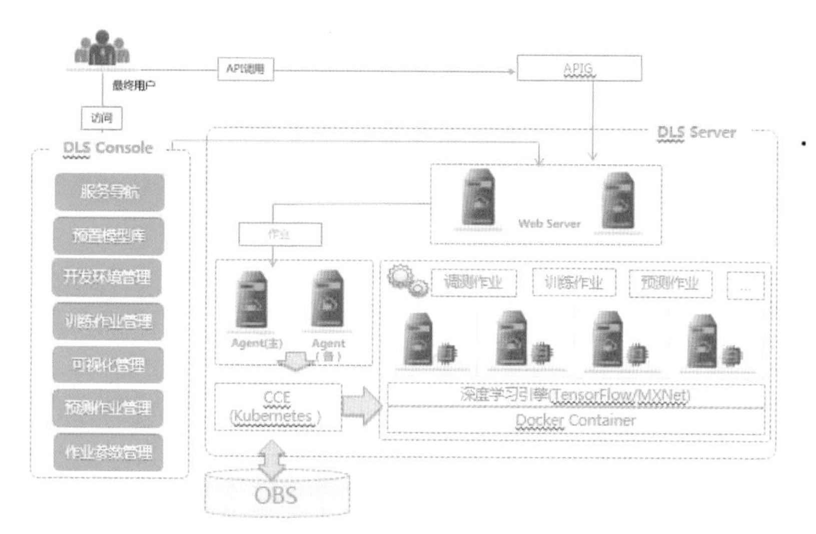

• DLS（Deep Learning Service）是基于华为云强大高性能计算提供的一站式深度学习平台服务，内置大量优化的网络模型算法，以兼容、便捷、高效的品质帮助用户轻松使用深度学习技术，通过灵活调度按需服务化方式提供模型训练、评估与预测。

别、文字识别、机器翻译、自然语言处理等在内的一系列人工智能产品，并已经在华为供应链/财经、九州通、报销吧、深圳交警等客户处进行使用。

■ OCR单据识别

解决华为供应链/财经等大量的单据自动录入问题，数值准确率>97%。目前已经在华为供应链/财经、九州通、报销吧进行应用。

■ 模糊高清重建

解决平安城市场景下，低光照、雾霾天气、低像素下的图像识别问题。目前深圳交警正在使用。

■ 哑设备识别

解决华为全球技术服务现场作业的自动化智能勘测和验收，通过图像识别效率提升10倍。目前在华为全球技术服务部进行使用。

专家点评

深度学习平台是人工智能的基础服务平台，语音、图像、视频、文本处理、机器翻译等人工智能服务都是使用深度学习平台进行的训练。华为Deep Learning Service，提供一站式的云上深度学习平台，并通过一系列的技术创新，大幅降低用户进行深度学习训练的复杂度，使得从新手到资深专家，都可以非常简便的使用这个平台来进行模型编程和训练，让深度学习走下神坛。

——席明贤　华为大数据与AI产品总监

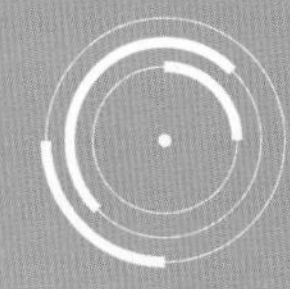

CHAPTER 3

第3章　智能制造领域

CAssembly

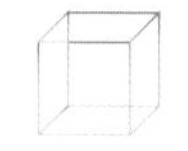

库柏特

智能制造领域>智能制造关键技术装备

什么是CAssembly

CAssembly是一款基于COBOTSYS而研发的软硬件应用开发平台。其便捷的硬件驱动和丰富的算法库可支持用户开发多样的算法研究与应用，无论是人机协作还是双臂协同，CAssembly都能轻松完成。

双臂协作机器人平台

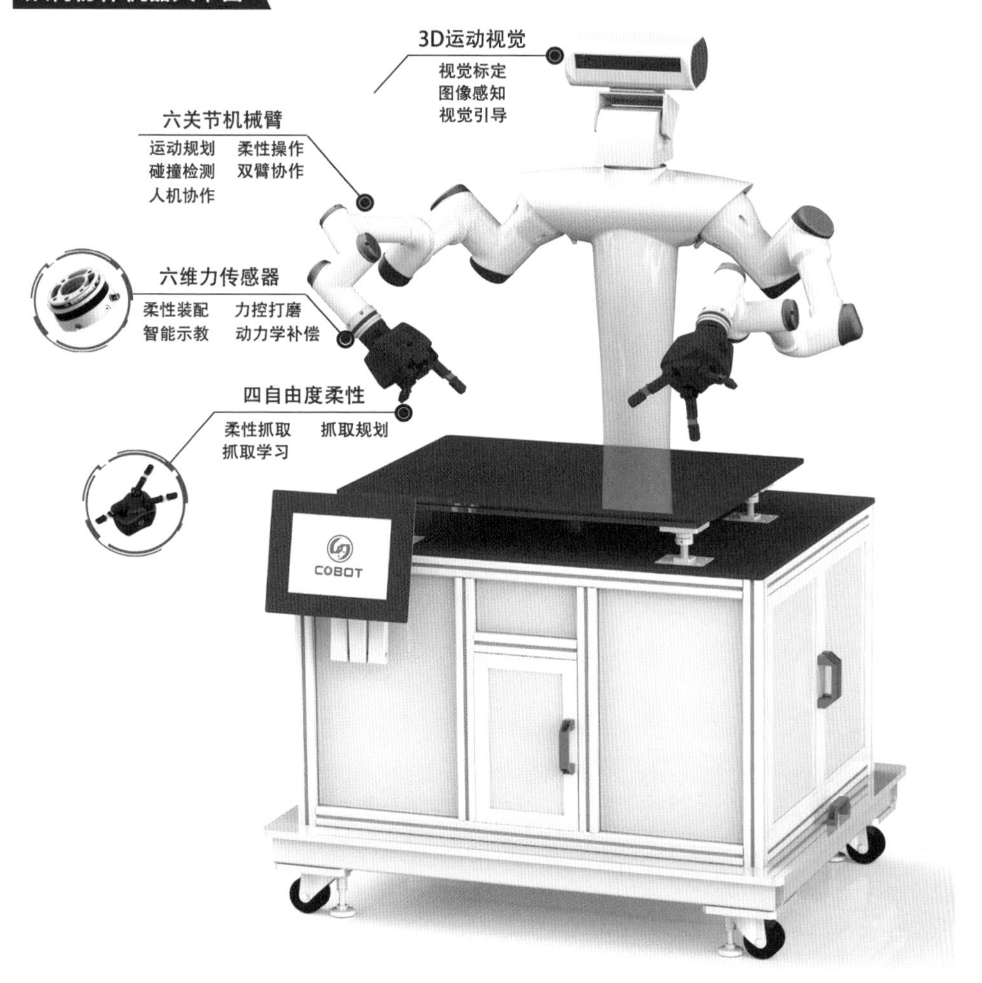

技术突破

CAssembly是双臂机器人平台，它由视觉模块、力控模块和机器人控制模块组成。

视觉模块具有3D视觉，拥有高分辨率的RGBD图像、30fps的快速通信帧率、良好的视角范围、二自由度运动视觉、高效的视觉处理算法等技术特点。

力控模块具有六维高精度力数据测量、高适应性的产品设计、IP65的防护等级、良好的耐机械冲击性能、更加便捷的集成方式、更加灵活的通信接口。

控制模块的控制非常灵活，每个手指能够独立对位置、速度、力矩进行控制，一步到位。

系统的开发便捷，提供基于Windows和Linux的SDK以及开发文档，并且提供ROS驱动和应用例程。

市场应用情况

倒茶水

通过COBOTSYS视觉引导、柔性抓取、抓取规划、路径规划、碰撞检测、双臂协作算法，完成从取水瓶、拧瓶盖到取茶杯倒水的一系列动作

插网线

通过COBOTSYS柔性抓取、抓取规划、路径规划、碰撞检测、双臂协作、力控装配算法，完成将网线插入路由器插槽的动作

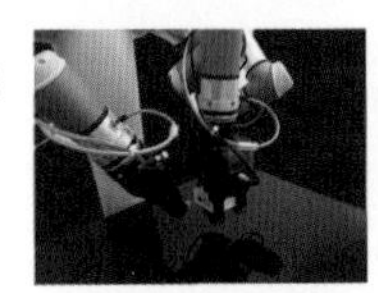

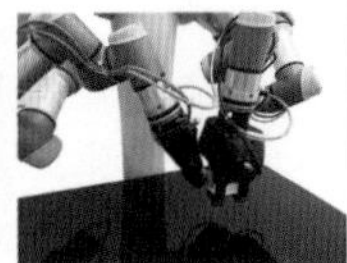

煎鸡蛋

通过COBOTSYS视觉引导、柔性抓取、抓取规划、路径规划、碰撞检测、双臂协作算法，完成从鸡蛋入锅、取锅铲到翻鸡蛋等一系列复杂动作

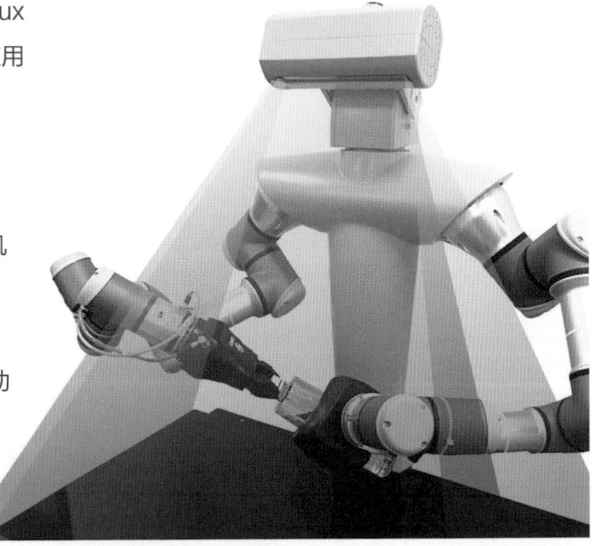

智能化设计程度

该产品具有先进的硬件平台，如仿生柔性机器手、多模态传感器以及3D运动视觉，能够轻松应对各种任务。

自主研发的机器人视觉、智能力控、运动学、动力学以及机器人学习算法库非常强大。其应用场景丰富，如单臂操作、双臂协同、柔性抓取、力控装配、智能示教等。基于COBOT+和ROS，已开发多种应用APP，供用户免费使用和参考。

专家点评

CAssembly是一款双臂柔性装配机器人系统，集成了库柏特先进的多模态传感技术，配合柔性末端智能执行器以及完善的二次开发功能包，能完美展现机器人替代人工的各种应用场景，为用户打造全方位的开发和应用平台，打通底层开发到上层应用的全链路开发流程。

——明栩　库柏特双臂产品部专家

CGrasp

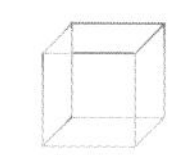

库柏特

智能制造领域＞智能制造关键技术装备

什么是CGrasp

CGrasp是库柏特自主研发的机器人高速柔性抓取解决方案。其可根据抓取物品的种类，自适应选择最优视觉算法及运动路径。抓取精准、速度快、柔性好。完美满足医药、食品、3C、零售等行业的物流分拣需求。

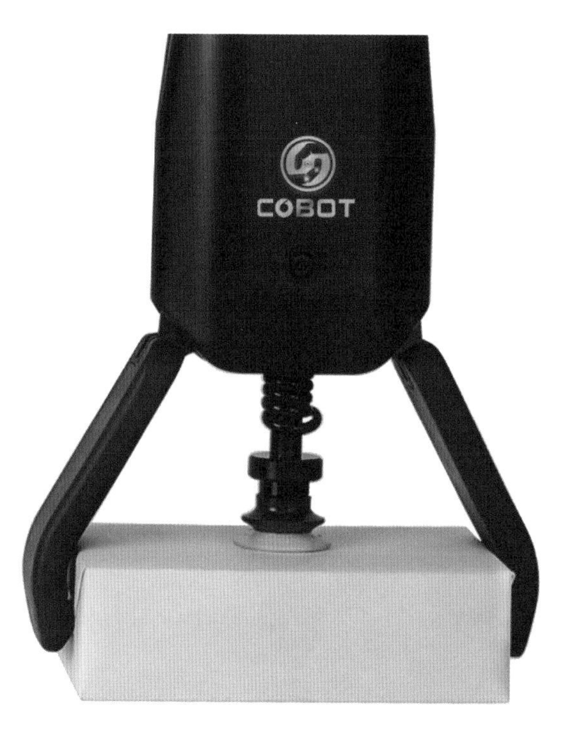

技术突破

社会的快速发展不断提升着人民的生活水平。产品的多样性使得制造业的分拣需求随之呈几何态势增长。然而劳动密集型为主的行业特征，已大大限制了制造业的正常发展，分拣作业的效率、精准以及特定环境的洁净要求，正在面临巨大的瓶颈。一种更智能、更高效、更安全的人机协作方式应运而生，不但解决了制造业日益增高的人工成本问题，而且构建了一个健康的制造生态。

CGrasp机器人高速柔性抓取解决方案很好地解决了这些问题，它拥有以下特点：

■ 最优抓取规划

CGrasp提供最短路径抓取规划算法，机械臂运动路径短，抓取速度更快。

■ 自适应机器人视觉

CGrasp提供多种机器人视觉算法，并可根据物品种类自适应选择最优算法，能覆盖海量物品。

■ 独立可移动平台

机器人安装在一个独立的可移动平台上，便于用户快速部署。

智能化设计程度

■ 适用于海量物品

已在医药、食品、3C、零售行业测试超过10 000种商品。

■ 极限速度

抓取速度可达4s/件。

■ 柔性部署

移动式抓取系统，用户可随时根据业务需求增减数量。

■ 超强鲁棒性

针对深框抓取、反光物品等极限工况做了深度优化，可以轻松应对。

■ 快速导入新品

3min内可以完成一个新品的验证。

■ 系统稳定免维护

可7×24小时稳定工作，免维护。

市场应用情况

库柏特将科研成果转移到实际应用上，将机器人智能化应用深入到生产过程的核心位置，颠覆了机器人应用的概念。

在物流行业，与阿里菜鸟联盟合作，取代人工分拣，重新定义了智能仓储物流，是该技术的世界引领者；在食品行业，与湖北裕国合作，将人工智能率先用到香菇等食品品质分拣上，被湖北卫视等多家媒体专访报道；在医药领域，与九州通集团合作，产品用于机器人智能拆垛，极大地降低了机器人应用难度，并得到大批量推广；在3C制造领域，与劲胜精密集团合作，应用于机器人力控打磨线，效率提升一倍，机器人编程时间缩短到数分钟。

公司发展立足武汉，充分利用中部地区在地理位置、智力资源及地方关怀等优势，助推中国智能制造走向世界，已与苏州博世集团、苏州博众、埃斯顿集团、华中数控、华工正源、郑州友联、华为等公司建立合作和往来。

对外合作上，产品已经进入了欧美发达国家，与德国宇航局、德国汉堡大学、瑞士洛桑、MIT等建立了深厚联系，与德国KUKA、瑞士ABB、丹麦UR、日本那智、爱普生等机器人公司建立广泛的业务合作关系，与匈牙利OPOTO FORCE、德国IDS、德国LMI等上游企业建立了稳定的业务关系。

在机器人行业的良好发展态势下，库柏特在行业项目上的成果主要来自于团队成员扎实且不失创新尝试精神的技术功底。

以裕国香菇上的机器人自动化分拣项目为例，当前机器人分拣速度是人工分拣的2~3倍，且可以一天24小时不间断分拣，在成本降低的情况下，分拣效率已提升了一倍多，库柏特在裕国香菇项目上应用的智能无序分拣系统也是目前国内唯一的食品级分拣系统，亦是技术最为领先的智能机器人分拣系统。先进的机器人人工智能技术与农产品加工制造业相结合，对于加快我国农业现代化进程无疑推动巨大。

专家点评

CGrasp是一个智能抓取机器人系统，目前已经广泛应用于工业领域。CGrasp的视觉识别、运动轨迹规划、抓取规划都融入了人工智能技术。CGrasp是工业领域中具有代表性的人工智能产品。该产品在香菇分拣领域的落地是业界深度学习技术在机器人分拣领域的首次应用，具有划时代的意义。随着技术的演进和市场接受程度的提高，CGrasp在工业领域和消费者市场将会更加紧密地融入人们的工作与生活。

——廖圣华　库柏特机器人抓取产品部专家

CPolish

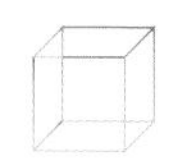

库柏特

智能制造领域 > 智能制造关键技术装备

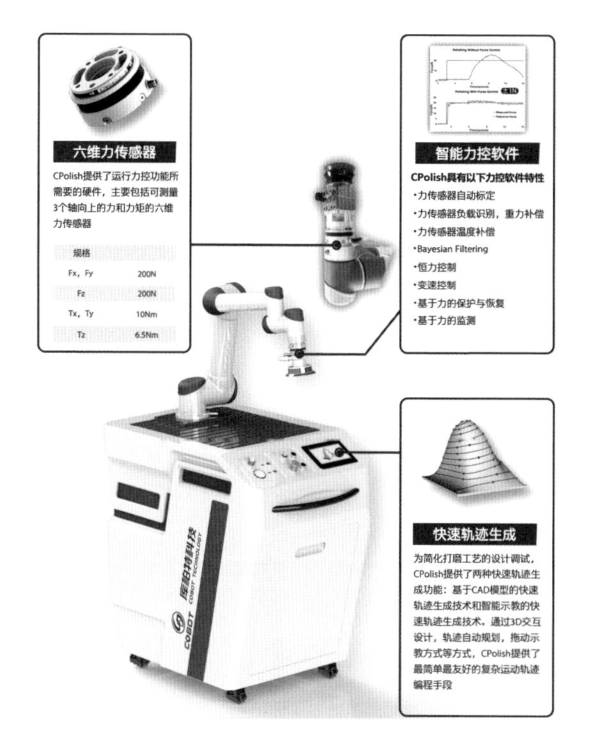

什么是CPolish

CPolish是库柏特自主研发的力控打磨系统。此系统通过快速轨迹生成技术及力位混合控制技术大大简化了复杂轨迹编程问题和机器人标定问题。在打磨过程中引入力控还大大提高了工件的打磨质量，加工效率以及设备安全性。

技术突破

CPolish可在4小时内对绝大部分复杂工件完成机器人打磨工艺调试，如螺旋桨、风力发电机叶片等物品。借助快速轨迹生成技术和3D仿真技术，用户可快速创建复杂运动程序并验证工艺的合理性，一键优化生成机器人运动轨迹，可部署在多种机器人上。

借助力控技术和轨迹优化技术，可提高复杂工件的加工速度。同时可对加工过程实施恒力控制和变速控制，提高加工质量。CPolish中的力保护技术可有效确保在7×24小时稳定运行的情况下设备安全。

智能化设计程度

CPolish提供了运行力控功能所需要的硬件，主要包括可测量3个轴向上的力和力矩的六维力传感器。

CPolish具有力传感器自动标定、力传感器负载识别、重力补偿、力传感器温度补偿、Bayesian Filtering、恒力控制、变速控制、基于力的保护与恢复、基于力的监测、快速轨迹生成等力控软件特性。

为简化打磨工艺的设计调试，CPolish提供了两种快速轨迹生成功能：基于CAD模型的快速轨迹生成技术和智能示教的快速轨迹生成技术。通过3D交互设计，轨迹自动规划，拖动示教方式等方式，CPolish提供了最简单最友好的复杂运动轨迹编程手段。

市场应用情况

库柏特是国际上唯一面向所有主流机器人品牌和操作应用场景进行系统性技术研究的企业，关注于示教、交互控制、传感和抓取等关键技术的实现，作为国内机器人产业链推进的核心力量进行整体推动，致力于颠覆传统生产线的低效落后状态，

系统控制器在灵活性和节拍上居于世界第一阵营，从概念、产品研发和生命周期服务上将机器人等智能应用从供给侧疏通到经济生活各领域，现已在国内工业转型关键领域和国外机器人主要发达国家拉开布局。

COBOT的技术和应用在国际上比杆发达国家，并与国内外高校（MIT、清华、九州大学、英国伯明翰大学）和智能制造先驱企业（德国宇航局DLR、华为、埃斯顿、苏州博世、九州通、京东、菜鸟等）建立起长期稳定的合作关系。

专家点评

CPolish是一个智能力控打磨机器人系统，基于CPolish先进的快速轨迹生成技术以及力位混合控制技术大大简化了打磨工艺调试难的问题。打磨过程中引入力控还大大提高了工件打磨质量的一致性，加工效率以及设备安全性。CPolish已广泛应用于家具、叶片、铸件、汽车零部件等细分行业。

——杨帆　库柏特力控产品部专家

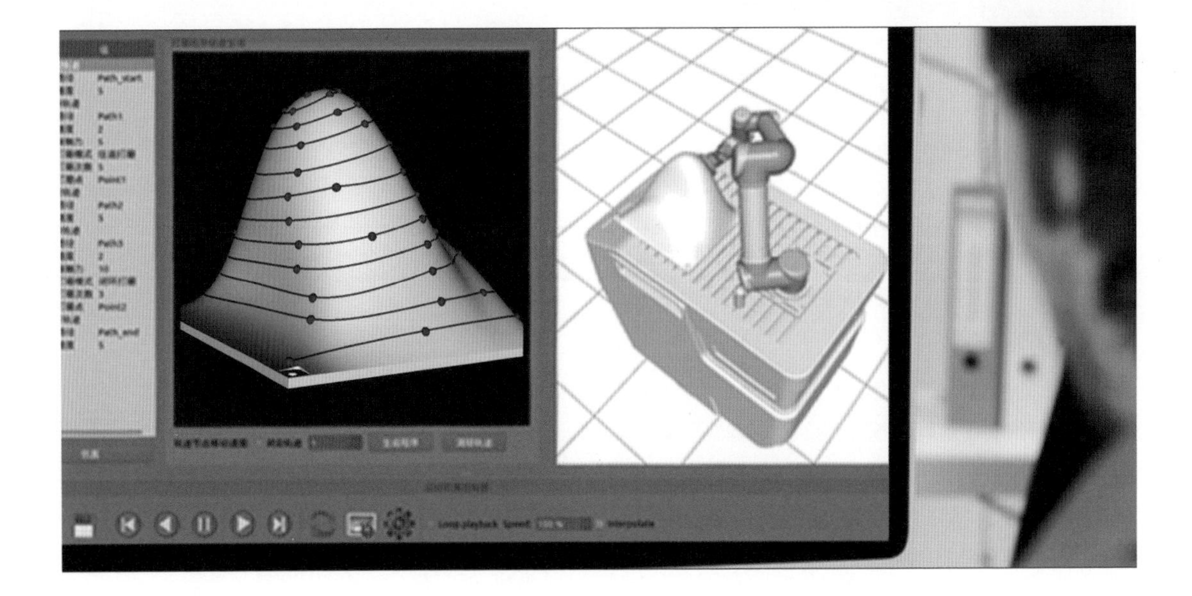

航天产品网络化协同制造平台

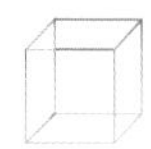

北京航天智造科技发展有限公司

智能制造领域＞网络化协同制造平台

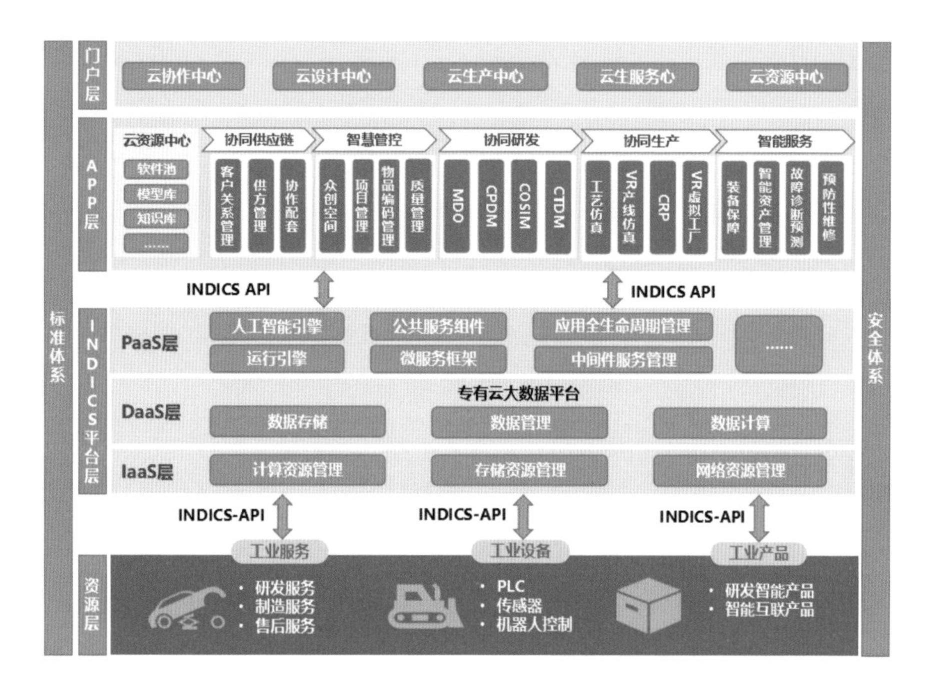

什么是航天产品网络化协同制造平台

航天产品网络化协同制造平台是基于航天云网的INDICS平台打造的航天复杂产品研制网络化协同制造平台，提供协同供应链、智慧管控、协同研发、协同生产等网络化协同共享制造服务。

技术突破

■ 协同研发群智空间平台

提供多种分布、动态、共享、可重用的资源，包括研发设计过程所需的硬件资源、软件资源和网络资源，以及面向设计领域和研讨过程的知识资源、数据资源、模型/服务资源、算法资源、案例资源等。

提供工作流引擎、分布式虚拟研讨空间、资源管理中间件、CAX/DFX工具集成等基础支撑功能，构建资源、工具、用户间的互联化运行环境。

提供产品设计、任务管理、工作流管理、研讨模型构建、设计资源搜索与智能推送、综合集成研讨、多属性决策等服务，支持用户开展产品设计与研讨。并面向群体/个体用户，提供群体智能设计、综合集成研讨的交互界面。

■ 基于模型的虚拟样机技术

基于模型的标准化定义，建立基于模型的虚拟样机，通过虚拟仿真，进行预测设计，分析产品的可制造性、可装配性、可检测性等性能，尽可能早地发现和纠正设计中存在的错误与缺陷，打破了设计制造的壁垒，使产品设计和制造无缝衔接，基于云服务模式，使跨企业、跨域协同设计变为现实。

■ 跨企业排产方法与算法

提出了跨企业排产方法与算法，建立跨企业排产任务与云生产资源建模方法，基于目标识别技术、规则引擎技术和大数据技术，实现了跨企业制造能力和需求的智能匹配、搜索和推荐，基于约束理论、云计算技术和人工智能技术，实现了跨地域生产资源的云端动态调度与优化配置。

智能化设计程度

■ 制造资源/能力精准协同

基于创意设计方案，进行概念设计和详细设计，首先基于云平台发布主要组成系统的设计、生产和检验协同研制信息，云平台基于用户画像和能力资源画像，匹配推荐合适的供给方，最终在市场机制的撮合下形成动态的联合研制IPT团队，实现了基于大数据智能的精准匹配应用。

■ 跨企业协同设计

基于航天复杂产品网络化协同制造平台构建了跨院协同研制环境，建立集团级PDM-CPDM，提供企业产品研制技术状态管理服务、跨单位协同服务、跨单位设计成果交付服务。

通过CPDM平台统一数据交换服务，提供与各院数据交换平台集成标准接口。提供标准件库、模板库管理功能，支撑跨院选用资源应用。提供跨院联合团队协同服务，支撑开展集团级统筹产品研制过程管理。

基于CPDM应用发放骨架模型，在云端软件工具资源池调用云CAD工具、云CAE软件等，基于下发的骨架模型，进行结构详细设计和校核，并通过CPDM系统跨企业与生产工艺设计师开展在线工艺会签，当结构和工艺完成审查，模型达到一定的成熟度后，转入生产阶段。基于CPDM定义产品基线，完成技术状态控制，并将产品BOM和三维模型统一下发给总装厂，实现全三维下厂。

■ 跨企业柔性排产

总装厂根据接收到的三维模型，基于云平台的CRP系统进行跨企业协同生产，通过车间云接入的产线信息，智能感知平台上已有企业的制造能力、制造设备信息、生产辅助工具信息等，在此基础上进行跨企业的资源计划、排程优化计算。

市场应用情况

截至2017年年底，平台汇聚航天行业涵盖生产制造能力14类、66小类，实验能力12类、139小类，计量检测能力14类、66小类。

登记可共享租用设备设施资源已超过1.4万台，整合发布17大类2980项专业能力，业务需求总额达到1910.4亿元，成交金额突破752亿元，集团内部单位信息共享、资源共享。

在制造资源/能力协同方面，大大提升了项目订单的办理效率，使整个项目从发布到执行的周期缩短了40%以上。

在设计生产协同方面，云端软件资源、高性能计算资源共享，利用率50%以上，多学科协同、跨阶段并行研制，研制效率提升30%以上。

在生产协同方面，通过云平台的在线设备管理、柔性调度和生产计划管理，实现了生产过程管理的透明化，生产效率提升33%，产品的一次加工合格率提升32%。

专家点评

基于航天云网INDICS平台打造的航天产品网络化协同制造平台，构建了面向产品全生命周期协同的制造资源/能力共享池，形成了网络化协同制造运行环境，实现了制造资源/能力精准协同、跨企业协同设计、跨企业柔性排产等应用。在某航天产品研制应用中，使整个项目从发布到执行周期缩短了40%以上。通过云端资源共享、能力协同，提高资源利用率50%以上，提升研制效率30%以上，形成了典型的网络化协同制造应用模式，具有很大的应用推广价值。

——侯宝存

北京航天智造科技发展有限公司副总经理

明逸智能工厂系统

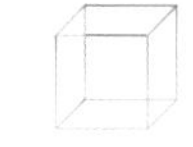

明逸智库

智能制造领域 > 智能工厂

什么是明逸智能工厂系统

明逸智能工厂系统，依托MES与WMS业务产品需求，生产数据实时延伸至PDA及WCS，并实时指令控制AGV/提升机/辊道等自动化设备。

系统对接产线设备，业务数据看板实时展示订单处理细节，实时反馈产品和工艺优化方案，协助企业自主决策。由此形成‘智能工厂－智能产品－智能数据’的闭环，实现企业生产系统智能化升级。

技术突破

■ 构建强壮的工厂物联网

实现工厂内部信息流的健壮传输，保障信息安全。

■ 精细统筹工厂订单生产

MES按订单需求规划原材料使用，及时把握仓储物料，随时调整安排进度。

■ 智能装备服务产线工人

WCS控制所有智能装备，按照任务优先级下发到具体装备，实现自动配送。

■ 无缝对接工厂产线设备

通过管理系统与产线SMT设备的无缝对接，精确追溯出产品元件，做到产品信息的实时溯源。

■ 协助工厂生产自主革新

通过SMT日志、产线报表跟踪，协助进行数据分析，精细查找并指出异常环节，实现工厂生产的逐步革新。

智能化设计程度

明逸智库智能仓储物流管理系统由6个独立系统组成，独立系统间采用构件化设计，支持用户原有系统功能的接入及消息传输协议对接。

产品设计根据厂区实地图纸、岗位工作需求，规划智能装备安装、运行，并监控维护。产品设计根据工厂实际业务需求，部署独立系统并对接具体业务，实现产品定制化改造。

市场应用情况

该系统服务于贵州鲲鹏工厂智能化改造项目，打造出一整套针对智能工厂解决方案，包含明逸智

能工业制造MES系统、明逸智能仓储管理WMS系统、智能PDA系统、明逸智能装备控制WCS系统及AGV系统，通过建立厂内互联网实现工厂智能装备的互联互通，跟踪工厂内原材料收货、入库、存储、配料、生产、包装、出库的物料运转信息流，以及车间产线的订单工作量量化、生产计划制定、任务分配、物料接收、产品生产、物料追溯、产线叫料、产品切割、产品检测、产品输送的产线动作业务流。

在对业务流与信息流梳理整合的基础上，将工厂内每个岗位的工作任务做到细化、简单、精确，实现每位员工手持PDA即可实现工厂全流程业务的统一管理。

经过业务拆解，将大量烦琐重复的任务，划分为单个、简单、顺序的具体任务，由智能装备自动执行，破解传统工厂“人找货”局面，实现自动化装备“货找人”的技术革新。

明逸智能仓储物流管理系统通过贵州鲲鹏工厂的智能化改造，服务于制造业生产经营管理的全过程，实现产品生产和管理过程智能化。

专家点评

该项目与现有SMT（贴片）智能工厂系统相比具有很大优势，如智能PDA替代传统的PC，实现生产数据的动态实时跟踪，解决SMT工厂纸质单据流转不便及数据滞后的结症；四层架构的智能平台替代现有的三层架构，通过多个核心智能算法，更好地适配不同厂商的智能硬件设备，统筹调度，实现全局优化，提高运行效率；云+局域网的混合部署模式为客户，尤其是外发加工型客户提供更为通用便捷的智能解决方案，可快速适配对接其ERP系统，实现订单多地生产的数据实时可见，进度可控。

该项目的完成和推广，可大大推动SMT（贴片）行业智能化生产，很大程度上有效解决智能集成解决方案涉及的不同软件、不同硬件、跨平台等的集成风险、运行冲突和技术壁垒，能快速帮助企业实现全流程标准化智能高效管理。

该项目虽然只是SMT（贴片）企业智能生产的一个成功案例，但其智能集成解决方案同样可以适用于其他人工智能行业，如智能仓储物流行业、电商行业、智能生产制造行业，具有较强的技术领先性和行业拓展性。

——焦李成　西安电子科技大学教授、博士生导师、教育部科技委学部委员

教育部创新团队首席专家、首批中国人工智能学会会士

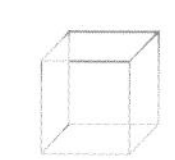

基于INDICS平台的高端电器连接件装配智能工厂

北京航天智造科技发展有限公司

智能制造领域＞智能工厂

什么是基于INDICS平台的高端电器连接件装配智能工厂

贵州航天电器股份有限公司高端电器连接件装配智能工厂案例以航天电器高端电器连接件产品及其组装车间作为对象，基于航天云网的INDICS平台，建设具有工业互联网和智能制造理念的基于云的智能工厂应用示范。

案例应用INDICS平台构建了高端电器连接件装配智能工厂线上线下相结合的生产计划、BOM/工艺数据、企业运行数据三条主线，整体实现了基于云平台的智能工厂。

技术突破

该案例应用工业互联网、智能化装备等新技术，突破技术瓶颈，建设基于云平台，满足精密电连接器产品设计、工艺、制造、检测、物流等全生命周期的智能化要求的智能工厂。

应用工业互联网技术、精准供应链管理技术等新技术，实现产品在线定制、线上线下相结合的创新模式，促进集团管控、产销一体、业务及财务衔接

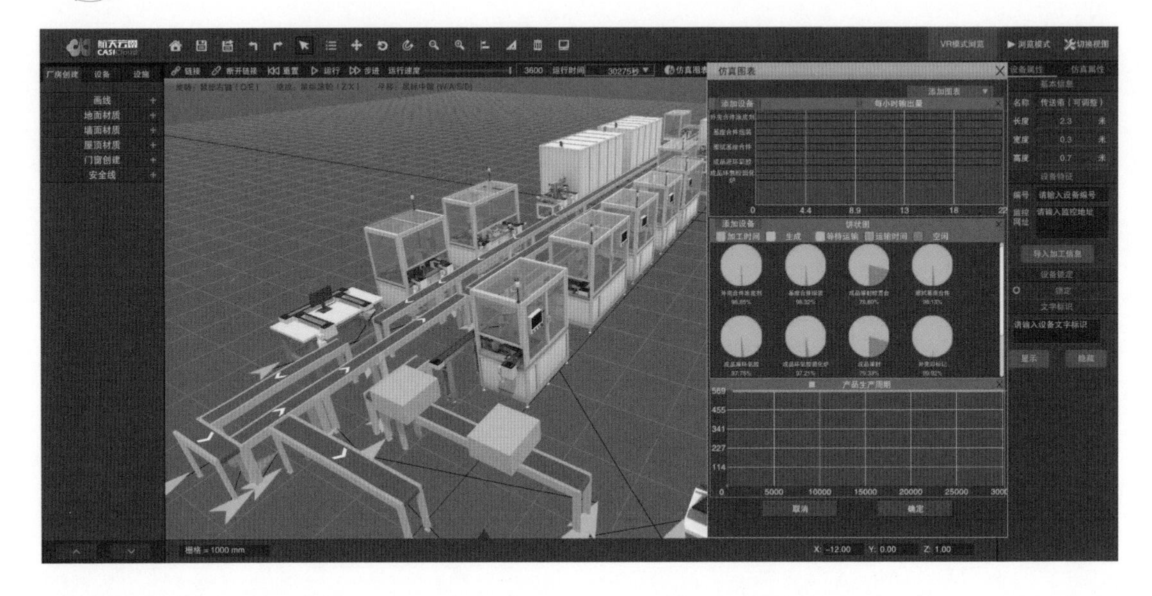

等关键环节的集成，实现智能管控，可充分利用全球资源和市场，加快产品全球布局和国际交流合作。

探索智能设计与仿真技术、模块化设计、协同设计等新技术，依托互联网及航天云网INDICS平台开展协同设计，实现人工智能指引下的人机协作与企业间协作研发设计与生产，实现与制造企业的无缝对接，创新业务协作流程。

利用物联网、机器学习、大数据分析、互联网等新技术，分析处理现场数据，实现设备在线诊断、产品质量实时控制，实现智能监控、远程诊断管理等工业物联网新应用的落地，实现对产品及市场的动态监控和预警预测业务，促进工艺的仿真优化，实现状态信息实时监测。

首创基于INDICS平台线上线下相结合的智能制造整体解决方案。实施INDICS云制造应用——CRP+CPDM+CMOM，与航天电器企业内ERP、PLM、MOM、TIA系统紧密集成。实现现场层、控制层、车间管理层、企业层、平台层的纵向集成。面向航天电器应用需求，通过线上开展与供应商、客户的在线研发协同、供应链协同、资源计划协同及工业大数据分析，线上形成产品订单，驱动线下基于订单的生产和工程，并推进线下工艺、质量优化。

应用工业物联网网关Smart IoT，开展高端电器连接件总装产线设备数据、产线运行数据等能力，运营状态数据实时上云，实现数据驱动的高端电器连接件总装线设备运营。通过CRP、CMOM系统，开展高端电器连接件产品装配生产计划的智能排产，开展企业运营、产线生产及设备数据的实时处理、分析，支持产线生产计划、质量、工艺优化。

智能化设计程度

基于INDICS平台实施云制造应用，打通了从需求订单－资源协同、优化排程－协同研发－智能生产－智能服务的数据链路。搭建了数据驱动的小批量多品种柔性生产模式。

基于INDICS平台建设云端资源协同CRP系统，提供协同商务、资源协同、外协外购协同等增值服务，支持了贵阳、遵义、苏州三地跨事业部实现资源计划协同。

基于INDICS平台建设CPDM设计工艺协同系统，提供跨事业部，与客户、供应商的设计工艺协同平台。

实施有限产能计划排产系统，提供基于产能的生产任务排程的优化算法及工具，实现了基于有限产能、企业资源（产能、库存、人员等）的车间级优化生产排程，可自定义工艺路线、工序等信息，生成订单拉动的排产甘特图、车间/产线工单计划等。

应用VR技术搭建高端电器连接器产品装配车间虚拟工厂，提供产线仿真工具，对产线布局设计、物流设计、节拍计算等进行建模仿真。提供基于增强虚拟现实的装配指导，实现基于产品模型的装配过程作业指导，提高装配操作质量。

市场应用情况

基于云平台的高端电器连接件装配智能工厂案例以生产设备网络化、智能化为基础，应用Smart IoT采集现场数据，并基于机器学习技术进行处理分析，实现了产品质量实时控制及设备状况的监测预警、在线诊断、远程运维。

通过开展基于INDICS平台的云端应用（云端资源协同CRP、云端设计工艺协同CPDM），形成符合高端电器连接件“多品种、小批量、按单生产”特点的网络化协同制造模式，满足产品的个性化定制和柔性生产需求。

基于云平台的高端电器连接件装配智能工厂，能够满足产品设计、工艺、制造、检测、物流等全生命周期的智能化要求，使企业自动化率提升至60%，产品研制周期缩短33%，产品不良品率降低56%，运营成本降低21%，能源利用率提高21%。

专家点评

基于云平台的高端电器连接件装配智能工厂，通过工业物联网网关采集产线、设备数据、运行数据，并借助工业大数据分析、工厂和工艺动态仿真，实现了基于模型的企业+数据驱动的运营以及价值链横向/纵向/端到端的无缝集成，建立了可复制的智能制造样板间，形成了具有“多品种、小批量、定制化”特点，订单驱动的精益柔性生产新模式，案例适用于电子元器件行业。

——庄鑫

北京航天智造科技发展有限公司副总经理

智能制造专家

ET工业大脑

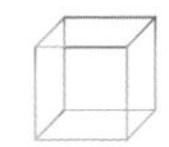

阿里巴巴

智能制造领域>智能工厂

什么是ET工业大脑

ET工业大脑将AI技术、云计算和大数据能力与工业领域知识相结合，建立包括产品数据、工艺数据、生产过程数据、在线监测数据、使用过程数据等在内的产品全生命周期数据治理体系，构建人机料法环不同专题领域互融互通的数据知识图谱及智能算法库，有效追溯产品质量产生原因、生产低效原因、能源高消耗原因等。

从而通过生产过程参数实时控制、供应链管理、设备预测性维护、关键因素识别等帮助企业进行产品质量、生产能耗、供应链管理、资产管理、产品设计等方面的优化。

技术突破

ET工业大脑是集数据工厂、算法工厂、AI创作间以及行业应用于一体，具有强大的云计算大数据能力和数据集成能力，面向制造业行业覆盖90%以上场景的各类型数据源适配与云上集成全套产品化方案。

■ 数据工厂

数据工厂提供的各项功能可支撑数据管理的全部能力域和能力项，为用户提供一站式数据资源管理服务，方便用户完成数据架构、数据标准、数据质量、数据应用、数据生命周期管理等多项数据管理应用，为工业大脑的上层数据应用提供全量、标准、智能的数据，保证数据高质量、有价值。

■ 算法工厂

算法工厂是一个面向工业的算法综合管理平台。通过对算法部署、接入、调试、调用等过程的一体化管理，算法工厂实现算法与应用的解耦、算法复用。应用可以基于标准化产品的统一接口快速封装解决方案，从而提高算法工程化效率。

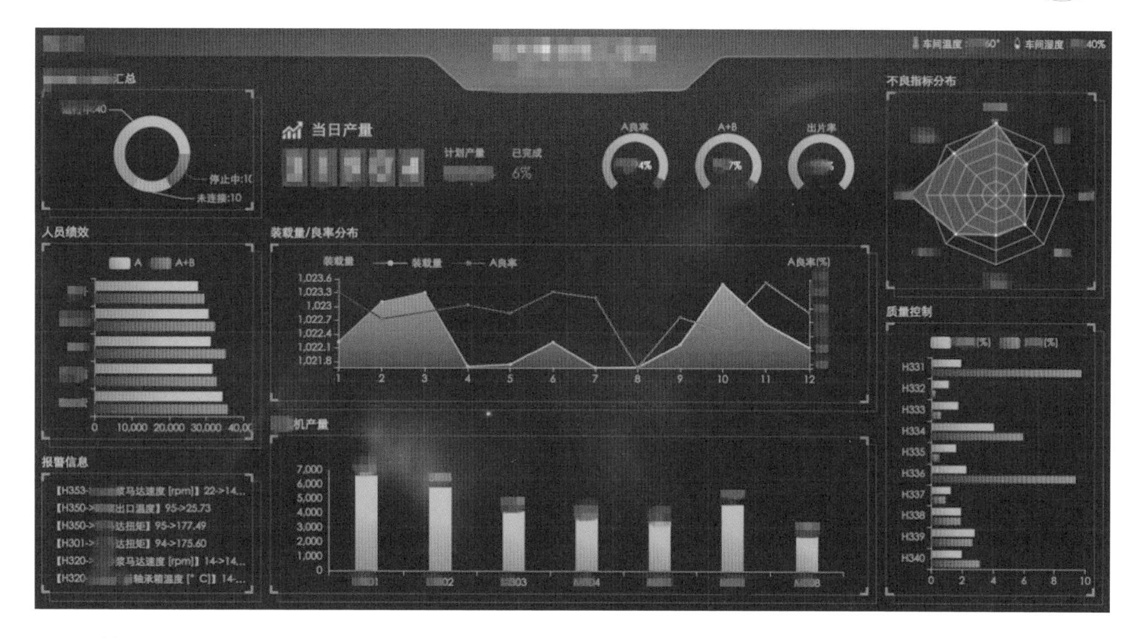

■ AI创作间

工业大脑AI创作间是所见即所得的可视化业务编排工具。开发者可以使用拖曳的方式对业务流程、业务数据字典、业务规则、行业算法组件进行任意组装，从而实现特定业务场景下人工智能的诉求。

■ 行业应用

系统提供开放的应用服务平台，完成供、研、产、销、能、环多维全链路智能应用服务，促进形成繁荣产业生态。

ET工业大脑实现不同工业场景下多种主流协议的转换和接入（如OPC、HTTP、MQTT、TCP等），实现多源异构数据的实时接入和处理（如文本文件、日志文件、消息流、数据库、工业OPC协议数据等），具备上百TB级别数据实时采集能力、ZB级别海量数据存储能力、万亿级数据接入延迟低于百毫秒。

对企业全链路的工业体系数据进行组织管理，打通企业信息化与制造设备、生产物料、人力资源等各种资源之间的数据关联，构建人机料法环统一数据模型，形成新工业数据仓体系，完成工业数据的资产化，并结合阿里云针对不同工业场景下的算法模型，以数据+算法的技术实现产业价值的提升。

深入工厂一线，梳理业务逻辑，以最终效益为导向，提供数据智能算法服务套件，优化企业制造装备、生产物料、物流运输、人力资源、数字化设计、模拟仿真、数字化控制的各个环节，最大限度利用AI帮助企业降本增效。经过实战检验，业务过程智能优化算法服务能够快速接入企业，帮助制造业直接降本增效。

智能化设计程度

ET工业大脑具有智能的供应链，通过历史销量数据、订单数据、车辆数据、高德数据的智能挖掘，通过精准的销量预测，对库存进行分析和优化，合理控制库存，建立订单和车辆的特征体系和评估体系，使用智能推荐算法，把订单推送给最合适的车辆，提升物流配送效率。

在智能制造方面，ET工业大脑通过对海量设备参数、工艺信息、制成品信息进行分析挖掘，定位出与期望目标最相关的参数或参数组，为不同场景提供工艺参数推荐，对成品的指标分布以及良品率提供预测。通过机器设备运行数据、MES信息、ERP、线下手工运维等数据，及时全面地对车间设备制造流程感知，找出影响良品率的关键因素，推荐相应的工艺参数优化方案。

在智能生产方面，通过产品生产数据、设备

运行数据、MES信息、ERP、线下手工运维、工人工作表、SCADA系统里的报警信息等数据，可以通过故障关联判断问题的根源。对车间设备制造流程进行合理的生产排程，同时系统性地分析采集的设备数据与常规数据，通过机器学习识别故障模式，进行动态检查和维护、预防故障，评估各资产的当前状态，并进行高效生产排程。

在智能营销方面，工业大脑提供品牌卫士和客户洞察模块。品牌卫士可以监护品牌形象，客户洞察模块可以从产业带的宏观情况，洞察到潜在客户，精准剖析商机。

市场应用情况

ET工业大脑当前已广泛参与到新能源、化工、重工业等不同制造领域，帮助合作伙伴取得了巨大的价值。

■ 全球领先的光伏及新能源集团——协鑫光伏

太阳能电池硅片生产出现了次品率升高的情况。ET工业大脑帮助其监控生产过程中的实时参数曲线，并构建核心部件的健康指数模型，在识别关键因素的基础上进行参数推荐，最终切片良品率提升了1%，为企业带来了巨大的成本节约。

■ 中国最大的轮胎生产企业——中策橡胶

在橡胶密炼过程中的能耗和次品率受原材料及生产环境影响很大，导致综合生产效率波动大，生产成本控制难。ET工业大脑根据密炼过程参数实时数据构造训练数据（如排胶时刻的特征、胶料监测结果等），建立决策树模型，优化密炼工艺，降低门尼值标准差（密炼工艺关键参数），减少密炼时长，降低密炼温度，大大降低了能耗，合格率提升了5%。

■ 国内能源综合服务领先企业——迪森热能

工业大脑对该企业的支持中，基于工业锅炉系统的实时监控数据，针对锅炉的主体部分及其主要辅助装置/部件（如给料机、引风机、送风机、省煤器、空气预热器、布袋除尘器等）的每一个子系统搭建了相应的“基于残差的异常预警模型”。系统对锅炉的主体和各个部件的异常状态进行预警，辅助故障定位，可以减少因故障对业主带来的生产损失，优化备件资源。在仿真计算结果中，系统能实现在故障发生前6~12小时发出预警，在考虑平衡准确率和覆盖率的情况下，准确率达到近75%，覆盖率达到72.4%。

■ 全球光伏整体解决方案的领军者——天合光能

电池片生产的工序繁多、工艺极其复杂，依靠传统的分析方式已经很难在品质提升上继续取得突破性的进展。基于对电池片全生产流程数据的整理与打通，识别影响电池片质量的关键工序与核心因素，利用智能算法对核心参数进行优化推荐，最终帮助天合光能实现了A品比例5%的提升。

专家点评

我们希望利用人工智能技术发挥“中国智造1%”的威力。中国制造业如果提升1%的良品率，意味着一年可以增加上万亿的利润。

——胡晓明　阿里云总裁

目前ET工业大脑已经在流程制造的数据化控制、生产线的升级换代、工艺改良、设备故障预测等方面开展工作，目标是成为一个不断吸收专业知识的“大脑”，可以指挥各种类型的工业躯体。我们希望用21世纪的机器智能，帮助人类更好地指挥20世纪的机器。

——闵万里　阿里云人工智能科学家

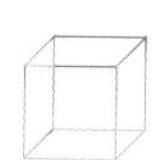

均质化配方打叶检测及控制系统

上海创和亿

智能制造领域＞智能制造领域其他类

什么是均质化配方打叶检测及控制系统

此产品基于在线检测光谱对原料内在综合品质进行数字化表征的技术，能够实现对所有入库（自动物流）原料的快速质量表征。用户可以根据时间、批号等信息查询仓库原料情况，分析原料比例组成、原料仓库分布、表征值分布。信息用以判断原料入库均衡性和自有的不均匀性状况，最终形成大批内、小批间的质量变异性最小的出库队列，实现成品品质的均质化控制。

技术突破

通过自定义加工批次数量，利用算法得到不同批次数下的出库后的物料变异系数，由此判断最佳加工批次数，在该加工批次数下利用中心均值化方法得到出库队列表，依据实际生产分为进柜出库和不进柜出库方式。通过对出库队列表和原料分布的

分析，可以得知出库队列表的配方原料一致情况、通道分布、等级分布等情况，并可以统计出库后的理论变异系数值，从而通过均质化配方系统指导生产，达到均质化的目的。

化学计量学软件，涵盖了平滑、散射校正、一阶导、小波分析、正交校正、SNV等预处理方法，具有SPM、连续投影、消除无关信息变量UVE、CARS、相关系数、方差分析等波长选取功能，改进了传统的PLS算法，增加了PLS-MCCV、IPLS、PLSBP等更为优秀的算法。

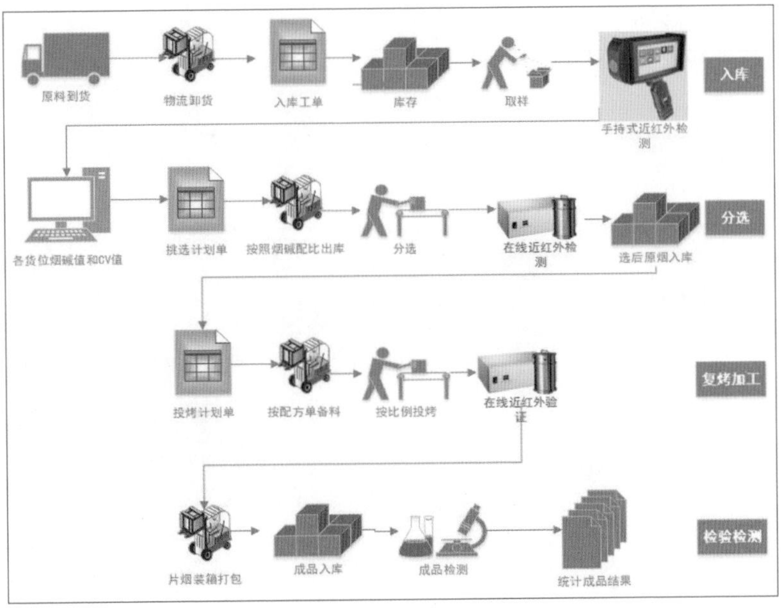

智能化设计程度

定性建模方法通过对光谱中与烟叶品质相关的综合信息进行解析，并用虚拟量化值来表征烟叶品质差异性化的方法。该方法绝对不是基于光谱的纯数学方法提取光谱的差异性，而是要提取与品质有关的信息，然后进行表征。

该方法的最大优点是不用实验室检测方法的参照，能够在过料半小时内快速形成光谱模型，并投入指导生产，用于配方打叶均质化加工过程控制，是一种真正意义上的均质化控制的数据基础。

市场应用情况

均质化配方打叶检测与控制算法不仅能够应用于烟草行业，还可以很好地应用于农产品、中药等加工产业。通用的信息管理系统包括：基础信息管理、配方及分析、半成品配方及分析、成品化学值统计分析，覆盖了整个加工过程，可对全程化学值进行追溯统计分析。系统的开发有效地降低了均匀化应用难度，减少了工人工作量，提高了工厂的信息化水平，也为提高烟草产品质量的均质化提供了一个很好的信息化平台。

专家点评

基于纯光谱的快速综合品质解析技术，弥补了近红外技术在实际应用中定量建模工作量大及时间严重滞后的先天不足。该系统结合以自动化物流为执行机构的均质化配方管理系统（算法），突破了烟草或食品行业产品品质多因素控制综合保障的瓶颈，构建了面向产品全生命周期的协同系统，形成了网络化协同制造运行环境，实现了快速检测、过程管理、智能控制的全流程解决方案。该系统在检测效率上采用光谱品质解析模式。与传统方法相比，该方法能够大幅度缩短检测周期。在控制效果上，该产品能够确保各品质因素的质量稳定性提升70%以上，具有很大的应用推广价值。

——褚小立　中石化石油化工科学研究院教授级高工
中国仪器仪表学会近红外光谱分会副理事长兼秘书长

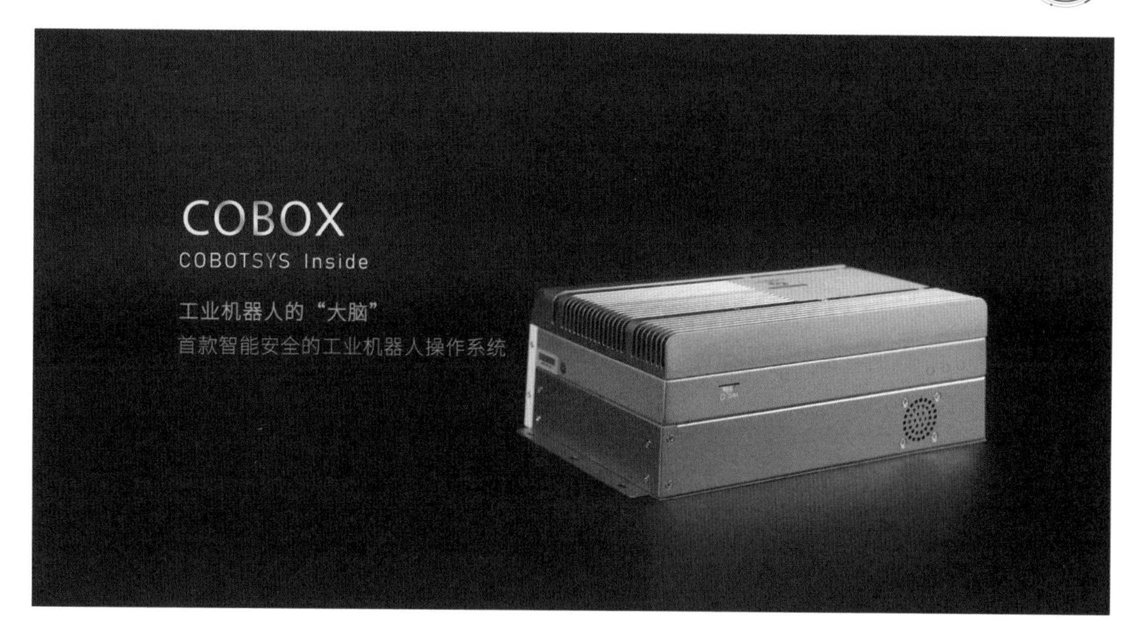

COBOTSYS

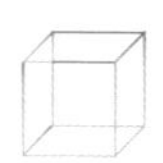

库柏特

智能制造领域 > 智能制造领域其他类

什么是COBOTSYS

COBOTSYS是库柏特自主开发的一款集合机器人视觉、智能力控、抓取规划与机器人学习等技术为一体的智能工业机器人操作系统。

通过此操作系统，用户可快速开发各种机器人应用，扩大机器人的使用范围，提高使用效率，同时降低使用门槛。

技术突破

■ COBOTLink

COBOTLink是面向工业应用的统一设备管理模块，可实现COBOTSYS与机器人、工业相机、力传感器、智能末端等设备的互联互通。可自动导入设备模型，并提供相应的用户交互界面，即插即用。多个设备自动化管理，进行动态管理，避免设备资源冲突。可快速接入多种硬件设备，扩展性强。

■ COBOTForce

COBOTForce是面向工业应用的专业力控算法库，可实现重力标定、力位混合控制、接触保护、过程监控等功能。实时高频采集力传感器数据，对数据进行动态补偿和智能滤波处理。基于力反馈和机器学习的自适应控制方法实现对打磨、装

用户可通过COBOTSYS快速完成机器人的智能升级，满足各种应用场景

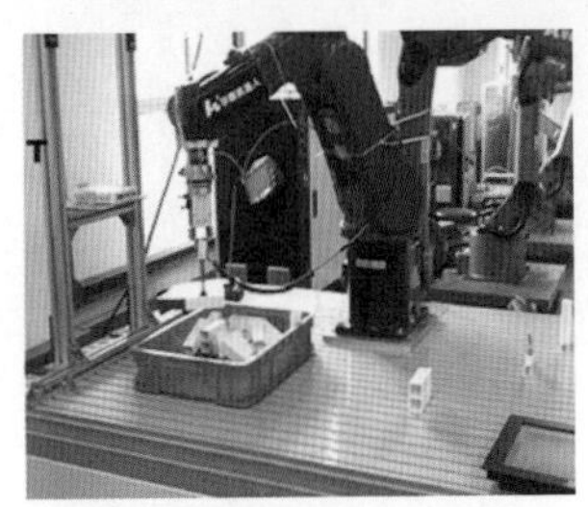
机器人教学平台

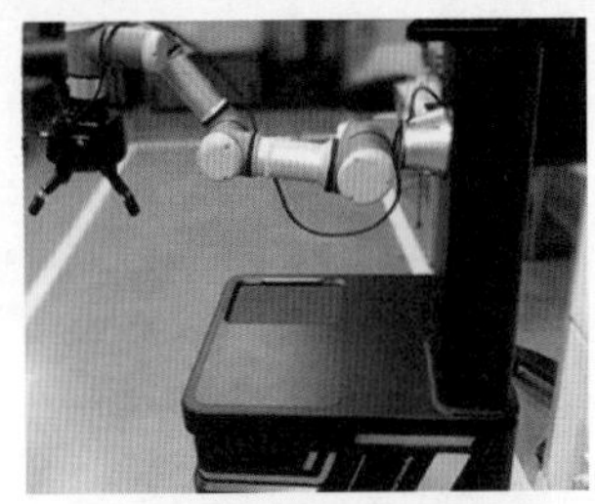
某高校移动抓取平台

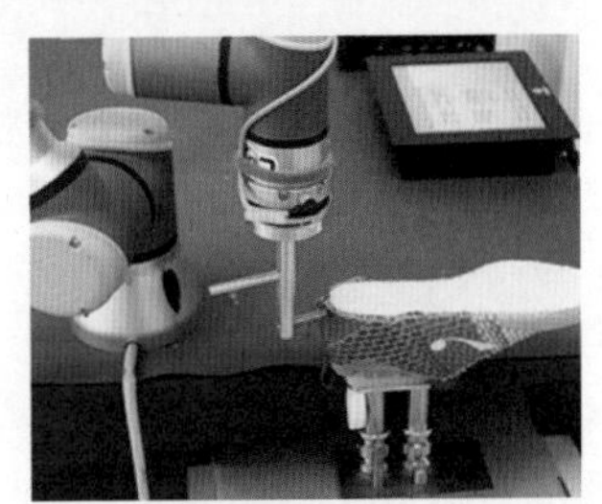
某制鞋涂胶项目

某物流分拣系统

某医疗机器人公司智能示教

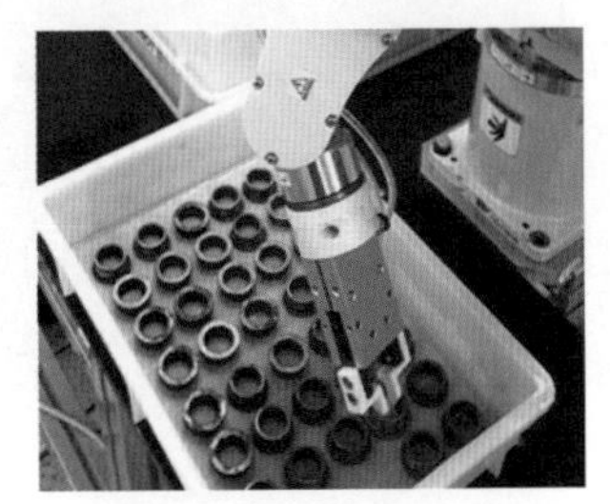
某加工厂精密轴承分拣

配、检测等复杂运动场景中的力控制，具有柔性力控算法的特点。可实时监测力数据、动态分析工艺场景，从而提供更可靠的设备工作状态分析和异常处理机制。通过交互设计视图化、环境定义配置化、任务模型模块化，可快速实现复杂场景的任务生成。

■ COBOTMotion

COBOTMotion是针对工业机器人的通用算法库，其包含运动学、动力学以及机器人学习等算法，也是机器人的“运动感官”，可实现机器人运动过程控制并规划出最优运动轨迹。机器人可利用模块中的离线规划、在线学习、碰撞检测等技术自主生成运动轨迹。通过模块中的动力学算法可有效提前预测机器人的可达性与奇异性，最终使得机器人高效稳定地完成任务。通过实时多模态的传感器反馈，可对机器人运动轨迹进行实时智能调整。

■ COBOTVision

COBOTVision是面向工业应用的专业视觉库，包含视觉标定、图像感知等关键组件。标定过程达到可视化，并可在线自矫正。支持相机标定、双目标定、手眼标定、相机配准等功能。适用于结构化及非结构化应用场景，例如传送带分拣、拆垛、码垛、料框取件等。机器人识别和感知时，免受曝光过度、阴影、光照不均等因素的干扰，具有高鲁棒性。独有的算法模型和机器学习方法可使机器人快速适配新物品。

■ COBOTCloud

COBOTCloud是针对工业机器人与工业传感器的数据收集和处理模块，其主要功能是通过机器学习等技术对采集到的数据进行深度分析，为改善产品性能、优化运营提供重要参考依据。采用先进的智能数据处理技术可实时上传数据，保证其可靠性。结合数据挖掘和统计学算法，发现数据的潜在价值。通过数据驱动为企业提供最优的SaaS服务，建立优化运营模型。

■ COBOT+

COBOT+是面向终端客户的应用开发平台，用户可利用平台里的图形化开发界面以及二次软件开发SDK快速开发其个性化应用场景APP。丰富的任务模板（workflow），方便用户快速开发各种应用，简单易用。COBOT+支持用户APP的测试、优化和推广，实现利益共享。

智能化设计程度

■ 自主安全

所有核心算法完全自主开发，采用COBOT-SAFE（包含对对象的强制访问控制，对数据的安全加密，对网络访问的安全校验）安全技术以确保整个系统的多层级安全性。

■ 任务跨场景

所有机器人的任务场景采用流程化的设计，不同任务之间可以共享和继承公共的子模块。

■ 升级维护简单

用户可通过Cloud或离线工具包对COBOTSYS免费升级，升级后免二次配置。

■ 跨机器人平台

用户可以轻松连接多种工业机器人，操作简单。并且任务具有可移植性，快速完成机器人切换。

市场应用情况

目前已经和各行业知名公司展开全面合作。在物流行业，与阿里菜鸟联盟合作，取代人工分拣，重新定义了智能仓储物流，是世界该技术的引领者。在食品行业，与湖北裕国合作，将人工智能率先用到香菇等食品品质分拣上，被湖北卫视等多家媒体专访报道，反响强烈，有望打破世界纪录。在医药领域，与九州通集团合作，产品用于机器人智能拆垛，极大地解决了机器人应用难度，并得到大批量推广。在3C制造领域，与劲胜精密集团合作，应用于机器人力控打磨线，效率提升1倍，机器人编程难度大大降低。

专家点评

作为国内首款工业机器人操作系统，COBOTSYS有着卓越的性能，安全、可靠、智能、易用。COBOTSYS通过融合3D相机和6D力传感器，给机器人带来了视觉和触觉，大幅提高了工业机器人的柔性和场景自适应能力。同时，COBOTSYS融合了抓取规划、机器人学习等智能技术，给机器人带来了强大的决策能力，如此一来，机器人不但能听，能触摸，还能思考并决策。COBOTSYS会伴随着中国制造2025规划，不断拓展工业机器人的应用范围，不断丰富工业机器人的应用场景，不断提高工业机器人的使用效能，让工业机器人应用范围更广。

——张敏　库柏特技术研发部专家

HiLeia：AR实时通信与协作产品

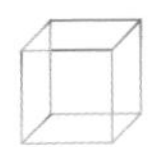

亮风台

智能制造领域＞智能制造领域其他类

什么是HiLeia

HiLeia是一款为AR智能眼镜打造的实时通信与协作产品，用AR的方式定义通信的未来。该产品使AR技术与通信相结合，超越了传统的音视频通信方式，在传递文字、语音、视频外，能够实现虚实融合信息的传输，丰富信息传递的内容。

同时，产品强化了沟通过程中的协作与互动，通过第一视角画面共享、AR标注等方式，让“专家”如同亲临现场。能够为用户提供一种更具环境沉浸感的通信、交互体验，从本质上解决企业远距离、复杂环境、经验传承等工作场景下的“沟通”问题，升级企业通信方式，为企业降本增效。

技术突破

亮风台在计算机视觉、人机交互、人工智能等领域拥有国际领先的研发成果，曾在国际性权威技术评测中多次刷新世界纪录；自主研发的AR智能眼镜HiAR G100等产品曾先后获得“世界三大设计奖”——德国红点奖、iF奖、美国IDEA奖等重要奖项，得到各界认可。HiLeia以亮风台核心技术为基础，融合AR、AI、云计算、新移动通信等前沿技术，从而实现通信方式的变革。

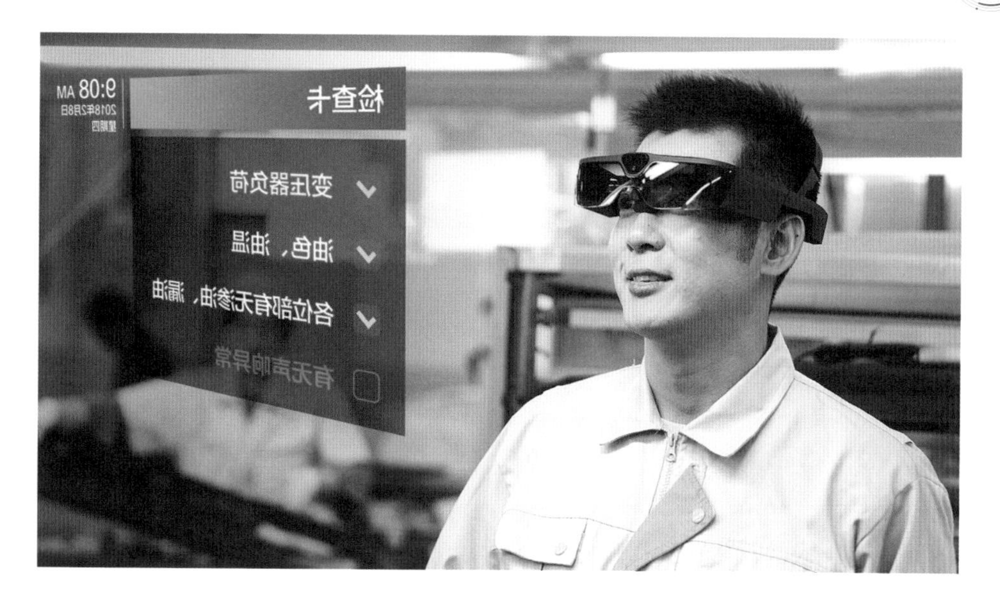

■ AR通信

HiLeia高清音视频通信功能具有不卡顿、低时延、低功耗、超长通话、持久待机等特点。在同时支持多方用户在线的情况下，依然保证高品质通话。更重要的是，通过2D/3D识别与跟踪、SLAM等AR技术，HiLeia实现了虚实融合信息的传输，延展了跨时空信息传递的方式。

■ 智能交互

在HiLeia中，AR智能眼镜是重要的终端入口。该产品是国内首款双目AR智能眼镜，全球首款配备Qualcomm骁龙820处理器、采用光学透视（Optical See-Through）方案和自由曲面光波导投影系统的智能眼镜，同时支持语音、物理触控、头部光标等多种自然人机交互方式，使用户在虚实之间游刃有余，与虚拟信息轻松互动。

■ 第一视角

现场工作人员佩戴AR智能眼镜，通过摄像头采集第一视角画面。产品独创一键冻屏和瞬时标注技术，让协作更精准、更高效。后端协作人员如同亲临现场，达到“你眼即我眼”的效果，协同更高效。

■ 解放双手

该产品可以取代传统手持手机或其他设备的通信方式。现场工作人员可在通信过程始终保持双手操作，同时配合语音识别等智能交互方式，100%解放双手。

■ AR云平台

以强大的HiAR云平台为支撑，HiLeia为用户提供账号及设备管理、实时信息存储及统计等功能。并通过场景学习、数据分析，形成知识沉淀，实现智慧共享。

HiLeia特色功能

目前，HiLeia支持多人协作、文件传输、跨平台多终端、任务记录、屏幕共享等功能，以通信和实时协作相结合的方式，改变员工寻求专家协助、产品供应商为客户提供售后服务、相关人员协同作业的方式，让优质人力资源得到最大化释放，加快事件处理的效率，从而降低企业成本。

其功能具体包括：

■ 第一视角画面多方共享

支持多方用户共享第一视角画面，沉浸式的通信体验，如同亲临现场。

■ 一键冻屏，瞬时标注

首创冻屏标注指导功能，远程用户可一键暂停通信画面，并对其进行实时标注，指导结果将同步展现在现场用户视野中。

■ 多方多终端协作

HiLeia的多人通信支持一对多、多对一、多对多等各种场景，且用户可自由选择接入通信的终端设备类型。

■ 高清音视频通话

720P高清视频、高保真语音信息同步互传，低功耗、低延迟，保障超长时间的清晰通话。

■ 各类文件内容传输

支持在通信过程中传输图片等多种类型的文件。

■ 任务记录

可直接记录、保存现场一手数据，并对任务状态进行实时跟踪，便于信息的管理与追溯。

市场应用情况

目前，HiLeia搭载于HiAR G100，可适用于不同应用场景，如售后服务、远程巡检、操作指导、物流与制造等。该技术在能源、船舶、汽车、军工、安防、机械制造甚至医疗等行业都有明确的市场需求。目前，亮风台也在和能源、汽车、家电制造以及航空航天等相关企业机构深入合作。

据国际权威市场调查公司Digi-Capital的AR/VR市场预测报告，到2020年，全球AR市场规模将达1200亿美元，中国这一数字为1187亿元人民币。在权威咨询机构Gartner预期中，未来3~5年内，最有可能因AR智能眼镜而受惠的即是现场服务业，每年约可增加10亿美元的获利。

随着AR以及相关产业的持续发展，以HiLeia为代表的AR实时通信与协作产品将在产业升级中发挥重要价值，并不断增长，在不远的将来甚至会改变我们的工作、学习和通信方式。

专家点评

AR技术与通信的结合，不仅突破了传统通信的时空局限、解放双手，在传递文字、语音、视频外，实现虚实融合信息的传输，丰富信息传递的内容，并且强化了沟通过程中的协作与互动，提供了更加沉浸式的通信、交互体验，升级企业通信方式，大幅度提高了企业工作效率和生产力。

——周志忠　中联重科首席架构师

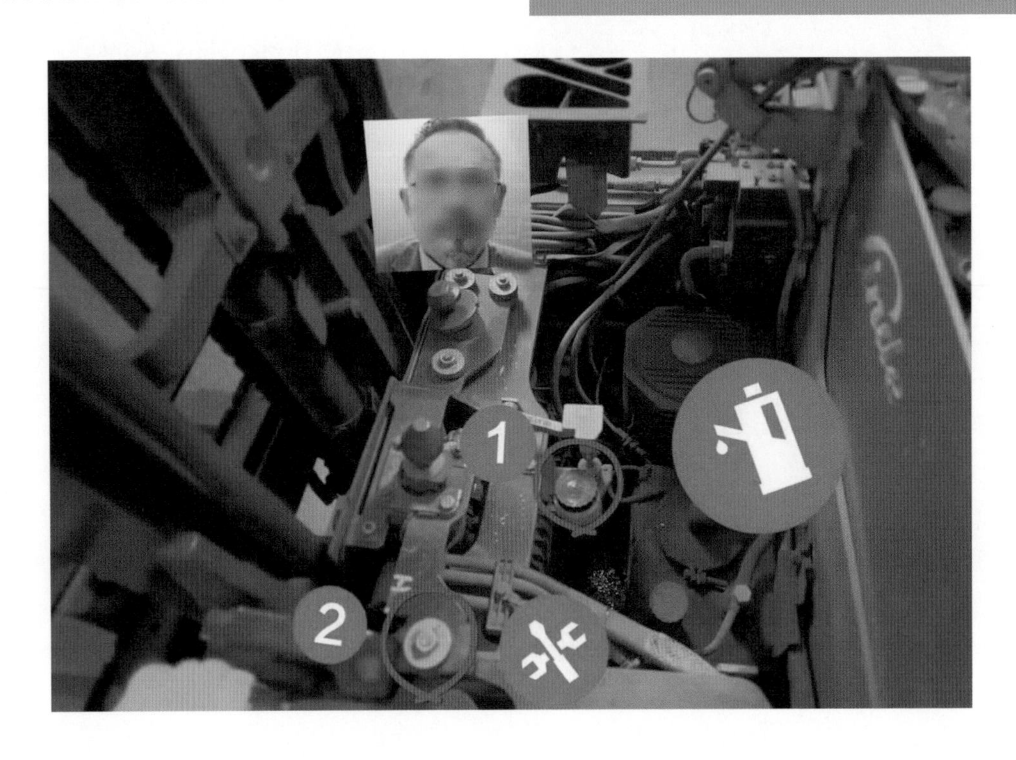

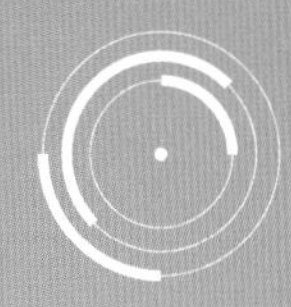

CHAPTER 4

第4章　支撑体系领域

基于人工智能的大数据系统智慧运维技术与应用

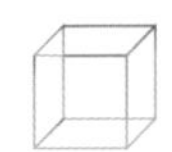

中移信息技术

支撑体系领域>行业训练资源库

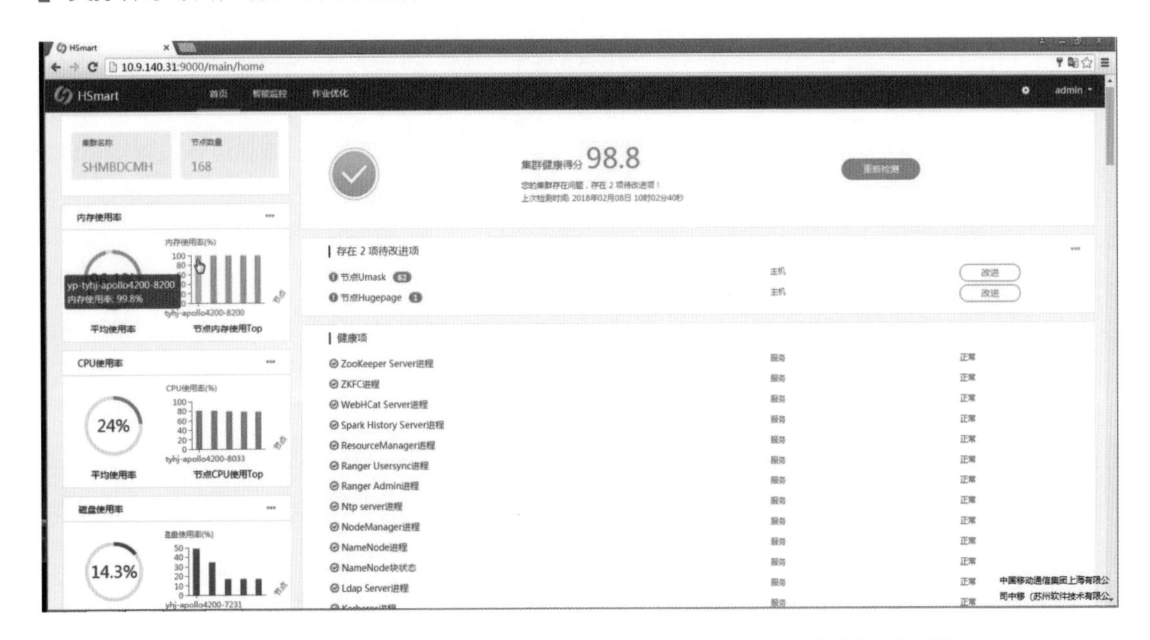

什么是基于人工智能的大数据系统智慧运维技术与应用

基于人工智能的智慧运维是一个通过分析系统集群各项指标，对集群故障和常见问题，进行提前预测、快速定位、自动解决的智能系统。该系统主要针对大数据传统运维中日志分析困难、故障处理繁杂、监控功能简单、优化功能缺乏等问题，提供日志数据的关联分析、平台故障的根本原因判断，进行运维指标的多维分析，平台作业的性能优化等功能。

技术突破

■ 基于规则智能运维

人工制定运维规则，形成运维知识库体系，对于实际运维过程中出现的问题，利用知识库完成内容匹配，给出制定问题的解决方案。

■ 无规则智能运维

根据集群运行数据，采用深度学习框架，实现集群对于运行数据的自我学习，判断集群异常的发生趋势，产生预警并自动完成系统修复。

故障异常检测采用人工智能技术，利用基于深度学习的循环神经网络方法有效地解决了忽视周期性、忽视趋势、数据失真、数据关联性等问题，效果明显。

智能化设计程度

■ 智能监控

■ 集群健康检测：对平台当前的运行情况进行检测，同时分析集群的监控、警告等相关数据，对集群当前服务、主机等情况进行综合评价，并根据检测项权重分值，给出集群当前的健康得分。对于检测过程中出现问题的检测项，系统会结合运维知识库给出相应的解决方案供用户参考。

■ 集群多维分析：系统支持通过分析各组件的日志信息和采集到的监控指标，基于统计学算法和人工智能算法，自动进行关联分析，对日志中的关键字进行抓取和处理，提供不同专题的维度分析，精确查找错误日志原因，帮助运维人员快速处理疑难故障。

■ 作业优化：聚焦集群性能提升，通过分析集群中作业的每个环节的执行情况，提供多种作业分析算法，对于集群中的配置进行主动检测和自动优化，提供最佳配置优化方案，保障集群的高效运行，包括平台作业分析、平台作业搜索以及解决方案推荐。

■ 故障预测

■ 预测模型可以通过调节神经网络算法，使用提供的训练数据，进行有效的学习，并获得预测结果。

■ 使用统计学上的均方根误差，评价预测模型的准确性，通过对sqrt（RMSE）计算结果分析可知，在经过对数据特征的深入分析和筛选，保留下来并使用的组件名称及特征有26个，这26个特征影响下的CPU和内存数据作为训练集，对未来2小时的数据做预测，在非外界因素影响的条件下，预测结果的准确性良好。

■ 预测模型的Server端接口很稳定，保证了系统的正确和稳定，提升了用户体验。

■ 预测模型具有合理的容错机制，能够实现对测试数据格式的检查，保证数据和服务的高度可靠性。

市场应用情况

智慧运维服务的应用对提升集群运维效率、运维质量以及降低人工成本提供有力的支撑。

■ 提升运维效率

集群运维人员从日常每天一次登录各个节点、分组件进行系统巡检解脱出来，由系统通过日志、指标等实时抓取，提高集群隐患问题发现的及时率，同时帮助快速定位。

■ 节省运维分析成本

巡检一次集群的时间为30min，按照每2小时巡检一次的话，一天12次，即6小时，而且需要7×24小时支撑。通过智慧运维服务实现日志关键词的实时抓取，巡检效率提升，运维人员不需要每两小时进行盯屏操作，节省每日6小时的巡检时间。

智慧运维应用部署场景为上海移动的批处理集群，集群健康度评分40余次，每天检测任务数1296次，共计发现需要优化的作业147次，配置项优化68个。在实际使用过程中，优化建议对集群运营效率的提升有帮助，识别率达到78.89%。还省去了问题查证的人力成本。该项服务具备推广性，可适用于其他的大数据平台，实现集群的智慧运维。

专家点评

大数据平台智能运维平台的建设，实现大数据平台数据流程统一监控。并支持Spark、HDFS、MapReduce、Hive等应用任务的监控及调优。智能运维平台针对集群运维中人工巡检耗时、监控容易出现断点等痛点问题，提供的自动化一键集群巡检评分能力、集群任务运行情况监控及异常任务诊断等功能，提升巡检效率100%，缩短上线应用调优时间50%。为上海移动性能管理平台、业务网管、实时营销、家庭宽带应用、OTT分析等11个实时应用、7个批处理应用提供运维保障。

——周立

上海移动信息系统运营部总经理助理

墨投智投顾问

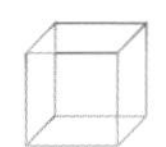

墨丘科技

支撑体系领域>知识产权服务平台

什么是墨投智投顾问

墨投智投顾问利用人工智能NLP技术和全球专利数据，自动生成投资专题分析报告。报告从专利技术角度分析企业所在技术领域所处阶段是否适合进入市场，竞争是否激烈，所分析企业技术实力水平，最后给出专利技术角度的投资建议。

技术突破

墨投智投顾问对行业专利的宏观发展情况进行总体把握、对分析目标企业进行全方位多维度微观分析、精准定位竞争对手企业并进行比较衡量、对全球专利数据进行全面的深度分析。

从行业宏观和企业微观两个维度提供智能化投资分析建议：目标行业所处发展阶段是否值得进入，及目标公司的技术创新是否先进、有竞争力值

得投资。

墨投产品基于人工智能的大数据分析技术，结合客户业务需求，开发出具有自身特色的众多技术。

■　技术领域词的智能推荐技术：根据用户输入的词、句、文章等内容，基于中英文自然语言处理的最新成果，实现用户关心的行业或领域智能匹配，给出最相关的关键词组或领域词组。提供领域、技术词组的半自动选择功能，智能生成专利检索方式，实现快速精准检索。

■　基于语义分析的相似专利挖掘技术：根据专利的关键词自动抽取，实现专利相似度计算，进一步匹配相似专利。基于知识图谱实现词关联，将目标文本进行语义拓展，实现相似专利的精准挖掘。

■　基于中英文专利大数据的情报分析技术：中英文专利文本的跨语言分析。通过中英文机器互译，实现多语言专利文本的各项指标统计分析。

■　基于大数据的行业报告自动生成技术：拥有全面、完整的专利大数据，覆盖1.5亿篇专利文本。基于准确检索自动生成行业、领域、公司的分析报告。

■　基于引证分析的技术追踪技术：通过对专利的引用和被引用数据，开发耦合数据路径分析算法，提取技术或领域发展主要节点，为产业链和价值链的详细分析建立基础。

■　基于机器学习的专利全景可视技术：通过对专利组合进行机器聚类分析生成专利簇，开发多维尺度分析算法，将专利簇投射到二维或三维空间进行可视化展示，可以分析目标的专利布局特征。

■　专利情报的全生命周期管理技术：建立专利数据的采集、加工、处理、入库、展示一体化管理流程，完成专利领域从数据端到应用端的标准化作业体系构建，实现专利情报的自动运维与分析。

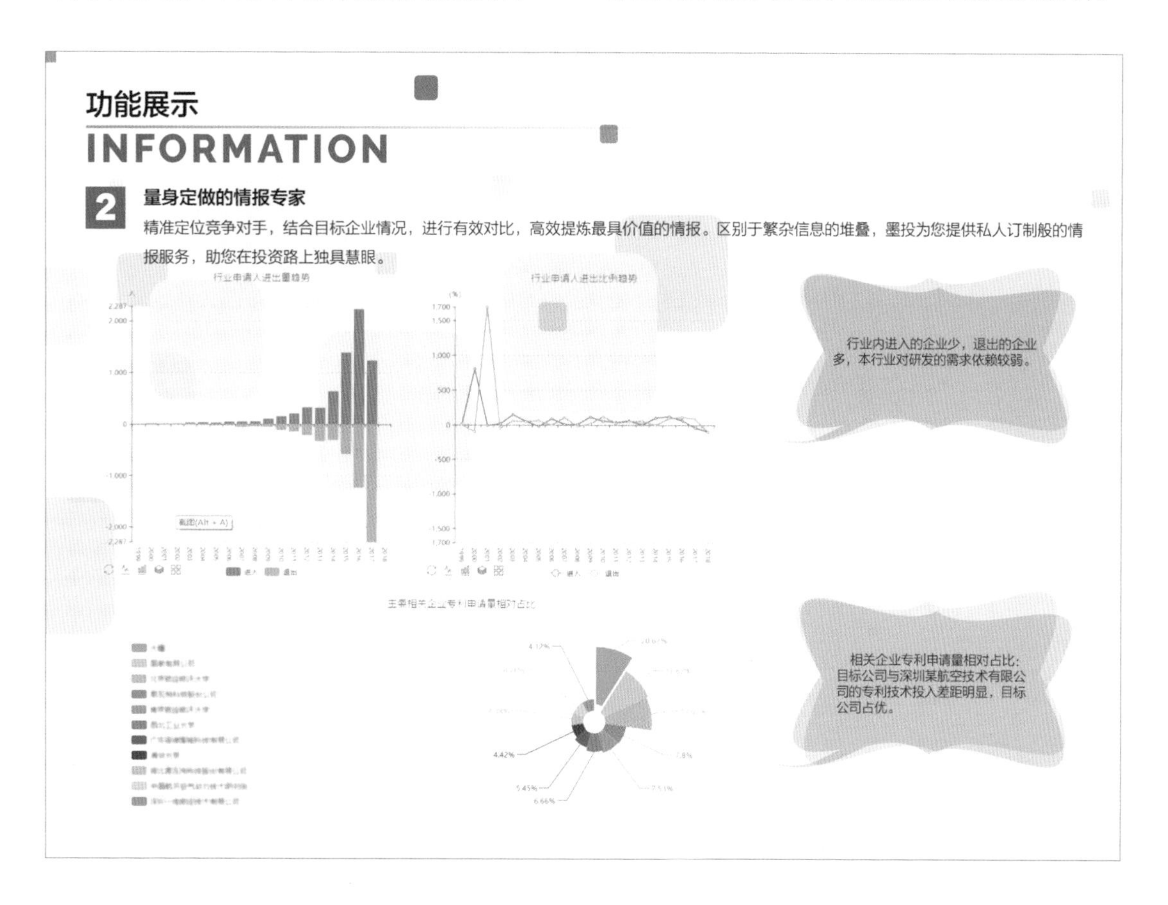

智能化设计程度

墨投智投顾问是一款面向投资类客户的产品，此类客户在行业技术的把握和分析、企业技术创新能力评判上存在强烈需求，经常遇到信息获取困难，缺少可信的评价工具等问题。

专利是用于分析技术发展趋势和发展阶段、评价企业创新能力和技术实力的可信数据，但专利数据数量庞大，专利的分析评判是专业性极强的工作，一般人很难实现有效的分析工作。

基于墨丘科技的专利布局和分析的专家团队的技术经验，结合基于大数据的人工智能分析技术，墨投智投顾问为投资客户量身打造出能够帮助其迅速获得企业投资评价信息的墨投产品。

墨投基于后台强大的人工智能分析技术，瞄准最新科技前沿技术分析，一键生成分析报告，避免了传统IP分析软件需要掌握一定专利分析技术才能做好分析、使用复杂的缺点。

分析报告对行业技术专利进行解读，分析目标公司的专利，再对比本公司的专利，进行多层次多角度的深度分析。可以分析行业发展趋势、专利风险和区域分布，企业技术竞争力和专利布局、独创性情况，竞争对手对比分析等，分析项目全面而深入，结论可靠。

市场应用情况

在墨投产品之前，市场上没有类似产品能够在专利角度对企业进行深度分析，并对投资前景进行评估，因此墨投产品在正式上线前与众多VC/PE客户进行介绍沟通后，获得热烈反响，大家热切期望产品能够进行上线。

目前墨投软件已经上线试用，已经有一批客户进行了产品试用，如中科创星等。

专家点评

墨投可以在第一时间让我们了解所关注领域的发展趋势，以及该领域的主要竞争者，有无重大的创新机会，目前企业的技术竞争力等信息。有别于汤森路透的技术成熟度曲线，墨投提供的内容更加翔实，为投资机构提供了不一样的思考角度。有潜力的好项目，更容易通过墨投发现并进一步甄别。

——李文珏　中科创星投资总监

智能推荐平台

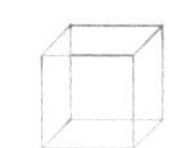

中国移动研究院

支撑体系领域>其他类

什么是智能推荐平台

智能推荐平台基于互联网大数据挖掘、机器学习、人工智能技术，通过多渠道获取并聚合用户数据、内容数据，利用多种智能推荐模型，充分挖掘用户的个性化需求，向用户推送其最感兴趣的内容或广告。

技术突破

■ 兴趣偏好挖掘

通过融合用户多方位的行为数据，包括上网行为、位置、社交网络、通信消费等，深度挖掘用户偏好。

■ 标签自动生成

利用自然语言处理、深度学习等人工智能技术，生成商品标签、用户标签，进而进行基于内容相似度的推荐算法研发。

■ 多种推荐算法

综合多种智能推荐算法进行组合计算，包括协同过滤、内容相似度、热门推荐，并根据不同的产品特点，设计不同的推荐策略。

■ 推荐请求实时响应

对用户的推荐请求进行实时响应，并发与延时性能均满足现网大规模应用需求。

■ 支持业务间交叉推荐

设计交叉推荐算法，使得推荐平台既适应于产品内的推荐，又适应于产品间的交叉推荐，有助于提升产品的新用户量。

智能化设计程度

■ 大数据用户行为分析

通过分析用户的位置、社交行为、上网行为等

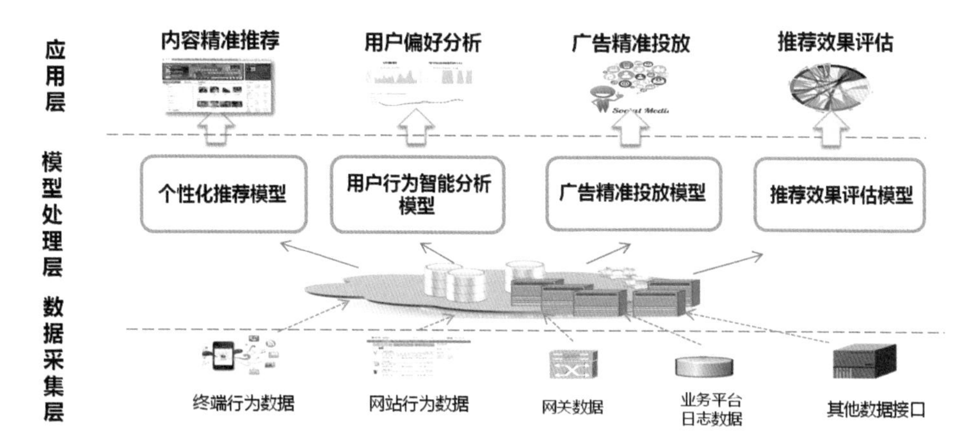

多方位的数据，深度挖掘用户位置、社交网络、评论等信息。

■ 用户标签及产品内容标签

根据商品关键词、分类、内容描述等字段，利用NLP技术计算商品标签；根据用户行为研究用户-商品评分，进而生成用户标签。

■ 多种智能推荐模型

结合现有数据资源，利用大数据技术深入挖掘，研究多种智能推荐模型，包括协同过滤、关联规则、内容相似度、热门推荐等，并对关键推荐算法持续优化，总结出高效、创新性强、可推广、有经济效益的智能推荐商用模型。

■ 精准营销目标客户群识别

根据营销产品特点、已订购的用户群行为偏好，为产品挖掘营销目标客户群。

■ 完整的平台化产品

基本功能包含数据处理、精准营销模型集成、推荐结果后处理、实时请求响应、任务调度与警告、营销效果分析等，应用于各业务内容间的交叉营销，提升用户量、访问量、点击率与转化率。

从数据采集、数据分析、模型训练、推荐服务到最终效果评估，智能推荐与精准营销平台一站式、全链路自动化智能处理，节约人工运维成本。

推荐结果根据用户行为、兴趣偏好变化自动训练，智能调整模型参数，并将多个模型的训练结果智能融合、过滤、排序，提高推荐结果准确度，提升用户体验和活跃转化。

智能推荐平台聚合了丰富的应用和数字内容，通过构建交叉推荐系统，可充分挖掘用户的个性化需求，形成跨内容的协同效应，同时为内外渠道实现个性化内容分发赋能，丰富了应用推荐场景。平台积累了丰富的用户行为数据，建立用户标签库自动更新机制，完善用户画像，沉淀高价值的运营数据。

市场应用情况

智能推荐平台目前已在咪咕音乐、咪咕阅读等

进行过20多个现网试点，2017年智能推荐平台在中移互联网公司MM产品中上线应用，覆盖两大门户（客户端、WAP）、三大频道（应用、阅读、视频），支持视频阅读交叉推荐，并完成了效果评估模块。

■ 应用类推荐效果

新的推荐系统更稳定地向用户推荐关联度高的APP，覆盖详情页下载后推荐，精选、软件、游戏的下载后推荐。推荐系统上线前，推荐商品池为200款左右，智能推荐系统推荐商品池为5000多款，促进长尾应用分发，更精准地为用户推荐丰富的内容。活跃贡献率达2.20%，提升了197.86%，推荐位下载转化率提升270%，下载后推荐下载量提升530%。

■ 视频类推荐效果

通过新智能推荐替代原视频详情页的热门视频推荐，从推荐关联度来看，智能推荐的推荐结果与正在浏览的商品关联度更高。交叉推荐的引入，引导用户体验MM的一站式分发的优点，并且可实现电影、电视剧与其同名小说的配对，使用户使用更

便捷。视频推荐位日均贡献活跃用户约1103，日均用户贡献活跃率5.72%，日均访问量提升4.7%，推荐位点击率提升29.2%。

■ 阅读类推荐效果

新的推荐系统产生更多的结果，并且推动栏目把展示图片修改为高保真形式，提升用户体验并增加向用户展示感兴趣商品的机会。客户端阅读推荐位上线前后，日均访问量提升14.8%，“猜你喜欢”栏目点击率提升24.3%。阅读推荐位日均贡献活跃用户约269，日均用户贡献活跃率2.02%。阅读日均访问量提升14.8%，推荐位点击率提升24.3%。

专家点评

智能推荐平台基于互联网大数据挖掘、机器学习、人工智能技术，通过多渠道获取并整合用户行为数据，利用多种智能推荐模型，向用户推送其最感兴趣的内容或广告，可充分挖掘用户的个性化需求，为实现个性化内容分发赋能，有利于提升用户体验和活跃转化，也可有效地节省运营成本，提高运营效率，增加业务利润。

——程印超

中国移动研究院用户与市场研究所专家